地理大数据并行计算负载均衡技术

周 琛 李满春 陈振杰 余治欣 著

科学出版社
北 京

内 容 简 介

本书是在面向国家大数据与高质量发展等国家战略实施基础上，根据作者多年主持研究国家 863 计划项目、国家自然科学基金等重要科研项目的探索与实践总结而成。书中阐述了地理大数据并行计算的国内外研究进展，着重介绍了基于计算复杂度的矢量多边形空间分析负载均衡并行方法、顾及有效计算量的多粒度栅格空间分析负载均衡并行方法和面向 CPU/GPU 混合架构的自适应负载均衡并行计算模型，实现了混合算力协同负载均衡并行计算平台，破解了有限算力约束下的地理大数据计算性能提升难题。

本书可作为高等院校地理信息科学专业及相关专业本科生或研究生的参考用书，也可供科研机构和企事业单位从事地理大数据研究、开发、应用和管理工作的人员参考。

图书在版编目(CIP)数据

地理大数据并行计算负载均衡技术/周琛等著. —北京：科学出版社，2024.2

ISBN 978-7-03-077773-7

Ⅰ. ①地… Ⅱ. ①周… Ⅲ. ①地理信息学–并行算法–均衡 Ⅳ. ①P208

中国国家版本馆 CIP 数据核字(2024)第 021324 号

责任编辑：许 蕾/责任校对：郝璐璐

责任印制：张 伟/封面设计：许 瑞

科学出版社 出版

北京东黄城根北街 16 号

邮政编码：100717

http://www.sciencep.com

北京九州迅驰传媒文化有限公司印刷

科学出版社发行 各地新华书店经销

*

2024 年 2 月第 一 版 开本：720×1000 1/16

2024 年 2 月第一次印刷 印张：11 3/4

字数：239 000

定价：129.00 元

(如有印装质量问题，我社负责调换)

前　言

近年来，地理大数据在数据维度、区域尺度、时空粒度及场景深度等方面持续深化发展，利用动态密集、连续大量产生的地理大数据开展复杂时空场景分析已成为地理信息领域的重要研究内容。复杂时空场景分析呈现出高精度、多尺度、广区域的发展态势，其蕴含的地理大数据实时采集、时空场景高并发计算请求、“云”“端”数据传输延迟等地理计算发展新特性，常引发信息丢失、算力不足、响应迟滞等问题，使得当前以云计算为主体的地理计算架构逐渐陷入中心化计算模式性能提升的困境，难以满足急速更迭的海量数据计算、复杂场景响应、实时请求处理等现实需求。面对复杂时空场景，地理大数据的实时计算响应效能的不足已成为制约其深入发展的首要因素。在此背景下，发展新型高性能地理计算体系、突破地理大数据实时计算响应效能瓶颈刻不容缓。

围绕数字中国建设部署、地理信息新基建及国土空间治理体系和治理能力现代化建设，面向国家大数据、云计算、人工智能等新兴数字化产业布局，作者聚焦地理大数据高效计算难题，多年来通过主持研究国家 863 计划项目、国家重点研发计划项目、国家自然科学基金等多项重要科研项目，积极开展“需求牵引—技术攻关—决策支持”全链路科研创新，研发面向地理空间分析应用场景的地理大数据并行计算负载均衡技术，对国土空间优化、新型城市治理等国家需求展开应用验证，以期为国家应对复杂多变国际形势新挑战、迈入数字经济转型发展新阶段、抢抓科技革命颠覆创造新成果贡献新时期地理信息技术力量。

本书共 5 章。第 1 章，总结国内外学者在负载均衡并行技术研究、地理空间分析并行技术研究、CPU/GPU 混合架构并行技术研究和地理空间分析通用并行化方法研究领域的进展及现有研究存在的问题，并介绍本书的主要研究内容。第 2 章，剖析矢量数据空间分析中的典型算法类型——矢量多边形空间分析中包含的数据密集型和计算密集型多边形空间分析算法的详细并行化过程，通过分析算法特征、并行技术难点，构建相适应的多边形复杂度模型。第 3 章，围绕局部型和全局型栅格数据空间分析算法的详细并行化过程，通过分析算法特征、并行难点，提出顾及有效计算量的栅格数据划分和并行任务调度方法。第 4 章，在融合上述并行方法的基础上，阐述包含数据、算子、并行化方法、粒度和并行计算环境五个要素的自适应负载均衡并行计算模型，探讨适应 CPU/GPU 混合异构的并行方法、串行算法快速并行化方法，以及自适应负载均衡方法。第 5 章，在融合自适应负载均衡并行计算模型包含的数据、算子、并行化方法、粒度和并行计算环境五个要素的基础上，设计并实现面向 CPU/GPU 混合架构的自适应负载均衡并行计算平台。

本书由周琛策划并拟写大纲。李满春对相关研究进展进行了归纳与评述，并对本书第 2 章和第 3 章的技术方法提供了实现思路。陈振杰对本书第 4 章和第 5 章的模型、平台等提出了设计方法。余治欣对全书行文逻辑和技术框架进行了校阅。美国俄亥俄州立大学 Ningchuan Xiao 教授、美国威斯康星大学麦迪逊分校 A-Xing Zhu 教授、南京师范大学刘学军教授、南京农业大学刘友兆教授、南京大学王结臣教授与程亮教授等对本书提出了宝贵的建议或修改意见。在写作过程中得到了科学出版社许蕾的热情帮助，在此一并表示诚挚的谢意。

本书的形成和出版得到了国家 863 计划项目、国家重点研发计划项目、国家自然科学基金、江苏省自然科学基金、南京大学“双一流”建设等项目的资助。

由于作者水平有限、时间仓促，不足之处在所难免，敬请广大读者和同行专家批评指正。

作 者

2023 年 9 月于南京大学

目录

前言

第 1 章 绪论 …… 1

1.1 负载均衡并行技术概述 …… 1

1.2 地理空间分析并行技术研究 …… 3

1.2.1 地理矢量数据空间分析并行技术研究 …… 4

1.2.2 地理栅格数据空间分析并行技术研究 …… 11

1.3 CPU/GPU 混合架构并行技术研究 …… 15

1.3.1 CPU/GPU 并行编程模型研究 …… 15

1.3.2 CPU/GPU 混合架构应用研究 …… 18

1.4 地理空间分析通用并行化方法研究 …… 19

1.5 本书主要研究内容 …… 21

第 2 章 基于计算复杂度的矢量多边形空间分析负载均衡并行方法 …… 25

2.1 数据密集型多边形空间分析负载均衡并行方法 …… 25

2.1.1 算法特征分析 …… 25

2.1.2 基于多边形复杂度的数据划分方法 …… 26

2.1.3 并行计算实现流程 …… 38

2.1.4 实验与分析 …… 40

2.2 计算密集型多边形空间分析负载均衡并行方法 …… 51

2.2.1 算法特征分析 …… 51

2.2.2 基于改进边界代数法的多边形空间分析算法 …… 52

2.2.3 多边形计算复杂度模型构建 …… 59

2.2.4 复杂多边形分解方法 …… 67

2.2.5 并行计算实现流程 …… 68

2.2.6 实验与分析 …… 70

2.3 本章小结 …… 79

第 3 章 顾及有效计算量的多粒度栅格空间分析负载均衡并行方法 …… 81

3.1 局部型栅格数据空间分析负载均衡并行方法 …… 81

3.1.1 算法特征分析 …… 81

3.1.2 不规则数据划分方法 …… 82

3.1.3 多粒度动态并行调度方法 …… 86

3.1.4 并行计算实现流程……88
3.1.5 实验与分析……90
3.2 全局型栅格数据空间分析负载均衡并行方法……100
3.2.1 算法特征分析……100
3.2.2 两阶段数据划分方法……102
3.2.3 抓取式并行调度方法……105
3.2.4 基于二叉树的结果融合方法……106
3.2.5 并行计算实现流程……108
3.2.6 实验与分析……110
3.3 本章小结……118
第4章 面向CPU/GPU混合架构的自适应负载均衡并行计算模型……120
4.1 自适应负载均衡并行计算模型……120
4.1.1 总体架构……120
4.1.2 适应CPU/GPU混合异构计算环境的并行方法……126
4.1.3 串行算法快速并行化方法……138
4.1.4 自适应负载均衡方法……142
4.2 实验与分析……145
4.2.1 实验设计……145
4.2.2 多核CPU下进程级/线程级混合并行方法验证……146
4.2.3 CPU/GPU协同并行方法验证……150
4.3 本章小结……154
第5章 CPU/GPU协同负载均衡并行计算平台设计与实现……155
5.1 设计思想……155
5.2 平台配置……156
5.3 功能结构……156
5.4 平台功能验证……167
5.5 本章小结……171
参考文献……172

第1章 绪 论

1.1 负载均衡并行技术概述

随着计算机技术和网络数据库技术的发展，分布式并行计算机系统得到了广泛而深入的应用。随着研究的深入，在一个由网络所连接的多计算节点环境中，某一时刻一些计算节点的负载极重而另外一些计算节点的负载却极为空闲；这对服务器的响应时间及计算稳定性都提出了更高的要求(林伟伟和刘波, 2012)。因此，如何高效利用计算机系统资源，以提高整体计算性能，已经是并行计算领域需要解决的重要问题之一；有效的负载均衡并行策略则是解决这一问题的重要措施。负载均衡的基本思想是：不同并行计算节点承担的计算任务负载可能不均衡，通过一定的负载均衡策略使得各节点的计算任务达到均衡，从而充分利用并行计算资源、进一步提高并行计算效率(胡晓东等, 2010; 程春玲等, 2012; 吴和生, 2013)。

在并行算法中，执行时间取决于耗时最长的计算节点的完成时间；不同的并行计算节点越趋于相同时间完成计算任务，且每个计算节点耗费的时间越少，则耗费的并行总时间越少。因此，任务负载均衡的表现为不同计算节点趋于同一时刻完成各自的计算任务(图 1.1) (Zhou et al., 2015)。这样，提高并行计算过程中的负载均衡性能可极大地减少算法的总体执行时间。在并行计算中，任务负载均衡有两方面的含义：首先，大量的并发访问或数据流量均衡地分担到不同计算节点上分别处理，以减少不同计算节点等待响应的时间；其次，单个重负载的运算分担到多个计算节点上做并行处理，每个并行计算节点处理结束后，将计算结果进行汇总，从而使得系统处理能力得到大幅度提高(Yagoubi and Slimani, 2007; Tunguturi, 2019)。这样，并行计算过程中的负载均衡策略可分为数据划分和并行任务调度两方面(Cramer and Armstrong, 1999)。地理空间数据通常具有数据结构多样、计算量大和拓扑结构复杂的特点，在地理空间数据的并行处理中同样需要从空间数据划分和任务调度两方面进行负载均衡并行策略的设计与实现。具体来说，地理空间数据划分的主要目的是将待处理的地理空间数据合理、均衡地划分给计算环境包含的所有计算节点，使得不同计算节点承担的计算任务量大体相当，从而在并行计算开始前尽可能保证负载均衡。并行任务调度即在并行处理过程中对各计算节点进行实时监控，并将计算负载重的节点承担的部分任务转移到处于空闲状态的计算节点，从而进一步保证负载均衡。因此，针对复杂的地理空间分析算法，从空间数据划分和并行任务调度两方面设计有效的负载均衡并行策略，对提高算法的并行计算效率十分重要。

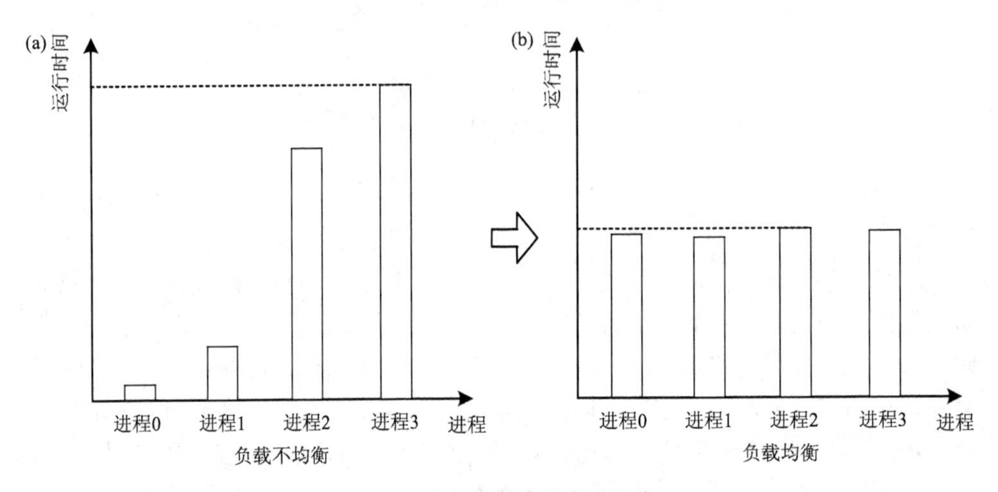

图 1.1 并行计算中的负载均衡

地理空间数据划分策略的有效性体现在：各计算节点分配的数据尽可能不相交、具有较小的划分时间消耗比例及均衡的任务量分配比例(Hawick, Coddington and James, 2003)。在进行地理空间分析算法的并行化时，设计良好的空间数据划分方法，可实现并行计算中的任务负载均衡，从而进一步提高算法的并行效率。考虑到矢量与栅格地理空间数据结构不同，因而需要针对不同地理空间数据类型设计相适应的数据划分方法。目前，针对地理矢量数据与栅格数据已形成了较为通用的数据划分方法。栅格数据具有规整的数据组织结构，因而具有天然的可并行性；因此，针对栅格数据研究的通用数据划分方法已较为成熟，主要包括栅格行划分、栅格列划分和格网划分(Armstrong, Pavlik and Marciano, 1994; Mineter and Dowers, 1999)。栅格行划分方法即按照栅格行为基本单位，将源栅格数据划分成若干栅格分块，各栅格分块具有相同的栅格行数，即相同的栅格面积；栅格列划分方法与栅格行划分方法类似，即按照栅格列为基本单位，将栅格数据划分为具有相同栅格列数的栅格分块；格网划分方法将栅格数据划分为若干具有相同面积的格网。针对矢量数据，常用的数据划分方法主要包括基于矢量要素 ID 顺序的数据划分方法和基于规则条带的空间范围划分方法(范俊甫等, 2013)。基于矢量要素 ID 顺序的划分方法根据矢量要素 ID 的存储顺序均匀划分成多个子分块，各个子分块包含相同数量的矢量要素，并将各子分块分配给各并行计算节点，以完成数据划分。基于规则条带的空间范围划分方法将栅格数据划分中的格网划分方法引入对矢量数据的划分，根据数据集的空间位置进行规则划分，并通过空间查询将各子分块中的矢量要素分配给各计算节点，完成数据划分。

数据划分通常只在并行计算程序启动前完成对待处理空间数据的分配，因而存在一定的局限性，主要表现在：该方法通常只能实现计算数据分配的大致均衡，而在并行执行中缺少对任务的实时监控和动态调度。因此，在数据划分的基础上，通过对并行处理任务的实时调度可实现计算资源的充分利用以及计算效率的进一步提高。目前，对计算任务的基本调度方法有两种：静态调度方法(static scheduling method，简称 SSM)和动态调度方法(dynamic scheduling method，简称 DSM)(Hummel, Schonberg and Flynn, 1992; Li et al., 1993; Tzen and Ni, 1993; Kumar and Kumar, 2019)。静态调度方法将地理空间数据划分成数目与计算节点数相同的数据分块，并将各数据分块平均地分配到各个计算节点上进行处理，并行执行过程中将不再进行任务的调度。与静态调度方法不同，动态调度方法主要采用主从式的并行模式，不仅在并行计算开始前进行数据的划分，而且在并行过程中对数据分块进行循环分配。具体来说，该方法先将待处理的地理空间数据划分成若干数目的数据分块，划分的数目一般为从节点的整数倍；在并行计算开始前将一部分数据分块分配给各从节点进行处理；在并行计算过程中，当有从节点完成其计算任务时，则给该计算节点继续分配一个数据分块进行处理，直至划分的数据分块被全部处理完毕。静态调度方法和动态调度方法因其原理的不同，对应的适用范围也不相同：静态调度方法通常用来对数据计算量差异较小的并行算法进行调度；而动态调度方法则通常用来对数据计算量差异较大、复杂度较高的并行算法进行任务的管理与调配，通过增加数据循环分配的次数，缓解因数据划分不均匀引起的并行计算延迟和并行阻塞。在上述调度方法的基础上，一些学者开始注重细粒度的任务转移策略，如 Brinkhoff、Kriegel 和 Seeger(1996)实现的多核 CPU 环境中的并行 R 树构建，利用主节点实现对处于空闲状态的从节点的实时监控，并将处于忙碌状态节点中的细粒度任务转移到空闲节点进行处理，以此缓解任务分配不均引起的负载失衡。此外，基于共享内存并行系统的多处理器程序设计编程库 OpenMP(open multi-processing)实现了包括静态调度、动态调度、指导调度、运行调度等多种调度方案，用以实现任务的合理划分、达到计算的负载均衡(Dagum and Enon, 1998)。

1.2 地理空间分析并行技术研究

地理空间分析内涵丰富，根据其处理的地理空间数据类型的不同，可将地理空间分析分为地理矢量数据空间分析和地理栅格数据空间分析。本书将分别阐述地理矢量数据空间分析并行技术研究进展和地理栅格数据空间分析并行技术研究进展。

1.2.1 地理矢量数据空间分析并行技术研究

矢量数据是GIS中的重要空间数据类型，能够很好地表达地理实体的空间分布特征，具有数据精度高、数据存储冗余度低的特征，主要包括矢量点要素、矢量线要素和矢量多边形要素。对应地，矢量数据空间分析包括矢量点要素空间分析、矢量线要素空间分析及矢量多边形空间分析。在数据特征方面，矢量点要素主要用来表达空间对象的位置信息，矢量线要素用来表达空间对象的长度信息，矢量多边形要素不仅可以用来表达位置信息和长度信息，还可以进一步表达空间对象的面域、形状及尺度信息。比较起来，点要素和线要素的数据结构较为单一，而多边形要素则具有数据量大、形态各异、计算复杂度差异大、空间拓扑关系复杂的特点，因此多边形要素在矢量数据类型中最为复杂。此外，多边形要素的数据结构本质上由点要素和相互连接的线要素构成，因此多边形要素具备点要素和线要素的一般数据特征。在计算特征方面，矢量点要素和线要素空间分析的算法原理较为简单，且包含的算法种类较少；而多边形要素复杂的数据特征使得其空间分析较为复杂、密集，且通常包含丰富的算法种类。另外，多边形空间分析中包含了大量的点要素空间分析、线要素空间分析，及点要素、线要素和多边形要素之间的互操作计算；因此，多边形空间分析具备点要素和线要素空间分析的一般计算特征。综上所述，矢量多边形空间分析涵盖了矢量点要素及线要素空间分析的典型数据特征和计算特征，且在矢量数据空间分析中最为复杂、密集；因此，多边形数据空间分析能够较好地代表整体矢量数据空间分析的一般特征。基于上述考虑，本书将重点研究矢量数据类型中的多边形数据空间分析方法及其对应的负载均衡并行技术。

矢量多边形空间分析是GIS的核心功能，被广泛地应用于地理时空信息建模、属性查询、地图互操作等领域。多边形空间分析算法类型丰富，根据功能的不同可分为多边形数据压缩、数据格式转换、多边形栅格化、投影变换与坐标转换、空间信息量算、多边形裁剪与拓扑构建、缓冲区生成、叠置分析、拓扑检查等类型。通过分析上述不同多边形空间分析的算法特征，可进一步将算法类型分为数据密集型算法和计算密集型算法。其中，数据密集型算法类型指在计算过程中多边形之间相互独立且无相交关系，依次遍历多边形并逐一按照规则处理即可完成计算过程；计算密集型算法类型指在计算过程中多边形之间存在复杂的相交关系，需首先判断出相交多边形对及多边形组，进而对多边形对或多边形组进行求差、求并、联合等操作。上述两类算法具有不同的处理过程及算法特征，因而本书分别针对数据密集型算法及计算密集型算法设计相适应的负载均衡并行策略。

1. 数据密集型矢量多边形空间分析并行技术研究

数据密集型多边形空间分析是按照单指令多数据流的方式处理不同地理数据的算法类型，即各多边形在处理过程中相互独立、不具备交集；该类型地理空间分析算法主要包含多边形数据压缩、数据格式转换、多边形栅格化、投影变换与坐标转换，以及面积、长度等基础空间信息量算等类型。数据密集型多边形计算的一般处理过程可概括为：遍历数据集中的多边形，对各多边形依次调用指定算法规则进行处理，当所有多边形处理完毕后输出处理结果。

现有对该类型多边形空间分析算法的研究主要集中于提升不同算法的计算精度及处理效率。

(1)多边形数据压缩方法研究。矢量多边形的空间数据压缩的核心是在不破坏其拓扑关系的前提下，对多边形节点进行合理删减。对多边形数据的压缩过程可看成是组成其边界的曲线段的分别压缩。Douglas-Peucker 算法是多边形压缩的经典算法，但该算法容易引起包含公共边界的多边形压缩结果不一致的现象(Douglas and Peucker, 1973)。因而现有研究聚焦于对 Douglas-Peucker 算法进行改进，从而维护多边形压缩后的拓扑关系，以保证较高的结果数据精度，如数据压缩后拓扑一致性维护方法(Saalfeld, 1999)、基于 Douglas-Peucker 算法的矢量数据快速压缩算法(Ebisch, 2002)、基于约束点的无拓扑多边形数据压缩算法(吴正升等, 2006)等。

(2)数据格式转换方法研究。现阶段，各商用 GIS 软件中地理数据的存储格式各不相同，主流矢量存储格式包括 Esri Shapefile、MapInfo Tab、MapGIS、AutoCAD、MicroStation Design、GML 以及 GB/T 17798《地理空间数据交换格式》定义的 VCT 格式等。随着复杂地理计算和大区域空间分析所涉及空间数据类型日益广泛，经常需要将多源异构地理数据类型进行快速转换，数据格式的不统一使得数据交互、信息共享变得极为复杂。考虑到不同格式之间的差异性，现有研究均侧重于上述格式之间的两两转换，如 VCT 与 MapInfo Tab 格式之间的转换(鲍文东, 邵周岳和邹杰, 2007; 熊顺等, 2013)、AutoCAD 与 MapGIS 格式的转换(徐艳萍等, 2008)、VCT 与 Esri Shapefile 格式的转换(王艳东和龚健雅, 2000; 屠龙海, 2010)等。

(3)多边形栅格化方法研究。多边形栅格化是一个有损转换过程，提高算法的计算精度难以避免转换误差的产生(Congalton, 1997)。传统典型的多边形栅格化算法包括内部点扩散法、复数积分算法、边界探测法、扫描线法和边界代数法等(吴立新和史文中, 2003)；之后改进的栅格化算法大都由这几类方法衍生。有些学者侧重于研究如何快速实现栅格化，如无边界游程编码追踪法(吴华意等, 1998)、差分边界标志与累加扫描算法(章孝灿等, 2005)、基于绘制-检出的栅格化方法 (李青元等, 2010)等；有些学者考虑到栅格化的有损转换过程，研究如何提高栅格化的精度，如面积误差最小约束算法(王晓理等, 2006)、保积模型(Zhou et al., 2007)、属性信息无损转换方法(Liao and Bai, 2010)等。

(4)投影变换与坐标转换方法研究。国内外许多学者已探讨了计算机辅助制图情况下地图投影的变换，提出了解析变换法、数值变换法和数值-解析变换法等经典投影变换方法，之后改进的算法大都由这几类方法衍生而来。近年来，国内外学者对地图投影开展了进一步的研究，如 Bildirici(2003)讨论了在数字化纸张地图投影参数不清的情况下，进行两个数值逆变换的方法；滕骏华(2004)提出了一种新的地图投影反解变换方法——双向迭代逼近法，具有反解变换精度高、收敛速度快的特点等。坐标转换包括同一基准下和不同基准地心坐标系、大地坐标系、投影坐标系间的转换。常用的大地坐标系到地心坐标系的转换采用解析法，地心坐标系到大地坐标系的转换多采用近似计算法(Bowring, 1976)、数值迭代法(Laskowski, 1991; Pollard, 2002)和直接法(Vermeille, 2002)。

数据密集型多边形空间分析算法虽然种类繁多、算法原理不同，但具有相同的算法特征，即不同多边形之间计算独立、通信较少、计算量与多边形节点数密切相关。因此，数据密集型多边形计算具有较高的数据并行性，适合采用多种并行技术实现串行算法的并行化。现有的数据密集型并行算法重点集中于矢量多边形栅格化的算法并行化，总体上分为两种：一种是面向计算机图形学领域，一种是面向 GIS 空间数据处理领域。栅格化并行算法在计算机图形学领域的研究较早，也较为深入。比如，Pineda(1988)利用线性边缘函数判断点与多边形的位置关系，并通过内插像素值实现 3D 多边形图形的绘制，证明该方法有较好的并行性；McManus 和 Beckmann(1997)提出了一种利用数学方法确定最佳的屏幕划分区，基于多核处理器实现各子分区的绘制；Popescu 和 Rosen(2006)提出了两种面向小多边形的栅格化并行算法，该算法通过在多边形顶点间内插从而实现多边形图形的快速栅格化；Roca 等(2010)提出了一种新的栅格化方法，该方法能够充分集成现有的 GPU 栅格流水线和 API 用户的任意选择对微小多边形进行处理；Holländer 等(2011)提出了一种新的基于模糊表达的 GPU 并行算法，可以快速计算并表达对“边界体积层次”的多角度细节层次。在上述研究的基础上，面向 GIS 空间数据处理领域的多边形栅格化并行算法研究则侧重考虑 GIS 中矢量多边形信息的存储结构特点，包括类型面积、图斑形状与结构、几何位置、拓扑关系等。比如，Healey 等(1997)设计了一种矢量数据向栅格数据转换的并行算法，该方法主要采用基于规则条带的空间范围划分方法实现对多边形数据的划分，并侧重于给出采用不同算法进行并行化时的方法选择标准；类似地，Wang 等(2013)采用基于规则条带的空间范围划分方法实现一种基于扫描线的矢量栅格化并行算法，但其侧重点在于考虑算法并行化中跨边界多边形、微小多边形等特殊情形对计算精度的影响，并探讨了行划分和列划分对计算效率的影响；Lin 等(2019)采用 GPU 并行技术，并通过构建多边形节点索引，实现了基于GPU的扫描线栅格化并行算法，取得了良好的并行加速；此外，Tang等(2012)在GPU集群平台下实现了3D多边形数据的凹点点集计算。

然而，在大规模数据密集型计算并行处理中，海量空间数据如何划分最为关键。考虑到多边形存储结构复杂、计算类型多样、复杂度差异大，研究适应性强的数据划分方法成为了多边形空间分析并行化过程中的技术难点。在传统的通用矢量多边形划分方法中，基于多边形要素ID顺序的划分方法易于实现，但多边形划分结果较为粗略，只从多边形数目上考虑负载均衡，不考虑多边形的属性、空间关系及拓扑关系特征。当多边形计算复杂程度差异较大时，即使划分后各计算节点负责的多边形数目大致相等，但数据量可能差异很大，从而导致负载失衡。基于规则条带的空间范围划分方法原理简单、实现方便，且能较好地维护矢量多边形数据的空间聚集特征。然而，这类方法仅采用条带面积的相等作为数据划分的度量标准，却没有考虑到多边形的复杂数据特征(如形状、面积、大小、空间分布、属性)对并行计算效率的影响，极易造成任务划分不均。同时，该方法容易导致处于划分边界上的多边形被不同条带分割，破坏多边形的空间拓扑完整性，并使得该类型多边形被多个节点重复计算，增加了算法的复杂性。总的来说，上述两种传统方法对多边形的划分均较为粗略，未能考虑多边形的计算复杂度差异对计算效率的影响。考虑到数据密集型算法处理中多边形之间相互独立，因而多边形自身的复杂程度是影响处理效率最为关键的因素。目前，已有部分学者通过对多边形复杂度构建模型，用以正确、有效地评价多边形复杂度，并取得了一定的成效。Brinkhoff等(1995)考虑了多边形节点数、面积、空间位置、凹点数及其形状等影响因素，构建了多边形复杂度评价模型；Guo等(2015)针对矢量图层可视化并行计算中的不同步骤分别构建多边形节点数与计算效率之间的回归模型，从而实现合理的数据分配，达到较好的负载均衡性能。然而，上述研究仅针对某些具体算法提出，并不适用于大多数数据密集型计算。在数据密集型算法并行处理中，既要考虑数据量的均衡，也要根据算法特征综合考虑多边形类型面积、图斑形状与数据结构等因素，并提出合适的多边形计算复杂度度量标准，进而有效指导并行计算过程中的多边形划分。

2. 计算密集型矢量多边形空间分析并行技术研究

计算密集型多边形空间分析主要基于相交多边形展开交、差、并、交集取反、联合、更新、标识和空间连接操作，具有典型的计算复杂、密集的算法特征(Longley et al., 2015)。根据参与计算的图层数目，可将计算密集型多边形计算算法分为单图层多边形计算和多图层多边形计算。其中，单图层多边形空间分析算法包括多边形求交、求并、拓扑检查、缓冲区生成等；多图层多边形计算算法包括两个及两个以上图层之间的求交、求差、交集取反、空间连接等叠置分析。目前已有大量学者针对该类型算法的处理效率和精度展开研究，根据其使用方法的不同，可分为基于矢量的方法和基于栅格的方法两种类型。

基于矢量的方法主要面向空间对象描述，各多边形对象之间的空间关系判断需要基于计算几何算法进行定位、分析和检索。其基本处理过程包括：利用多边形的外接矩形(minimal bounding rectangle，简称 MBR)表征多边形的空间形状，首先过滤出可能相交的候选多边形，进而对候选多边形进行精炼确定相交多边形组，最后对相交多边形组进行裁剪(图 1.2(a))。尽管不同的多边形空间分析算法原理不同，但具有相同的算法特征，即本质操作均是过滤出具有相交关系的多边形，并对多边形点集进行裁剪。因此，计算密集型多边形空间分析的核心问题在于多边形之间的裁剪及相交多边形的确定。现有研究主要围绕多边形裁剪方法和相交多边形空间索引方法展开。

(1)多边形裁剪方法研究。在计算图形学领域，平面扫描算法首先被提出以实现不同矢量线要素之间的相交计算(de Berg et al., 2000)。在此基础上，众多学者提出改进算法，以实现不同类型多边形的裁剪计算。现有成熟的多边形裁剪算法包括 Weiler-Atherton 算法(Weiler and Atherton, 1977)、Vatti 算法(Vatti, 1992)及 Greiner-Hormann 算法(Greiner and Hormann, 1998)；后续的算法研究多针对上述基础算法进行改进，以适用于特殊多边形及任意形状多边形的快速、正确裁剪(Kim and Kim, 2006; Liu et al., 2007; Martínez, Rueda and Feito, 2009)。上述多边形裁剪方法主要是针对两个多边形进行；针对海量多边形数据，通用的方法是采用暴力算法逐个遍历源数据判断当前多边形与其他多边形的空间关系，并反复调用裁剪算法实现相交多边形的裁剪(Smith and Campbell, 1989; Healey et al., 1997)。该方法计算复杂度高、效率低下，难以适用于规模化的多边形数据集的相交计算。随着信息技术的发展，研究高效的多边形索引技术，提高相交多边形的过滤效率、减少重复计算次数显得十分急迫和必需。

(2)相交多边形空间索引方法研究。规则格网索引和四叉树索引等非空间对象索引技术首先被引入多边形空间分析中，较传统暴力方法取得了良好的加速效果(Finkel and Bentley, 1974; Nievergelt, Hinterberger and Sevcik, 1984)。进而，一些学者重点研究顾及邻近性的空间对象索引技术，进一步提高了空间分析中多边形查询、过滤的效率，如 K-D 树(Bentley, 1975)、BSP 树(Fuchs, Kedem and Naylor, 1980)及 R 树(Guttman, 1984)等。后续的研究重点包含两个方面：一是对传统的空间索引方法进行改进，形成新的变种索引树，以进一步提高多边形的查询效率，如 R+树(Sellis, Roussopoulos and Faloutsos, 1987)、R*树(Beckmann et al., 1990)、Hilbert-R 树(Kamel and Faloutsos, 1994)、RD 树(Nakorn and Chongstitvatana, 2006)等；二是研究适用于规模化大数据的新型计算、应用框架。Korotkov(2012)提出一种基于 R

树索引两重排序节点分割算法，从而可更好地应用于复杂数据集；Fu 和 Liu(2012)提出一种结合 Voronoi 三角网的 MR 树以提高分布式数据库环境中的空间查询效率；Sleit 和 Al Nsour(2014)提出一种基于转角的切割方法(corner based splitting，简称 CBS)以有效切割 R 树空间索引中的过载节点；Lin 等(2015)提出面向对象的开放结构模型 MRD 树，以加速数据库中的定位查询。

栅格数据模型是与矢量数据模型同等重要的空间对象表示方法。相对于矢量地理数据格式而言，栅格数据分布规则、独立性较高。因此，采用基于栅格的计算方法可提高空间分析效率；同时，栅格数据易于并行处理，可减少并行过程中存在的严重任务依赖。基于栅格的计算方法是在简单的栅格图像中通过栅格单元之间属性值的简单代数运算实现空间分析。该方法的一般计算过程包括三个步骤：①将矢量多边形图层分别进行栅格化填充，获得两个处理图层的栅格化结果；②对两个图层的栅格化图像根据其属性值进行栅格计算，以获得指定空间分析的计算结果；③对计算结果进行栅格矢量化，提取多边形边界及其所属岛洞，并构建多边形拓扑关系，从而完成计算(Wang et al., 2012)(图 1.2(b))。目前，已有较多学者采用该方法实现对多边形数据的空间分析。Dong、Cheng 和 Fang(2009)通过将两个多边形图层分别栅格化，并将栅格化结果采用游程编码技术进行擦除、相交、合并等栅格计算，最后将计算结果进行矢量化，从而实现两个图层之间完整的多边形布尔运算。Cui、Wang 和 Ma(2010)提出一种基于梯形剖分的多边形布尔运算方法，首先利用扫描线方法将各多边形划分成不同梯形面片，进而将多边形相交计算转换为多边形包含的不同梯形面片之间的栅格计算，从而提高计算效率；但该方法无法处理同一图层内多边形相互重叠的情形。Wang 等(2010)结合栅格化和游程编码技术实现了多边形缓冲区生成算法，从而缩短了栅格计算的时间、提高了算法运行效率。

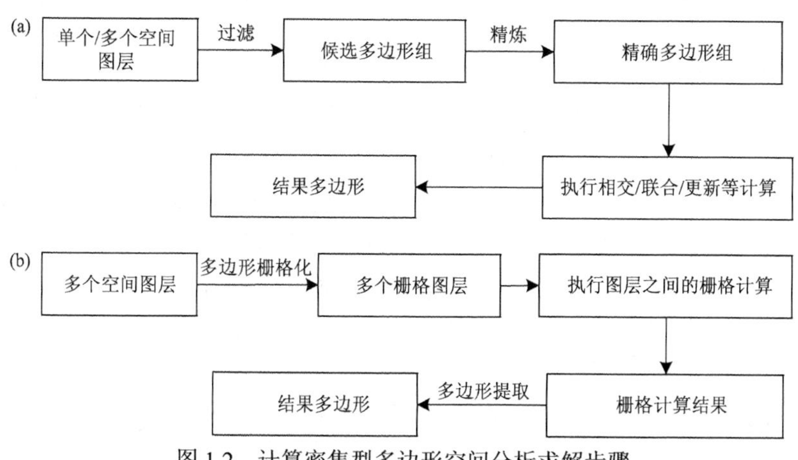

图 1.2 计算密集型多边形空间分析求解步骤

(a)基于矢量的方法；(b)基于栅格的方法

总的来说，基于矢量的方法主要目的在于确定相交的多边形对及多边形组，其计算结果精度较高，但相交多边形过滤和精炼阶段耗时较多，成为制约其计算效率的主要问题。基于栅格的方法较矢量方法计算实现简单、快速，但计算精度往往受到多边形栅格化过程中栅格尺寸大小的影响；现有方法仅适用于简单要素模型下两个图层间的空间分析，具有一定的应用局限性；同时，其包含的栅格化结果计算、栅格矢量化步骤均以栅格数据为处理单元，且计算类型为栅格全局型计算，往往会造成边界多边形的拓扑割裂，需要额外的多边形拓扑重建，因而效率较低。因此，现有的多边形空间分析并行化研究多聚焦于基于矢量的方法展开。具体来说，在现有的计算密集型多边形空间分析的并行化研究中，仍主要采用基于规则条带的空间范围划分方法实现算法的并行化。该方法具有实现简单、划分时间短、能在一定程度上顾及空间邻近性的优点，因而被很多学者用于实现多边形空间分析的快速并行化(Franklin et al., 1989; Hopkins and Healey, 1990; Waugh and Hopkins, 1992; Healey et al., 1997)；但该方法容易造成边界多边形割裂，从而造成多边形的重复计算，因而效率较低。Wang(1993)在格网划分的基础上，在各格网内建立一维索引，按照先 x 方向后 y 方向排序的方式减少多边形的判断次数，从而提高算法并行效率。Zhou、Abel 和 Truffet(1998)针对并行空间连接计算提出细粒度格网划分方法，首先将源矢量数据划分成与计算节点相等数目的粗粒度格网，进而将各格网继续划分成若干细粒度格网，从而保证各计算节点负责的计算量较为均衡。一些学者提出或改进基于并行索引技术的数据划分方法，如并行 R 树划分方法(Agarwal et al., 2012; Puri et al., 2013)、并行 Hilbert 空间曲线划分方法(Li and Zheng, 2013)、并行 Hilbert 曲线与四叉树结合的划分方法(Zhong et al., 2012)等。此外，Fan 等(2014b)提出一种基于 R 树和简单要素模型的双向种子搜索算法，以确保多边形分组间要素关联最小化，从而克服多边形图层叠加时复杂的“多对多”映射关系对叠置分析算法的并行化带来的困难。一些学者针对特定应用提出相应的多边形数据划分策略，以达到任务均衡分配的目的。范俊甫等(2013)提出一种关联最小化的多边形数据划分方法，以并行处理多边形的叠置分析应用。为实现对多边形数据的有效划分，该方法对相交多边形进行分组，且不同的分组之间不包含相同的相交多边形。此方法虽然规则简单、明确，但存在一定的局限性，主要表现在：适用范围较小、不能广泛应用于其他多边形计算类型，且分组间的计算量差异将导致并行计算中的任务负载不均。为实现多边形拓扑关系的并行计算，杨宜舟等(2013)将多边形按节点数目排序并分配给不同的计算节点进行并行处理。该方法可较好地达到并行处理中的计算量负载均衡，但未能顾及多边形的空间位置关系，对于多边形相交计算、叠置分析等对空间邻近性要求较高的分析算法并不适用。

尽管现有研究已经针对计算密集型多边形空间分析并行化取得了丰富的成

果，并显著提高了算法的并行计算效率，但仍存在一定不足，主要表现在以下方面：①在现有基于矢量的多边形相交计算方法中，均采用空间索引进行初始相交多边形的过滤，但利用空间索引只能减少后续多边形的判断次数，其形成的多边形组中仍然包含大量不相交多边形，因而该方法仍会浪费大量的时间在不相交多边形的计算上，从而降低了计算效率。②现有的多边形划分方法不能将待处理多边形划分成独立的子分块，因而在并行计算过程中存在较为严重的任务依赖，即某一分块中的多边形可能与其他多个分块中的多边形相交。这将需要在并行计算过程中进行不同并行计算节点之间的相互通信，以完成计算，从而增加了算法的计算复杂性，降低了并行效率。③现有的数据划分方法仅从多边形要素的数量和空间范围角度考虑对多边形进行粗粒度划分；然而，这并不能代表多边形的实际计算量，容易引起不同计算节点间的数据分配不均。研究细粒度的、顾及负载均衡的数据划分方法以保证不同并行单元间的计算负载均衡，是并行地理空间分析发展的重要趋势(Brinkhoff et al., 1995; Zhou, Abel and Truffet, 1998; Shekhar et al, 1998)。

1.2.2　地理栅格数据空间分析并行技术研究

相对于矢量数据格式而言，栅格数据存储结构分布规则，在计算时通常各栅格点上的计算形式相似、独立性较高，但往往需要更多的计算存储空间(王结臣等, 2011)。栅格数据地理空间分析通常涉及对一个栅格图层或多个图层的代数运算，并可根据计算时参与计算的栅格单元数目及空间分布，将栅格数据空间分析类型分为局部型计算类型和全局型计算类型(Tomlin, 1990)，如图 1.3 所示。

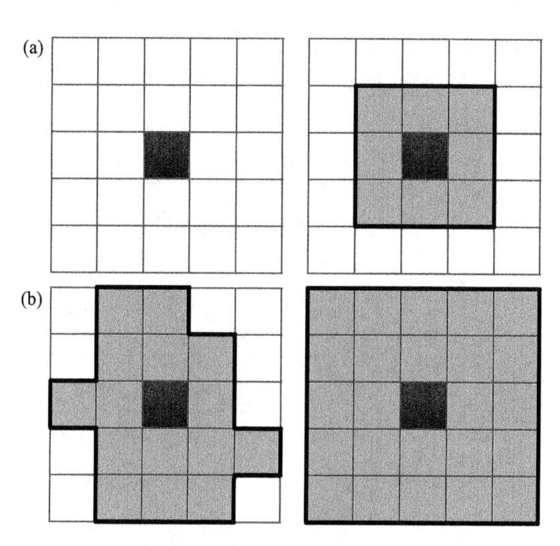

图 1.3　栅格数据空间分析类型

(a)局部型计算类型；(b)全局型计算类型

局部型栅格数据空间分析指对栅格图层中的一个或多个栅格单元开辟具有固定分析半径的分析窗口，并在该窗口内进行诸如极值、均值等一系列统计计算，或与其他图层的信息进行必要的复合分析，从而实现对栅格数据有效的水平方向扩展分析。该类型计算的理论依据是地理空间要素存在极强的空间关联性，而分析窗口通常为矩形窗口类型。局部型栅格计算类型通常包括求平均值、极值、中间值、众数、插值、空间统计等，也可以在窗口内进行函数运算，并应用这些分析方法实现图像增强、空间叠加分析、遥感影像分类、连通性分析、聚合分析、判别分析、数学形态学分析、滤波分析、数字地形信息提取等计算。该类型计算的算法原理可概括为遍历各分析窗口，根据一定规则计算其中心栅格单元的属性值；因而在计算过程中，各分析窗口的计算独立性较强，从而具有较高的并行潜力。这使得对该类型计算的并行化策略设计较为容易，其并行算法可视为串行算法在多个并行计算节点上的简单扩展。现有针对该计算类型实现的并行方法着重将源栅格数据进行规则的栅格行划分、列划分和格网划分，形成多个栅格分块，并将各栅格分块分配给不同并行计算节点进行并行处理，以实现不同应用领域的算法并行化(朱志文等, 2011)。特别地，在数字地形特征提取方面，Jiang 等(2013)、Liu 等(2015)均在数字地形特征提取过程中采用规则栅格行划分的方式实现并行计算；同时，在栅格分块边界处通过预读取相邻栅格分块部分数据行以形成数据缓冲区，从而减少并行计算过程中的消息传递与数据通信。在遥感图像处理方面，众多学者针对特定遥感数据处理应用进行串行算法的并行化，如遥感影像配准(Wang, 2011)、遥感影像融合(Maulik and Sarkar, 2012; Zheng, Li and Ma, 2014)、遥感影像分类(Bouattane et al., 2011)、遥感影像镶嵌(Tan et al., 2017)及遥感专题信息提取(López-Fandiño et al., 2019)等。在城市扩展模拟方面，Li 等(2010)、Tang 等(2011)、Guan 等(2016)均采用上述并行方法将元胞自动机模拟算法进行并行化，并在不同区域实现对城市扩展的快速模拟计算。此外，Wang 和 Armstrong(2003)采用四叉树迭代划分的方式实现反距离加权空间插值的并行化过程；Wang、Cowles 和 Armstrong(2008)采用规则划分的方法实现了空间统计的格网并行处理。

全局型栅格数据空间分析指对栅格图层中的栅格单元进行搜索，进而寻找符合计算条件的栅格单元完成指定计算。在该计算类型中，参与计算的栅格单元数目及其对应的空间分布无法提前预知，且往往全局栅格单元均需参与运算。全局型栅格计算通常包含流域分析、可视域分析、追踪分析、矢量目标特征要素的信息提取等计算类型。该类型栅格计算一般计算过程较为复杂，其可并行性与串行算法本身的特点及所基于的并行环境密切相关；此外，单个栅格单元的计算结果与满足一定条件的某一区域所有栅格有关，且不同栅格单元计算时所涉及的区域范围也不同；这使得该类算法往往计算过程复杂、并行难度较大。该类型计算的并行化难点主要体现在：①在并行计算过程开始前，满足算法规则的栅格单元数目及其对应的空间分布均无法预知，往往需要遍历全局栅格单元才能完成计算。在采用传统的栅格数据规则划分方法实现并行化时，无法划分成相互独立的栅格分块。不同栅格分块间的计算耦合度较高，一个栅格分块内往往需要其他栅格分块的数据才能完成计算，增加了并行计算过程中的任务依赖性，使得并行过程中的通信和调度成为必须，从而大大增加了并行计算的复杂度。②并行计算中的高度任务依赖性使得各栅格分块内部的计算结果往往不完整，从而需要对不同栅格分块的并行计算结果进行融合，以形成完整、正确的计算结果，进一步增加了并行计算的复杂性。现有的对全局型栅格空间分析并行化的研究主要集中于采用通用的数据划分方法，以实现不同领域应用分析的并行加速，如水文建模及水文分析(Tesfa et al., 2011; Wang et al., 2011)、可视化分析(Yu and Ma, 2005)、聚类分析(王维一等，2013)等。特别地，当进行矢量目标特征信息提取时，仅对源栅格数据进行简单的格网划分极容易导致不同栅格分块边界的多边形被割裂，需要后续的多边形拓扑关系重建，极大地增加了算法复杂度。在矢量目标特征信息提取算法并行化方面，现有研究重点关注线状要素和多边形要素的并行化提取。Chen 等(2010)较早地采用 GPU 平台实现了数字地球地形系统中的等高线地图实时构建；Xie(2012)基于 MPI 编程工具实现了 CPU 环境下的等高线并行提取算法，并针对被割裂的不完整等高线拼接提出了相应的优化策略；沈婕等(2013)构建了多核 CPU 环境中的等高线简化的并行算法，通过选择不同数据量的等高线数据测试多种等高线简化算法的并行适应性；杨云丽(2015)基于 CPU/GPU 协同并行计算环境实现了传统 DEM 提取等高线算法的并行化；Tan 等(2017)同样采用 GPU 平台实现 DEM 数据提取等高线算法的并行加速，并重点对并行计算后的等高线平滑的精度问题，提出平滑精度的优化算法，取得了较好的计算结果。在多边形矢量化并行方法研究方面，Mineter(2003)设计了多核 CPU 计算环境下的多边形拓扑重建并行算法，以有效适用于并行处理过程中因规则划分栅格数据造成的多边形目标对象被割裂的情形，实现了不完整多边形对象的拓扑重建；魏金标(2014)针对栅格数据矢量化提取多边形目标对象的问题提出了一种自适应并行方法，可根据不同矢量化方法的算法原理及待处理栅格数据特征自适应地选择不同的数据划分方法，包括属性个数划分方法、资源分配方法和动态分配方法，以适应更多情形下的并行数据分配。

上述应用的并行化方法均采用规则划分方法对栅格数据进行划分，但容易造成处于栅格分块边界的栅格单元被分割，从而导致并行计算过程中的负载失衡。为此，一些学者开始从并行负载均衡的角度出发，研究估计栅格有效计算量的数据划分方法。Zhou、Abel 和 Truffet(1998)提出一种细粒度栅格数据格网划分方法，首先将栅格数据划分成与计算节点相等数目的粗粒度格网，进而将各格网继续划分成若干细粒度格网，从而降低数据倾斜的概率。Cramer 和 Armstrong(1999)探讨了栅格按照行划分、列划分、格网划分对栅格计算并行效率的影响，同时讨论了不同划分粒度、栅格读取顺序对效率的影响。Lee 和 Hamdi(1995)提出了一种新的启发式划分方法，可将栅格数据图层的空间范围划分成任意个面积相等的栅格分块。Wang 和 Armstrong(2003)提出的基于四叉树的栅格数据划分方法，通过控制四叉树划分的深度来保证各栅格分块的计算量大致均衡。沈占锋(2007)、Li 等(2010)、Guan 和 Clarke(2010)考虑了具体遥感影像处理中的有效计算量对负载均衡的影响，将栅格数据划分成面积不相等的数据分块，从而保证各分块计算量大致相等，提高计算效率。江岭(2014)、Song 等(2016)通过设计等角域划分、等面积划分和复杂域划分三种不规则的栅格数据划分方法，以实现栅格 DEM 流域地形分析的并行化。

随着栅格数据空间分析的日趋复杂，并行计算过程中的输入/输出(input/output，简称 I/O)、消息传递等也成为制约其并行效率提升的重要因素。因此，一些学者针对开源的地理空间数据转换库(geospatial data abstraction library，简称 GDAL)研究适用于地理栅格数据并行读写的 I/O 机制。具体来说，Wang 等(2013)验证了在将数据写入栅格结果图层时，以栅格行为单位较以栅格列为单位进行数据写入可取得更高的计算效率。周建鑫等(2013)针对上述现象根据地理栅格空间分析的特点提出了基于视图聚合写的并行 I/O 处理模式。Qin 等(2014)进一步总结了上述现象产生的内在机制，并提出了正确使用 GDAL 算法库进行并行 I/O 读写的方式，可对不同来源的栅格数据获得正确的计算结果。在此基础上，胡树坚等(2015)针对 GeoTIFF(*.tif)格式分别构建了栅格数据从逻辑结构向物理存储结构的映射模型，并实现了 GeoTIFF 数据并行 I/O 库(parallel GeoTIFF I/O library，简称 pGTIOL)，从而支持对条带存储与块状存储数据的异步并行读写。欧阳柳等(2012)结合栅格数据逻辑模型的特点，提出了面向地理栅格数据的并行 I/O 框架；基于消息传递模型实现了多种并行访问方法，有效地提高并行性能。程果等(2012)针对栅格空间分析中的局部型算法提出了降低栅格数据 I/O 时间消耗的并行方法和降低数据通信代价的光圈预测方法，进而在一般并行化基础上进一步提升其并行性能。杨典华和潘欣(2013)针对大规模地理栅格数据提出了一种并行处理框架，利用核心类的真实和虚拟两种读取方式实现海量数据的分步骤、分块的快速加载和并行调度。

尽管上述研究已对栅格数据空间分析的并行化方法作出一定程度的探索，但仍存在一些困难与不足，具体表现在以下方面。①针对局部型栅格空间分析，现有的并行方法侧重于利用通用的规则数据划分方法和不同的并行环境实现算法的并行加速。然而，这些数据划分方法仍然较为粗略，通常以栅格行为划分的基本单位；这容易导致数据划分形成的栅格分块间的计算量差异较大。此外，现有并行方法集中于对栅格数据的初始划分，而忽略了并行过程中的任务调度，从而不能对并行过程中的负载不均进行有效调控。因此，对该类型空间分析的负载均衡并行方法研究仍有进一步提升的空间。②针对全局型栅格空间分析，现有的并行方法仅能实现对该类型计算的简单并行化，而忽略了并行计算中的负载均衡和多粒度分解。首先，该类型空间分析通常包含多个计算步骤，且不同步骤中包含的计算粒度不同，因而需要设计新的数据划分方法，以针对不同阶段的算法特征划分不同的数据粒度。其次，该类型计算包含的不同计算步骤之间耦合度较高，简单的数据划分并不能实现并行负载均衡，因而需要进一步的并行任务调度，以实现对并行中负载失衡的计算节点进行实时调控，从而进一步提高并行效率。最后，该类型计算并行化后各栅格分块的结果通常需要进行结果融合才能形成完整的计算结果；因此，设计高效、通用的栅格分块结果融合策略十分必要。

1.3 CPU/GPU 混合架构并行技术研究

1.3.1 CPU/GPU 并行编程模型研究

目前较为流行的高性能并行硬件架构包括多核 CPU 并行计算环境和众核 GPU 并行计算环境。基于多核 CPU 环境的并行计算机从产生到发展，除向量机外，目前还有单指令多数据流(single instruction multiple data stream，简称 SIMD)计算机和多指令流多数据流(multiple instruction stream multiple data stream，简称 MIMD)计算机。当代主流多核 CPU 并行计算机有三种：对称多处理机(以 SMP(symmetrical multi-processing)系统为典型代表)、大规模并行处理机(以 MPP(massive parallel processor)系统为代表)，以及集群系统(以 COW(cluster of workstations)系统为代表)(陈国良, 2011)。并行计算模型是以并行计算机为基础，以并行算法的设计与实现为出发点，由并行计算机的基本特征抽象而成的具有较强通用性和可扩展性的计算模型，从而达到提高并行计算效率的目的。目前，主流多核 CPU 环境下的并行计算编程模型包括分布式存储的和共享存储的编程模型(Khan, Bouvry and Engel, 2012; Wu et al., 2021)。

具体来说，分布式存储系统可将多个 CPU 计算节点通过互联网关联起来，并使每个 CPU 计算节点拥有独立的内存存储系统，因此该类系统通常可取得十分高效的计算效率(Mininni et al., 2011; Meftah et al., 2022)。分布式存储系统可分为两种：数据并行模型和消息传递并行模型。数据并行模型将计算问题分解为不同的子任务分块，使相同的操作可同时在不同数据上并行作用。在数据并行模型中，并行程序通过锁步方式同步执行，一个数据并行程序中含有一个单一的、每条指令可作用于不同数据项的指令序列。由于此特点，数据并行程序适用于在 SIMD

并行计算环境中，对海量数据进行相同但互相独立的操作。消息传递并行模型可实现用数据并行方法难以表达的并行算法，由于灵活性高、可实现多样化控制的优点，能有效提高并行执行效率。但是，由于编程级别较低，消息传递模型的程序设计通常更为复杂，并行算法的设计者需对数据划分、任务传递的技术和方法进行专门设计。MPI(message passing interface)是目前应用最为广泛的消息传递并行编程模型(Smith and Bull, 2001)，其优点在于功能强大、计算效率高和可扩展性强。在利用 MPI 进行并行程序的设计时，通常采用的并行模式包括对等式并行模式和主从式并行模式。对等式并行模式的主要特点是各节点并行地执行各自分配的任务，并且在并行执行过程中不需要进行消息通信。主从式并行模式通过开辟负责不同计算任务的节点完成并行计算；其中，主节点负责数据划分、任务调度、进程控制等逻辑性较强的计算任务，而从节点负责数据的并行处理，并且在并行执行过程中需要进行消息通信。在共享存储系统中，不同的 CPU 计算节点可通过对共享内存的访问和存取来进行消息的传递与交换，从而实现对不同计算节点并行任务的协调处理(Tang et al., 2010)。该系统的突出优点在于通用性较强，可以广泛地应用于现有的软件系统，但内存共享的设定常常成为制约该系统性能进一步提升的关键因素。在该系统下，常用的并行编程模型包括 Pthread(POSIX threads)和 OpenMP(He et al., 2022; Bak et al., 2022)。

近年来，面向通用计算领域的 GPU 并行计算集群获得了快速发展。GPU 通过共享存储模型实现大量计算核心的并行计算，能够提供更多的计算资源；同时，GPU 具有高存储带宽，可加快数据传输速度(Hou et al., 2011; Li et al., 2013)。GPU 通常由数以万计的处理核心组成，通过调用大量的线程来保持高吞吐量和隐藏内存延迟，从而具有强大的图形显示与浮点型数值处理性能，并更适合大规模数据密集型计算的高效并行处理。在主流显卡公司 NVIDIA 研发的 GPU 计算架构中，不同的计算层级包含线程(thread)、线程块(block)及线程格网(grid)，如图 1.4(a)所示。在 GPU 中，线程通常被组织成线程块，同时线程块又被组织成线程格网；采用单指令多数据并行模式执行程序，即同一个线程块内包含的所有线程并行执行相同的指令。线程块是 GPU 的基本执行单位；在线程块内 32 个线程组成一个 warp，warp 是 GPU 并行执行的最小调度单位。GPU 中的存储结构主要包括寄存器(register)、局部内存(local memory)、全局内存(global memory)、共享内存(shared memory)、纹理内存(texture memory)和常量内存(constant memory)。其中，寄存器主要用作存储临时变量；局部内存为各并行线程私有，其存取速度远高于全局内存；全局内存存储空间较大(一般为几 GB)、带宽较高，但访问延迟也很高；在线程块内部，各线程可同时访问共享内存，其存储容量小得多(一般为几十 KB)，其访问速度低于寄存器，但远高于全局内存；纹理内存经常用于图形数据的存储访问，常量内存用于常量和内核参数的存储访问。此外，在 Kepler 类型 GPU

中，L1 缓存和 L2 缓存常被优化用以加速内存存取速度。在 GPU 集群平台上，CUDA (compute unified device architecture) 是 NVIDIA 公司推出的通用并行计算架构，该架构使 GPU 能够快速解决复杂的计算问题(NVIDIA, 2013)。相较于 OpenCL 等其他 GPU 编程模型，CUDA 的优势在于它对 C 语言的高扩展性，从而将传统 CPU 环境下的 C 语言程序移植到 CUDA 并行环境时的代码改动较小。此外，CUDA 为开发人员提供了 GPU 环境下丰富的 C 语言开发库，可方便开发人员进行 GPU 程序的研发与测试。在 CUDA 中，计算部分被分为 host 端和 kernel 端：host 端处理过程由 GPU 节点中的 CPU 端执行，其主要负责数据读写和数据传递；kernel 端处理由 GPU 设备采用 SIMD 模式并行执行。因此，GPU 并行程序的一般计算过程为：数据由 CPU 端进行划分并分配给 GPU 设备，再由 GPU 设备并行处理，最终将并行计算结果返回 CPU 端，如图 1.4(b)所示。

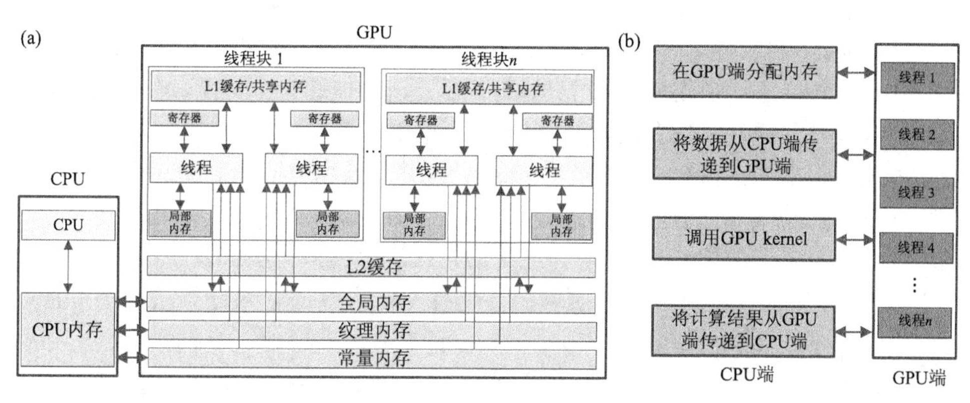

图 1.4 GPU 和 CUDA 模型示意图

(a) GPU 框架结构示意图；(b) CUDA 编程模型示意图

通过对 CPU、GPU 硬件架构的特征分析可以发现，CPU 和 GPU 是面向不同的并行计算任务而设计的：CPU 主要是为串行指令、任务调度、程序控制等通用计算而优化设计；而 GPU 则是基于大吞吐量计算而优化设计，以实现大规模高度密集的数值计算。比较而言，为了有效处理复杂多样的数据类型，并对计算任务进行组织管理和逻辑控制，CPU 硬件架构体系的设计通常十分复杂，以具备较强的通用性；而 GPU 的硬件架构则由大量体系统一、相互独立的计算单元组成，以高速处理大规模数值计算。上述硬件架构特征使得在进行地理空间分析算法的并行处理时，CPU 适合用来进行地理空间分析的并行任务调度、消息通信、节点管理及部分计算等逻辑性任务的处理，GPU 适合用来对高度并行化的数据密集部分进行加速。

1.3.2　CPU/GPU 混合架构应用研究

随着 CPU 和 GPU 并行计算平台的快速发展，越来越多的学者通过分别研究 CPU、GPU 的并行硬件架构特征，从而研发适用于不同计算平台的地理空间分析并行方法。

早期的地理空间分析并行算法研究多基于 CPU 计算节点的 MPI 编程工具实现对地理空间分析串行算法的并行化，如基于 CPU 节点和 MPI 的矢量多边形栅格化(Healey et al., 1997; Wang et al., 2013)、矢量多边形相交计算并行加速(Hopkins and Healey, 1990; Waugh and Hopkins, 1992; Fan et al., 2014a)、栅格数据数字地形特征提取(Liu et al., 2015; Jiang et al., 2013)、遥感影像配准与融合(Maulik and Sarkar, 2012; Zheng, Li and Ma, 2014)、遥感影像镶嵌(Chen et al., 2014)等。考虑到部分地理空间分析在传统多核 CPU 并行环境下常常存在严重的并行任务依赖，从而使得仅采用 MPI 的并行方法的加速十分有限。随着 CPU 节点多核多线程并行技术的发展，单个 CPU 节点允许开辟的线程数量逐渐增加，一些学者开始采用 CPU 环境下的多核 OpenMP 并行技术对地理数据的空间分析进行进一步加速，从而充分利用多线程共享内存的性能优势和灵活调度的机制。如赵坤(2011)实现了多核 SMP 集群环境下的管线追踪模拟卫星成像的快速并行化；张思乾等(2012)利用 OpenMP 实现栅格遥感影像边缘提取并行算法；刘军志等(2013)利用多核 CPU 技术对栅格水文汇流计算实现并行化；李拥等(2013)利用 OpenMP 多线程实现对 3D GIS 空间数据的并行绘制；Liu 等(2014)实现分布式水文模型的 OpenMP 并行化；谷宇航等(2015)同样基于 OpenMP 多线程实现了一种矢量空间数据的并行拓扑算法。

受制于多核 CPU 的硬件架构特征，在 CPU 节点上能开辟的进程数和线程数均受到其架构体系的制约，因而随着地理空间数据的规模逐渐增大，采用多核 CPU 节点实现的并行加速仍十分有限。随着 GPU 并行技术的快速发展，GPU 能调用数以万计的线程实现高度并行化的特征使得其在并行地理空间分析中的应用逐渐广泛，如基于 GPU 集群并行方法实现的大规模矢量多边形相加计算的并行加速(Simion, Ray and Brown, 2012; Kim, Hong and Nam, 2012)。此外，Lin 等(2019)利用 GPU 并行技术实现了基于扫描线算法的多边形栅格化并行算法，取得了良好的并行加速。You 和 Zhang(2012)采用 GPU 环境下的 CUDA 编程模型实现 DEM 格网空间插值的并行加速。Steinbach 和 Hemmerling(2012)实现了地理栅格空间分析中的 GPU 批量处理。陶伟东等(2013)实现了 GPU 环境下的遥感影像的边缘检测算法。周松涛(2013)研究了海量遥感数据的 GPU 高性能可视化应用。洪亮等(2014)研究了 GPU 通用计算环境下栅格数据的空间域滤波及其相关性并行算法。

Tristram、Hughes 和 Bradshaw(2014)采用多 GPU 并行环境加速水文不确定性模型的构建过程。Chen 等(2010)、Tan 等(2017)均利用 GPU 高效的并行加速能力实现对 DEM 数据提取等高线应用计算效率的大幅度提升。然而，尽管 GPU 对数据密集型的计算类型加速效果显著，但对于存在并行任务依赖、数据交换密集的并行计算类型的加速效果较差。针对上述问题，部分学者开始尝试将多核 CPU 和众核 GPU 进行结合，分别利用多核 CPU 适合并行任务调度、众核 GPU 适合对计算密集部分进行并行加速的优势，进一步研发基于 CPU/GPU 混合异构计算环境的并行方法，如 Tang 等(2012)采用 CPU 和 GPU 分工协作的方式，即 GPU 负责多边形凹点的判断、CPU 负责凹点提取，以实现多边形凹点点集的快速计算；Tang 和 Feng(2017)首先通过构建 CPU、GPU 集群组成的云计算平台，进而采用该平台计算大规模矢量空间数据集的地图投影并行变换；Guan 等(2016)在 CPU、GPU 异构并行环境中实现了基于元胞自动机的城市增长模拟研究；Carabaño、Westerholm 和 Sarjakoski(2018)针对栅格数据空间分析提出了在 CPU 和 GPU 异构环境下的地图代数计算的自动并行化和局部优化方法，并分别给出了 CPU 和 GPU 计算任务的分配标准。

以上研究通过利用 CPU 和 GPU 的高速计算特性取得了一定程度的进展，但仍存在一些技术与方法的研究难点，主要表现在以下方面。①GPU 在进行大规模高度密集的数据计算时，可调用数以万计的线程进行高速运算，往往可以取得较为显著的加速效果；但 CPU 与 GPU 节点间的消息通信、任务传递、数据读写及 I/O 时间消耗则严重制约了并行效率的进一步提高。因此，有必要研究一种合理、高效的 CPU/GPU 协同并行方法，使得 CPU 节点和 GPU 节点可以协同工作，以隐藏部分 I/O 时间消耗，从而最大程度地发挥 CPU 和 GPU 的性能优势。②随着地理空间数据量的不断增大和并行计算性能的提高，如何有效处理地理大数据则成为 CPU/GPU 异构环境中的主要问题。③CPU/GPU 异构环境往往包含 CPU、GPU 和 CPU/GPU 混合的多种计算环境组合，不同的计算组合将包含不同的计算节点，且不同节点将具有不同的计算能力。在该情况下，对具有不同计算能力的并行节点分配相同数量的计算任务将极易导致并行计算过程中的负载失衡。因此，对以上问题的有效解决将能够进一步提高 CPU/GPU 混合架构下地理空间分析的并行处理效率。

1.4 地理空间分析通用并行化方法研究

随着地理空间分析的不断发展，并行计算技术被越来越多地引入到传统地理空间分析应用中，以高效地处理地理空间大数据。然而，地理空间分析涉及的应用种类繁多，针对不同的地理空间分析应用单独设计对应的并行策略与并行方法的方式显得十分复杂且低效。对于一类特定的地理空间分析应用而言，虽然不同的应用包含不同的算法原理，但往往具有相同的算法特征，这为针对该类应用研究通用、高效的并行化技术提供了可能(Belcastro et al., 2022)，并在此基础上形成了可适用于部分具有相同特征的空间分析算法的并行算法库、并行框架、并行系统或并行计算模型。该方式的基本思路是将地理空间分析并行化过程中的通用步骤进行封装，并形成中间件；用户基于所提供的中间接口快速实现所需特定算法的并行化过程。该方式可显著降低对用户并行算法编程能力的要求，使得用户可以专注于地理空间分析算法本身的原理研究，回避并行计算复杂编程技术细节的困扰，提高算法开发效率，具有很高的实用价值。近年来，随着多核 CPU 和众核 GPU 并行集群等新型硬件架构的逐渐普及，已有一些学者展开通用并行化框架的研究，以适用于多数具有相同算法特征或并行特征的应用集合。根据处理数据类型的不同，可将现有并行化框架研究分为栅格数据和矢量数据的空间分析并行化框架研究。

栅格数据的存储结构较为规整，计算形式相对独立，具有天然可并行性的特点。因此，现有并行化框架研究多聚焦于栅格数据的并行处理。Tehranian 等(2006)提出高效鲁棒的分布式处理原型系统，以实时快速处理 MODIS、AIRS 等大区域遥感卫星监测数据。He 等(2007)基于 MPI 并行编程模型，利用主从式的并行模式设计了一种优化并行框架 PGO(platform for global optimization)，以实现对遗传算法的全局模拟优化。Phillips、Watson 和 Wynne(2007)设计了串行算法快速并行化的并行算法库，以实现具有相同栅格数据特征和算法特征的串行算法向并行算法的快速转换。Guan 和 Clarke(2010)实现了并行栅格处理库 pRPL(parallel raster processing library)，通过提供包括栅格行、栅格列及格网划分在内的规则划分方法以及四叉树栅格划分方法，实现多种栅格计算算子的并行化；并在后续提出了其改进版本 pRPL 2.0 及 pPRL + pGTIOL，以适用于更为广泛的并行环境和栅格数据应用领域(Guan et al., 2014; Miao, Guan and Hu, 2017)。Viñas、Bozkus 和 Fraguela(2013) 实现了 CPU/GPU 异构并行环境下的编程算法库 HPL (heterogeneous programming library)，具备高扩展性和移植性，以充分利用异构环境的并行能力。Bunting 等(2014)开发了一种开源算法库 RSGISLib，通过提供统一化和标准化的并行接口，实现大区域遥感影像数据的分类、统计、配准等串行算法的快速并行化，从而降低编程人员的开发难度。Qin、Zhan 和 Zhou(2014)设计了 CPU/GPU 混合异构计算环境下的栅格计算算子的并行化模型，通过提供栅格数据域划分、I/O 数据读写、任务调度等功能模块，实现不同栅格计算算子在 CPU、GPU 计算环境下的高效并行计算。Yzelman 等(2014)实现了支持 JAVA/C 语言的多核批量同步并行模型库 BSP，可适应分布式内存并行环境，从而进一步提高傅里叶变换等科学计算效率。Zhang、Shu 和 Wu(2014)实现基于 GPU 集群环境下的开源共享编程库 CUIRRE，以解决不规则任务结构引起的 GPU 线程负载不均衡现象，进一步提高数学运算的并行效率。

考虑到矢量数据类型多样、存储结构复杂、空间分布不均衡等特征，同时，矢量数据空间分析算法繁杂多样，且不同类型计算之间差异较大，因此针对矢量空间分析设计通用的并行化框架较为困难和复杂。Mineter（2003）构建了矢量多边形拓扑构建模型，用以解决栅格数据矢量化、多边形叠置分析算法并行化过程中因采用空间范围方法划分引起的多边形拓扑关系被割裂的问题；Guan、Wu 和 Li（2012）针对 LiDAR 点云数据处理、矢量点集插值及 Delaunay 三角网构建等空间分析，构建了基于分治思想的并行化框架。此外，很少有人关注矢量数据空间分析的通用并行化方法研究。

1.5　本书主要研究内容

综上所述，关于大规模、多尺度地理空间分析并行技术与方法的科学研究日益增多，越来越多的学者通过引入并行技术来突破传统单机平台对计算能力的约束，寻求对复杂地理空间分析过程的快速、准确求解，在矢量数据空间分析、栅格数据空间分析的并行技术研究方面均有不同程度的发展。研究合理、高效的负载均衡并行技术对大数据时代下的海量地理空间分析有着重要的推动意义。同时，现有研究也存在着一些问题与不足，主要表现在以下方面。①现有的并行方法对地理空间分析负载均衡并行策略的考虑较为粗略、单一，未能深入研究地理空间分析的数据特征、算法特征及计算粒度特征，因而取得的并行加速效果有限。具体来说，在数据特征方面，应根据算法原理进行数据计算复杂度分析，并以数据复杂度作为衡量实际计算量的指标，从而将数据划分成计算负载相当的子分块，实现数据的均衡分配。在算法特征方面，应深入分析不同地理空间分析类型的算法特征，对计算步骤进行深度分解，并针对不同步骤设计相适应的并行策略，以保证算法层面的多阶段并行化。在计算粒度方面，不同的算法类型包含不同的数据粒度，同时，不同的计算阶段包含不同的数据计算粒度，因而应将地理空间数据进一步分解成与不同算法类型和不同计算阶段相适应的计算粒度，以保证算法的多粒度并行化。②在利用 CPU、GPU 对地理空间分析算法进行并行加速时，对适应 CPU/GPU 混合异构的负载均衡并行方法考虑较少。首先，在 CPU/GPU 异构环境中，CPU 和 GPU 具备不同的并行加速优势；应合理利用两者的优势，并提出 CPU/GPU 协同的并行方法，通过对 CPU 和 GPU 进行合理的任务调配，以隐藏部分 I/O 时间消耗、进一步实现并行加速。其次，在现有的并行方法中，通常只针对小数据量的地理空间数据（即在数据划分完后能完全存储在各并行计算节点中的数据量）进行并行处理；而对于大规模地理空间数据，在初始数据划分完成后，分配给各计算节点的待处理数据量仍有可能远远大于各计算节点的最大内存限制，从而使得各计算节点内存中无法完全存储待处理数据，这将导致并行计算的失效。随着空间数据量的急剧增加，针对大规模空间数据的处理已成为并行计算发展的趋势。因此，提出一种能适用于海量地理空间数据的有效处理方法十分重要。最后，CPU 和 GPU 具有不同的计算模型和硬件架构特征，且 CPU/GPU 混合异构环境包含的节点计算能力差别可能较大。因此，设计一种合理的数据分配方法，根据并行计算节点包含的不同计算能力进行数据分配，才能有效保证混合异构环境中的负载均衡。

本书针对具有代表性的典型地理空间分析应用，从细粒度、多层次并行的角度分析算法特征及并行潜力，研究具有较强适应性和较高扩展性的负载均衡并行技术，从而实现高效的并行地理空间分析。具体而言，本书将根据空间数据的结构特征、地理空间分析类型的算法特征及并行计算环境的架构特征分别设计相适应的负载均衡并行方法。首先，通过研究空间数据特征，并根据算法原理进行数据复杂度分析，从而将空间数据分解成与不同计算阶段相适应的数据粒度，以实现数据层次的并行化。其次，深入研究地理空间分析算法原理，并将其分步骤进行分解；从而对各步骤分别设计包含不同计算粒度的并行策略，以实现算法层次的并行化。最后，通过研究不同并行计算硬件环境的架构特征，分别设计适用于多核 CPU 集群及众核 GPU 集群的并行策略，以实现计算环境层次的并行化。如图 1.5 所示，具体包含以下研究内容：

(1)研究基于计算复杂度的矢量多边形空间分析负载均衡并行方法。研究矢量数据空间分析中的典型应用——矢量多边形空间分析包含的数据密集型和计算密集型空间分析的算法特征及其并行潜力，并结合矢量多边形的数据结构特征，针对不同并行计算过程分别设计多边形复杂度计算模型，以指导并行计算中的矢量多边形数据均衡分配。此外，设计复杂多边形粒度分解方法，根据不同多边形空间分析算法类型，将计算复杂的多边形对象进一步分解，从而进一步缓解数据倾斜引起的负载不均。

(2)研究顾及有效计算量的多粒度栅格空间分析负载均衡并行方法。研究局部型和全局型栅格数据空间分析算法特征，分别设计顾及有效计算量的栅格数据划分方法及动态任务并行调度策略。针对局部型空间分析类型，设计包含弯曲接缝线的不规则栅格数据划分方法及多粒度动态并行调度策略。针对全局型空间分析类型，首先设计考虑有效计算量的两阶段数据划分方法，使得节点内部的并行处理和节点之间的并行调度包含相适应的不同数据粒度，从而实现数据划分阶段的负载均衡；在并行执行过程中，设计抓取式的并行任务调度策略，进一步缓解并行计算中的负载失衡；在结果融合阶段，设计高效的结果融合策略以保证并行计算结果对象的完整。

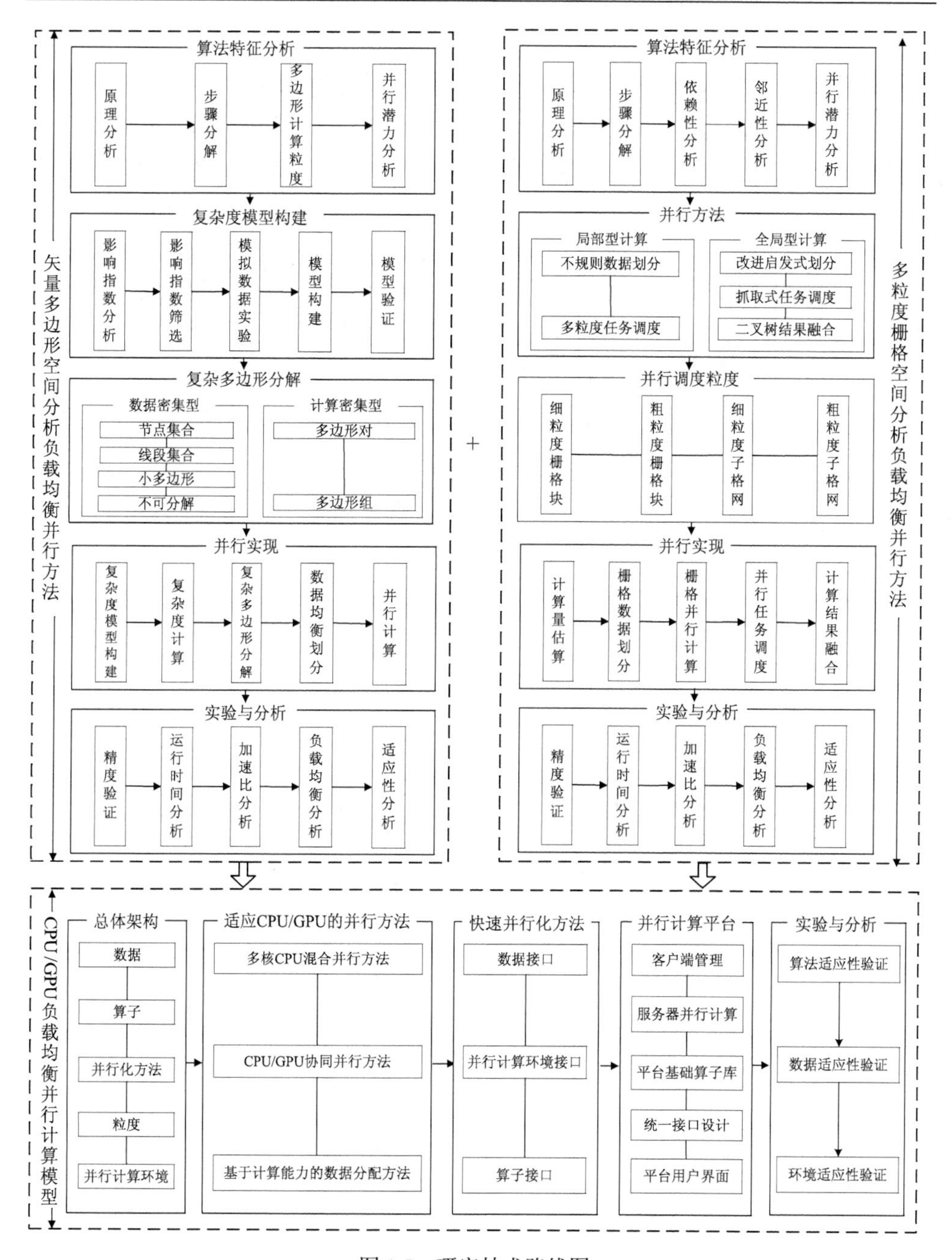

图 1.5　研究技术路线图

(3)研究面向 CPU/GPU 混合架构的自适应负载均衡并行计算模型。通过深入探讨并总结地理空间分析负载均衡并行技术的设计与实现涉及的不同层面，利用其代表性要素构建一种自适应的负载均衡并行计算模型，主要包含数据、算子、并行化方法、粒度和并行计算环境五个要素。为了使模型能够良好地适应于CPU/GPU 混合异构的并行计算环境，分别研究多核 CPU 和众核 GPU 计算环境下的并行方法，以有效利用计算资源、处理地理大数据。分别设计串行算法快速并行化方法和自适应负载均衡方法，以实现对多数具有相同数据特征和计算特征的地理空间分析串行算法的快速并行化，并实现对 CPU/GPU 混合异构计算环境中不同算法类型和不同数据类型的良好适应性。采用面向对象和插件式开发的设计思想，进一步研发面向 CPU/GPU 混合架构的自适应负载均衡并行计算平台，实现模型从抽象的逻辑描述到具体应用的转化。

第 2 章　基于计算复杂度的矢量多边形空间分析负载均衡并行方法

在地理空间数据类型中，矢量多边形数据具有数据量大、形态各异、空间拓扑关系复杂的特点，因而在矢量多边形空间分析算法的并行化过程中，如何合理地划分多边形数据则成为提高并行效率、实现任务负载均衡的关键。针对上述问题，本章在深入研究矢量多边形空间分析的算法特征及并行潜力的基础上，围绕数据密集型和计算密集型多边形空间分析分别设计相适应的负载均衡并行方法，主要包括多边形复杂度计算模型构建方法及复杂多边形粒度分解方法，以有效指导并行计算过程中多边形数据的均衡划分。

2.1　数据密集型多边形空间分析负载均衡并行方法

2.1.1　算法特征分析

数据密集型矢量多边形空间分析主要包括多边形数据压缩、矢量数据格式转换、多边形栅格化、投影变换与坐标转换、空间信息量算(面积计算、凹凸性判定等)、多边形三角剖分等计算类型。虽然各类型算法具体原理不同，但具有相同的算法特征，即各多边形在处理过程中计算独立，且不需要进行数据通信。上述算法特征使得数据密集型多边形空间分析具有较好的可并行性；同时，合理的数据划分方法对提高并行效率十分关键。通用的多边形数据划分方法主要包括基于多边形 ID 顺序的划分方法(decomposition method based on polygon id sequence，简称 DMPIDS)(图 2.1(a))和基于规则条带的空间范围划分方法(decomposition method based on regular grid，简称 DMRG)(图 2.1(b))。上述两种方法虽然易于实现、划分效率高，但数据划分的结果十分粗略，容易造成多边形拓扑关系的割裂(如图 2.1(b)中的多边形 A 和 B 所示)，从而破坏了空间对象的完整性；同时，仅从多边形数量或条带面积考虑多边形数据的负载均衡，不能反映出划分对象的实际计算量，从而导致并行计算过程中的负载失衡、计算效率低下。

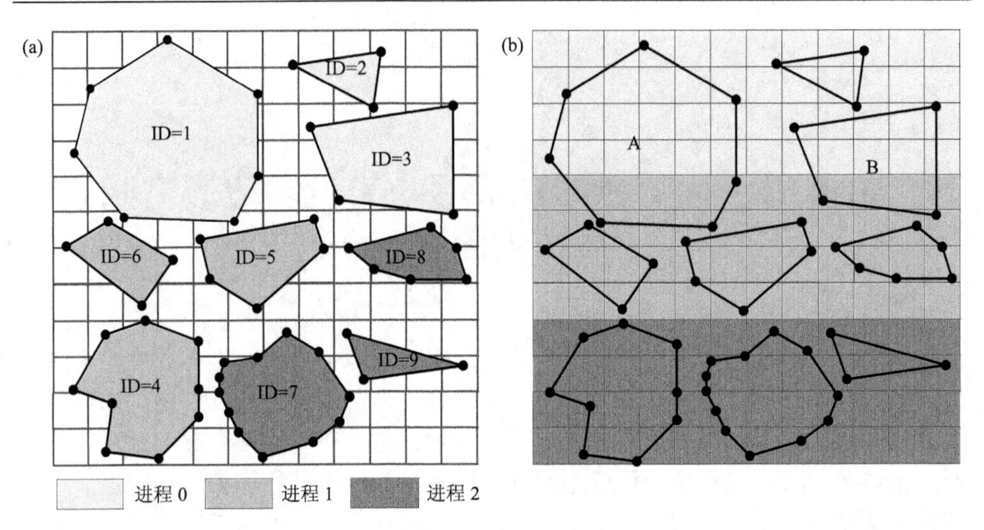

图 2.1　传统多边形数据划分方法

(a) DMPIDS 方法；(b) DMRG 方法

地理空间数据划分的基本要求是保证各并行计算节点中的数据尽可能不相交以及数据划分的时间消耗比例尽可能少，从而保证负载均衡(Hawick, Coddington and James, 2003)。矢量多边形数据结构复杂多样、空间分布形态不一、数据量差异大。因此，在对数据密集型多边形空间分析数据划分过程中，既要考虑多边形数量的负载均衡，也要根据算法特征综合考虑多边形类型面积、图斑形状与结构、空间分布形态等因素，提出合适的复杂度度量标准，进而指导多边形划分。基于上述考虑，本书提出一种基于多边形复杂度的数据划分方法(decomposition method based on polygon complexity，简称 DMPC)，通过构建多边形复杂度模型，以合理估算并行计算过程中的实际计算量，从而实现数据的均衡划分。

2.1.2　基于多边形复杂度的数据划分方法

基于多边形复杂度的数据划分方法的一般流程为：首先，根据数据密集型多边形空间分析算法特征，进行多边形计算影响指数分析；其次，构建模拟数据集并通过模拟实验筛选出影响计算效率的指数；最后，根据筛选出的影响指数及对计算效率的影响程度构建多边形复杂度模型，并以此进行多边形的均衡划分。

2.1.2.1　影响指数分析

考虑到数据密集型多边形空间分析具有的多边形之间相互独立、不需要进行多边形互操作的算法特征，其计算复杂度只与多边形本身的数据特征有关。结合算法原理，可能影响不同多边形计算效率的复杂度指数主要包含两类：多边形属性特征指数和多边形空间特征指数，如表 2.1 所示。其中，多边形属性特征指数包括多边形节点数(polygon node number，简称 PNN)、多边形面积(Area)和多边形凹点个数(concave node number，简称 CNN)；多边形空间特征指数包括多边形空间形态(polygon spatial morphology，简称 PSM)和多边形空间分布(polygon spatial distribution，简称 PSD)。此外，多边形栅格化算法涉及多边形向栅格数据格式的转换，因此其复杂度指数还包括栅格特征指数，即栅格尺寸(raster cell size，简称 RCS)和 MBR 包含的栅格单元个数(raster pixel number in MBR，简称 RPN)。

表 2.1　影响指数含义

指数类型	指数名称	指数含义
属性特征指数	多边形节点数(PNN)	等同于多边形边数
	多边形面积(Area)	多边形实际占据的面积
	多边形凹点个数(CNN)	多边形包含的凹点个数
空间特征指数	多边形空间形态(PSM)	多边形因凹点和空间分布的影响引起的空间形态变化
	多边形空间分布(PSD)	反映多边形的空间分布姿态
栅格特征指数 (针对多边形栅格化)	栅格尺寸(RCS)	栅格单元的大小
	栅格单元个数(RPN)	多边形 MBR 包含的栅格单元个数

在多边形空间特征指数中，多边形空间形态指数 PSM 反映多边形因凹点的个数及空间分布的影响而引起的形态变化。针对多数多边形计算类型，计算凹多边形往往较计算同类型凸多边形复杂；基于此，本书利用 PSM 指数反映多边形空间形态变化程度，其计算公式如下

$$\mathrm{PSM} = 1 - \frac{\mathrm{Area(concave)}}{\mathrm{Area(convex)}} \tag{2-1}$$

其中，Area(concave)为该多边形的实际面积；Area(convex)为该多边形去除凹点后形成的凸多边形面积，该指数的值域范围为[0, 1]。凸多边形的 PSM 值为 0；凹多边形的 PSM 值小于 1，且 PSM 值越大，其形态变化越大。多边形空间分布指数 PSD 主要反映多边形的分布姿态，其计算公式如下

$$\mathrm{PSD} = 1 - \frac{\mathrm{Area}}{\mathrm{Area(MBR)}} \tag{2-2}$$

其中，Area 为多边形实际面积；Area(MBR)为该多边形所属 MBR 包含的矩形面积。PSD 数值越小，则表明该多边形分布越规律、计算复杂度越低；反之，PSD 数值越大，则表明该多边形分布越分散、计算复杂度越高。在针对多边形栅格化算法的栅格特征指数中，MBR 包含的栅格单元个数 RPN 的计算公式为

$$RPN = \frac{Area(MBR)}{RCS^2} \tag{2-3}$$

其中，Area(MBR)为多边形所属 MBR 包含的矩形面积。

2.1.2.2　影响指数筛选

在完成影响指数的分析后，本书选取数据密集型多边形空间分析中的多种典型算法，对各典型算法，通过构建多边形模拟数据集对不同影响指数逐一进行模拟实验，从而筛选出实际影响各算法计算效率的指数。

本书针对不同计算类型选择的典型算法如表 2.2 所示。

表 2.2　数据密集型多边形空间分析典型算法

计算类型	典型算法
多边形数据压缩	道格拉斯–普克多边形压缩算法
矢量数据格式转换	Esri Shapefile 向 AutoCAD 格式转换算法
多边形栅格化	基于扫描线法的多边形栅格化算法
投影变换与坐标转换	基于解析变换法的矢量数据投影变换算法
多边形面积量算	基于向量积法的多边形面积量算算法
多边形三角剖分	基于 Delaunay 三角网的多边形三角剖分算法

多边形模拟数据集的构建过程如下。首先，在 GIS 专业软件 ArcGIS 中构建基本测试多边形，其形状为正方形，包含 4 个节点，面积为 239 874.39 m^2。为了测试不同影响指数对算法计算效率的影响程度，采用控制变量法，即对于每一种指数在相同条件下改变该指数的值，并保证其他指数值不变，从而形成多个模拟测试多边形数据集。①为测试不同多边形节点数对计算效率的影响，以基本测试多边形为基础，分别构建节点数指数 PNN 从 4 至 40 规则变化的多边形，同时保持其他指数值不变(Area = 2368.42 m^2，CNN = 0，PSM = 0，PSD = 0.5，RPN = 49(栅格化))，形成数据集 1(图 2.2(a))。②为测试不同多边形面积对计算效率的影响，分别构建面积指数 Area 从 473.68 m^2 至 4736.82 m^2 规则变化的多边形，同时保持其他指数值不变(PNN = 4，CNN = 0，PSM = 0，PSD = 0.5，RPN = 98(栅格化))，形成数据集 2(图 2.2(b))。③为测试不同多边形凹点个数对计算效率的影响，分别构建凹点指数 CNN 从 0 至 9 变化的多边形，同时保持其他指数值不变(PNN = 20，Area = 2368.42 m^2，PSM = 0，PSD = 0.5，RPN = 49(栅格化))，形成数据集 3(图 2.2(c))。④为测试不同多边形空间形态对计算效率的影响，分别构建空间形态指数 PSM 从 0.05 至 0.5 变化的多边形，同时保持其他指数值不变(PNN = 20，Area = 2368.42 m^2，CNN = 1，PSD = 0.5，RPN = 49(栅格化))，形成数据集 4(图 2.2(d))。⑤为测试不同多边形空间分布对计算效率的影响，分别

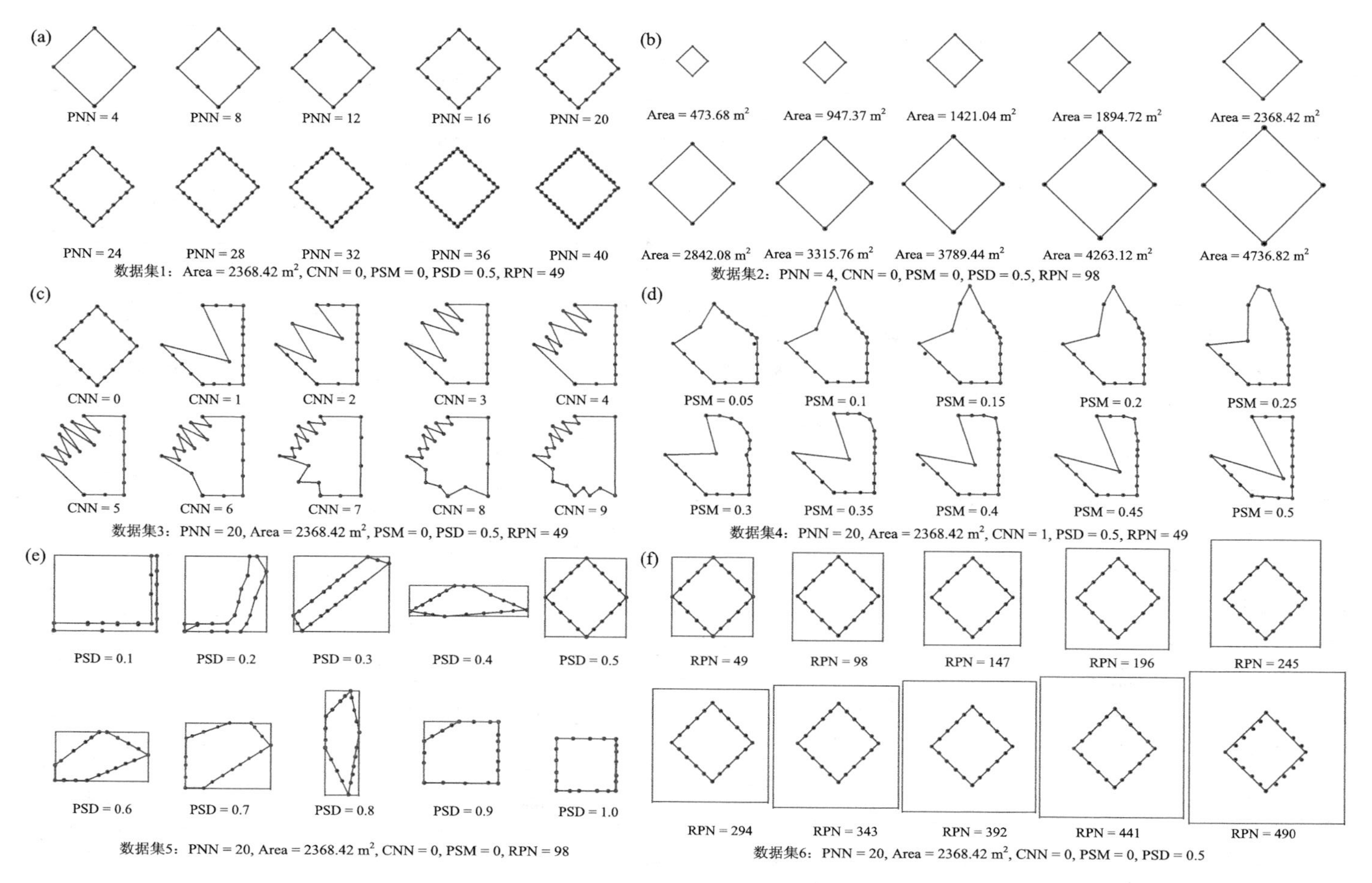

图 2.2　模拟测试多边形数据集

构建空间分布指数 PSD 从 0.1 至 1.0 变化的多边形，同时保持其他指数值不变(PNN = 20，Area = 2368.42 m^2，CNN = 0，PSM = 0，RPN = 98(栅格化))，形成数据集 5(图 2.2(e))。⑥为测试不同栅格单元个数对多边形栅格化算法计算效率的影响，使参与计算的栅格单元个数 RPN 从 49 至 490 规则变化，同时保持其他指数值不变(PNN = 20，Area = 2368.42 m^2，CNN = 0，PSM = 0，PSD = 0.5)，形成数据集 6(图 2.2(f))。

对同一个算法，其计算时间可以反映出多边形的复杂程度：多边形越复杂，计算时间越长。针对各算法，分别应用不同测试数据集计算各算法运行时间，具体实验过程如下。①为测试指数 PNN 对算法计算效率的影响，分别执行不同算法处理数据集 1 并计算运行时间，结果如图 2.3(a)所示。②为测试指数 Area 对算法计算效率的影响，分别执行不同算法处理数据集 2 并计算运行时间，结果如图 2.3(b)所示。③为测试指数 CNN 对算法计算效率的影响，分别执行不同算法处理数据集 3 并计算运行时间，结果如图 2.3(c)所示。④为测试指数 PSM 对算法计算效率的影响，分别执行不同算法处理数据集 4 并计算运行时间，结果如图 2.3(d)所示。⑤为测试指数 PSD 对算法计算效率的影响，分别执行不同算法处理数据集 5 并计算运行时间，结果如图 2.3(e)所示。⑥为测试指数 RPN 对多边形栅格化算法计算效率的影响，分别执行不同算法处理数据集 6 并计算运行时间，结果如图 2.3(f)所示。此外，表 2.3 描述了不同算法的运行时间随着各影响指数变化十倍时的变化倍数。

从模拟实验结果可以看出，不同影响指数对不同算法运行时间均有影响，但影响程度不同，具体结果分析如下。

(1)针对多边形数据压缩算法，其算法运行时间随着指数 PNN、CNN、PSM 的不同取值变化明显并呈现出线性变化关系；而随着指数 Area、PSD 的变化较小。此外，不同指数对计算效率的影响程度不同：当不同影响指数取值变化十倍时，运行时间变化倍数分别为 3.59(PNN)、1.03(Area)、1.43(CNN)、1.73(PSM)和 1.00(PSD)。因此在多边形数据压缩中，指数 PNN、CNN、PSM 是影响计算效率的主要因素，并与计算复杂度均呈线性关系，且影响程度顺序为指数 PNN、PSM、CNN。

(2)针对矢量数据格式转换算法，其运行时间随着指数 PNN 的不同取值变化明显并呈现出线性变化关系，而随着其他指数的变化较小。此外，不同指数对计算效率的影响程度不同：当不同影响指数取值变化十倍时，运行时间变化倍数分别为 7.08(PNN)、1.36(Area)、1.01(CNN)、1.00(PSM)和 1.00(PSD)。因此在矢量数据格式转换中，指数 PNN 是影响计算效率的主要因素，并与计算复杂度均呈线性关系。

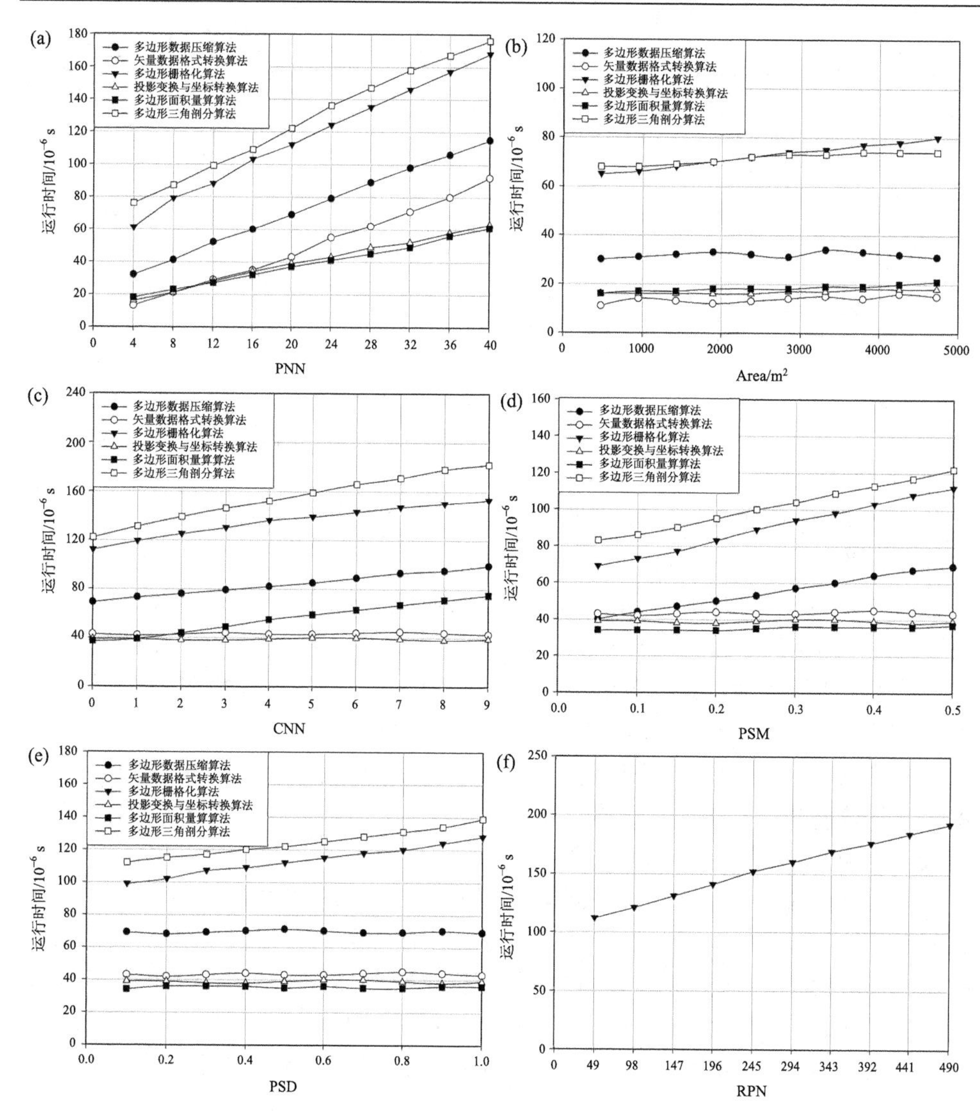

图 2.3 不同指数对不同算法计算效率的影响结果图

多边形栅格化算法过程中的栅格尺寸设置为 10 m × 10 m

表 2.3 不同算法的运行时间的变化倍数

算法类型	影响指数	变化倍数	算法类型	影响指数	变化倍数
多边形数据压缩算法	PNN	3.59	投影变换与坐标转换算法	PNN	3.94
	Area	1.03		Area	1.13
	CNN	1.43		CNN	1.01
	PSM	1.73		PSM	1.00
	PSD	1.00		PSD	1.00

续表

算法类型	影响指数	变化倍数	算法类型	影响指数	变化倍数
矢量数据格式转换算法	PNN	7.08	多边形面积量算算法	PNN	3.39
	Area	1.36		Area	1.31
	CNN	1.01		CNN	2.03
	PSM	1.00		PSM	1.09
	PSD	1.00		PSD	1.06
多边形栅格化算法	PNN	2.75	多边形三角剖分算法	PNN	2.32
	Area	1.23		Area	1.09
	CNN	1.62		CNN	1.49
	PSM	1.37		PSM	1.47
	PSD	1.32		PSD	1.25
	RPN	1.64			

(3)针对多边形栅格化算法，其算法运行时间随着指数 PNN、CNN、PSM、PSD、RPN 的不同取值变化明显、并呈线性变化关系；而随着指数 Area 的变化较小。此外，不同指数对计算效率的影响程度不同：当不同影响指数取值变化十倍时，运行时间变化倍数分别为 2.75(PNN)、1.23(Area)、1.62(CNN)、1.37(PSM)、1.32(PSD)和 1.64(RPN)。因此在多边形栅格化中，指数 PNN、CNN、PSM、PSD、RPN 是影响计算效率的主要因素，并与复杂度均呈线性关系，且影响程度顺序为指数 PNN、RPN、CNN、PSM、PSD。

(4)针对投影变换与坐标转换算法，其运行时间随着指数 PNN 的不同取值变化明显并呈线性变化关系；而随着其他指数的变化较小。此外，不同指数对计算效率的影响程度不同：当不同影响指数取值变化十倍时，运行时间变化倍数分别为 3.94(PNN)、1.13(Area)、1.01(CNN)、1.00(PSM)和 1.00(PSD)。因此在投影变换与坐标转换中，指数 PNN 是影响计算效率的主要因素，并与计算复杂度均存在线性关系。

(5)针对多边形面积量算算法，其算法运行时间随着指数 PNN、CNN 的不同取值变化明显、并呈现出线性变化关系；而随着指数 Area、PSM、PSD 的变化较小。此外，不同指数对计算效率的影响程度不同：当不同影响指数取值变化十倍时，运行时间变化倍数分别为 3.39(PNN)、1.31(Area)、2.03(CNN)、1.09(PSM)和 1.06(PSD)。因此在多边形面积量算中，指数 PNN、CNN 是影响计算效率的主要因素，并与计算复杂度均呈线性关系，且影响程度顺序为指数 PNN、CNN。

(6)针对多边形三角剖分算法，其算法运行时间随着指数 PNN、CNN、PSM、PSD 的不同取值变化明显并呈线性变化关系；而随着指数 Area 的变化较小。此外，不同指数对计算效率的影响程度不同：当不同影响指数取值变化十倍时，运行时间变化倍数分别为 2.32(PNN)、1.09(Area)、1.49(CNN)、1.47(PSM)和1.25(PSD)。因此在多边形面积量算中，指数 PNN、CNN、PSM、PSD 是影响计算效率的主要因素，并与计算复杂度均呈线性关系，且影响程度顺序为指数 PNN、CNN、PSM、PSD。

2.1.2.3　复杂度模型构建

针对不同类型的数据密集型多边形空间分析算法，利用能反映算法计算复杂度的影响指数及对应的影响顺序即可构建计算复杂度模型。计算复杂度模型中影响指数的一般选择原则是能反映计算复杂度，同时该指数的计算时间占比不应过大。因此在复杂度模型构建过程中，应剔除对算法计算效率影响程度不高且时间占比过大的影响指数。通过统计各算法中不同影响指数的计算时间及各算法的实际计算时间，可得到计算不同影响指数的时间占比，如表 2.4 所示。

表 2.4　各算法中不同影响指数的时间占比

算法类型	影响指数	时间占比	算法类型	影响指数	时间占比
多边形数据压缩	PNN	0.01%	投影变换与坐标转换	PNN	0.12%
	PSM	12.31%			
	CNN	2.34%			
矢量数据格式转换	PNN	0.13%	多边形面积量算	PNN	0.05%
				CNN	1.56%
多边形栅格化	PNN	0.005%	多边形三角剖分	PNN	0.002%
	RPN	0.22%		CNN	0.85%
	CNN	1.36%		PSM	10.35%
	PSM	9.45%		PSD	0.85%
	PSD	0.14%			

从表 2.4 中的计算结果可以看出，针对不同算法类型，指数 PNN 的时间占比很小，均低于 0.15%；对于包含 PSM 指数的算法类型，其时间占比较高，均高于9%。尽管指数 PSM 对不同算法计算效率有影响，但其影响程度不高且时间占比过大，从而将指数 PSM 从各算法类型的影响指数中剔除。因此，在各算法复杂度模型中，多边形数据压缩影响指数为 PNN、CNN；矢量数据格式转换影响指数为PNN；多边形栅格化影响指数为 PNN、RPN、CNN、PSD；投影变换与坐标转换影响指数为 PNN；多边形面积量算影响指数为 PNN、CNN；多边形三角剖分影响指数为 PNN、CNN、PSD。

针对不同算法，用来评估多边形计算复杂度的影响指数个数不同，且类型不同；同时，不同指数取值越高，则算法计算复杂度越高。此外，各指数均与多边形复杂度呈线性关系，进而在不同算法中多边形的计算复杂度 C 可表示为

$$C = f_1(\text{index}_1) + f_2(\text{index}_2) + \cdots + f_n(\text{index}_n) \tag{2-4}$$

式中，index_i 为不同的影响指数；n 为影响指数个数；f_i 为关于不同指数的线性函数。考虑到在具体多边形划分过程中并不需要计算具体函数关系，只需表示出多边形在数据集中的复杂度高低，因而多边形复杂度可简要表示为不同指数归一化后取值的累加和。同时，不同影响指数对算法计算效率的影响程度不同，进而在计算复杂度时需要对不同指数赋予不同的权重系数，因此多边形复杂度可表示为

$$\begin{cases} C = \sum\limits_{i=1}^{n} W_i \times \text{index}_i^{\text{norm}} \\ \sum\limits_{i=1}^{n} W_i = 1 \end{cases} \tag{2-5}$$

式中，n 为算法影响指数个数；$\text{index}_i^{\text{norm}}$ 为第 i 个影响指数归一化后的数值；W_i 为赋予该指数的权重。其中，各指数权重和为 1，指数归一化计算公式如下

$$\text{index}_i^{\text{norm}} = \frac{\text{index}_i - \min\limits_{i=1\sim t}\{\text{index}_i\}}{\max\limits_{i=1\sim t}\{\text{index}_i\} - \min\limits_{i=1\sim t}\{\text{index}_i\}} \tag{2-6}$$

式中，t 为多边形总个数；index_i 为第 i 个影响指数的实际数值；$\min\limits_{i=1\sim t}\{\text{index}_i\}$ 为所有多边形中指数数值最小值；$\max\limits_{i=1\sim t}\{\text{index}_i\}$ 为所有多边形中指数数值最大值。多边形复杂度取值范围为[0,1]区间内的实数，且 C 越大表明多边形复杂度越高。

根据复杂度计算模型中影响指数的个数可将不同算法分为单指数算法和多指数算法。单指数算法包括矢量数据格式转换算法和投影变换与坐标转换算法；多指数算法包括多边形数据压缩算法、多边形栅格化算法、多边形面积量算算法和多边形三角剖分算法。在多指数算法中，通过不同影响指数对算法计算效率的影响程度可以确定复杂度模型中权重顺序，但同一顺序包含多种权重系数取值方式。不同的权重系数取值方式将产生不同的复杂度计算模型，从而对算法计算效率产生影响。本书实验部分，将通过真实多边形数据集测试并选取不同算法中最优的权重系数取值，从而获得最高的计算效率。

2.1.2.4 复杂多边形粒度分解

在同一个多边形数据集中，多边形的计算复杂度可能千差万别；极端情形下，一个多边形的计算复杂度可能比其他所有多边形的复杂度总和还要高。该类型复杂多边形将严重影响多边形的数据划分，从而导致并行计算过程中的数据倾斜，

并进一步制约并行效率的提升。因此，针对数据密集型多边形空间分析类型，需要根据算法特征进行复杂多边形的分解，以缓解复杂多边形对数据划分的影响。基于以上考虑，本书设计了一种复杂多边形粒度分解方法，主要步骤包括多边形粒度分析和多边形粒度分解。

在复杂多边形分解过程中，需要根据不同算法特征分析并确定计算过程中的分解粒度。确定分解粒度的一般原则是：分解粒度之间计算相互独立，且不存在任务依赖关系。针对相同的复杂多边形，不同算法类型有着不同的分解粒度；同时，在分解过程中需要考虑多边形包含内环的情形。因此，对不同计算类型的多边形粒度确定过程如下：①在多边形数据压缩算法中，多边形内部线段之间存在任务依赖，在迭代计算过程中参与计算的线段未知，因而对于该类型算法，多边形不可分解。②在矢量数据格式转换算法和投影变换与坐标转换算法中，其算法实质均为对多边形内部各个节点独立进行计算；同时，对多边形内环与外环计算过程相同。因此，对这两类算法，其分解粒度为多边形节点。③在多边形面积量算算法中，其计算过程为对多边形内部线段逐个进行矢量积运算；同时，各线段之间计算独立。若多边形包含内外环，则其计算结果为外环面积与内环面积的差。因此，在该类型算法中，分解粒度为线段。④在多边形栅格化和多边形三角剖分算法中，其计算过程均是以多边形为基础；在保证结果计算正确的基础上，可将复杂多边形分解为多个相互邻接的小多边形。在多边形栅格化中，若复杂多边形包含内外环，则内环的计算过程为外环的逆运算。因此，在这两类算法中，分解粒度为小多边形。

在确定分解粒度后，即可通过设置节点数阈值进行复杂多边形的粒度分解。具体分解过程如图 2.4 所示。①对粒度不可分解的算法类型，不进行粒度分解。②对粒度为节点的算法类型，若复杂多边形包含内环，则首先将多边形内外环分解为独立的多边形，其次将这些多边形分解为独立的节点。按照节点数阈值将分解的节点重新组合成不同的计算粒度单元；各计算粒度包含的节点数均小于设置的节点数阈值。这样，即完成对该类型算法的多边形粒度分解(图 2.4(a))。③对粒度为线段的算法类型，若复杂多边形包含内环，则首先将多边形内外环分解为独立的多边形；其次依次将这些多边形分解为独立的线段，并将线段归属的内外环进行标记。将分解的线段重新组合成不同的计算粒度单元，各计算粒度包含线段的节点总数小于设置的节点数阈值。这样，即完成对该类型的粒度分解(图 2.4(b))。④对粒度为小多边形的算法类型，若复杂多边形包含内环，则首先将多边形内外环分解为独立的多边形；其次对这些多边形依次进行小多边形的分解。各多边形分解形成的小多边形需满足其包含的节点数小于阈值，且空间上相邻的两两小多边形之间包含相同的边界；同时需对小多边形所属的内外环进行标记。这样，即完成了对该计算类型的多边形粒度分解。粒度分解后形成的计算单元即可按照指定算法规则进行处理。在处理过程中，为保证结果的正确性，对多边形内环分解形成的计算粒度单元的处理过程应为外环形成计算单元处理过程的逆运算(图 2.4(c))。

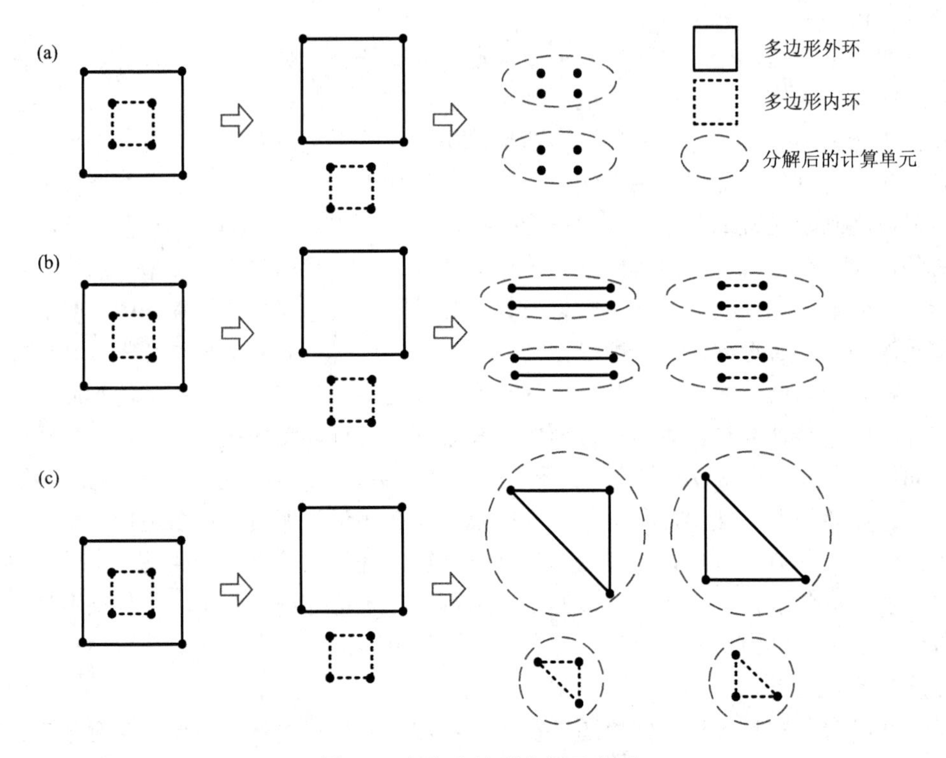

图 2.4　复杂多边形分解示意图

(a)粒度为节点的算法类型中复杂多边形分解；(b)粒度为线段的算法类型中复杂多边形分解；(c)粒度为小多边形的算法类型中复杂多边形分解

2.1.2.5　数据划分过程

通过公式(2-5)计算出多边形复杂度，并根据并行算法启动时设定的节点数目，即可进行基于多边形复杂度的数据划分，其主要流程如图 2.5 所示，具体的数据划分过程包括以下步骤。①遍历数据集中的所有多边形，对各多边形记录其包含的 PNN 值、MBR 的角点坐标。②若算法复杂度模型包含 CNN 指数，则对各多边形计算其包含凹点个数；若复杂度模型包含 PSD 指数，则计算各多边形面积，并根据多边形 MBR 角点坐标计算其对应的 PSD 数值；若复杂度模型包含 RPN 指数，则根据输入的栅格尺寸计算其 RPN 数值。③当所有多边形遍历完成后根据公式(2-6)求解各指数归一化后的数值。④根据公式(2-5)计算各多边形复杂度。

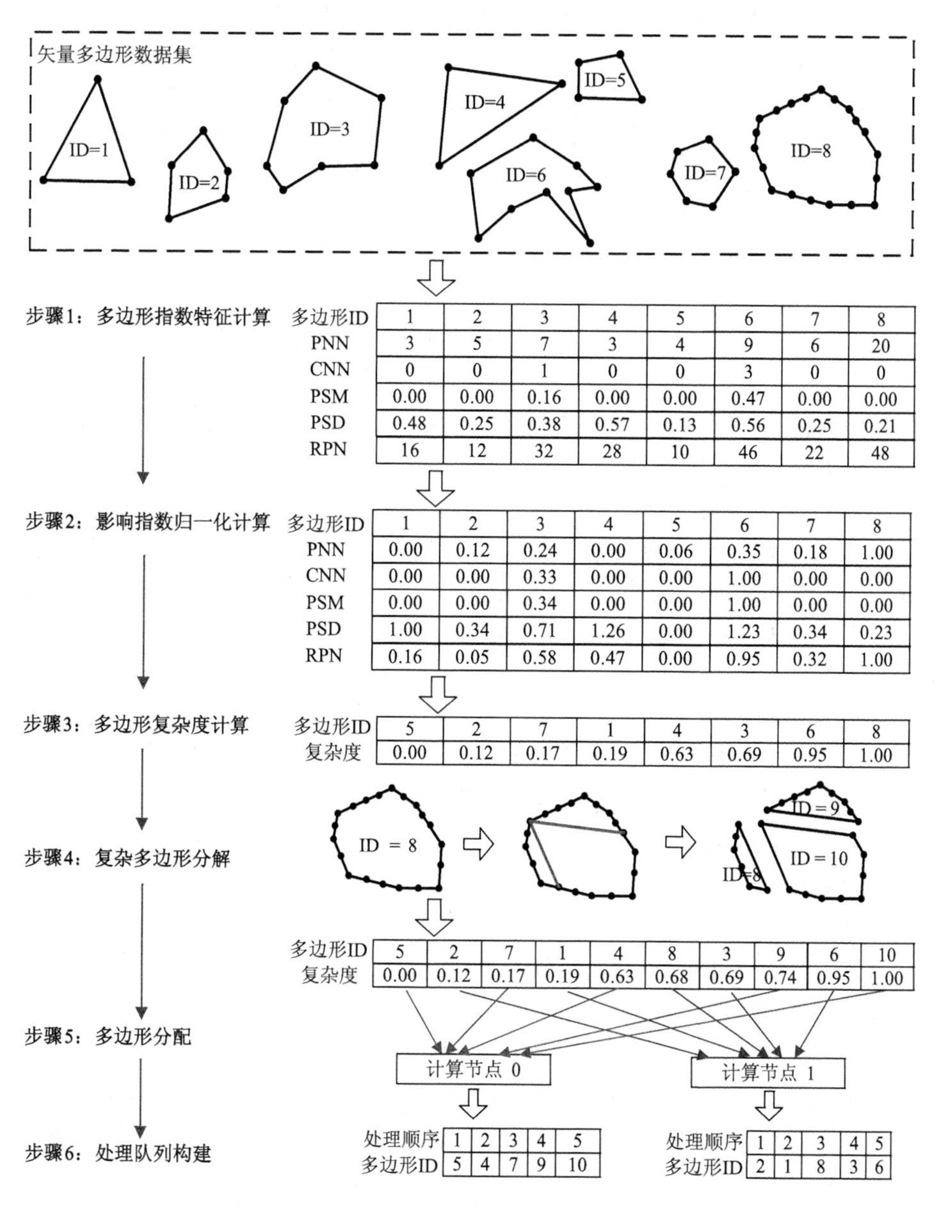

图 2.5　基于多边形复杂度的数据划分过程示意图

根据设定的节点数阈值分解复杂多边形，计算分解后的计算粒度复杂度数值，并与原多边形一起按复杂度从小到大的顺序进行排序。⑤每次从多边形队列首端和末端分别取出一个多边形或计算粒度，并将其分配给一个计算节点。以此顺序分配，直至队列中的所有多边形或计算粒度分配完毕。⑥各节点通过空间查询获取所属多边形或计算粒度，即完成了对矢量多边形的划分。待上述划分过程完成后，各并行节点则被分配一定数量的多边形，将包含的多边形或计算粒度按照其复杂度高低重新进行排序，从而形成各自的任务处理队列。每个节点包含的多边形数目不一定相等，但计算复杂度大致相当，这样可保证并行计算过程中的负载均衡。

2.1.3　并行计算实现流程

本书提出的数据密集型多边形空间分析并行算法采用标准 C++编程语言在 Linux 环境下开发。并行计算环境选择 MPI，矢量多边形的读写操作通过开源地理数据格式转换类库 GDAL/OGR 实现。不同并行算法的具体实现流程图如图 2.6 所示，其主要实现步骤如下。

步骤 1：MPI 并行环境及 GDAL/OGR 算法库环境初始化。并行主进程(即编号为 0 的并行进程)分析算法输入参数，主要包括并行进程数、复杂多边形分解节点数阈值及多边形栅格化过程中的栅格尺寸。主进程根据指定的目标格式创建结果数据集以存放多边形数据集的计算结果。在该过程中，其他并行进程处于等待状态。

步骤 2：各并行进程进行算法特征分析，并进行基于多边形复杂度的数据划分。当数据划分完成后，主进程进行多边形复杂度排序，以形成复杂度从小到大增长的多边形序列。主进程按照进程数将多边形数据集划分成与进程数目相同的任务数；并将数据划分的结果发送给其他并行进程。在上述数据划分结果传递过程中，只传递多边形的 ID 编号，而不涉及具体的多边形对象的存储数据结构。

步骤 3：所有并行进程根据数据划分结果读取相应的多边形，并按照多边形复杂度增序顺序形成各进程内部的多边形处理队列。

步骤 4：所有并行进程遍历多边形，调用具体算法规则对各多边形依次进行计算。在计算完成后，各并行进程将计算结果写入目标数据集。

步骤 5：在所有并行进程均完成各自的并行计算任务后，主进程负责输出目标结果数据集并退出并行环境，从而完成本次并行计算流程。

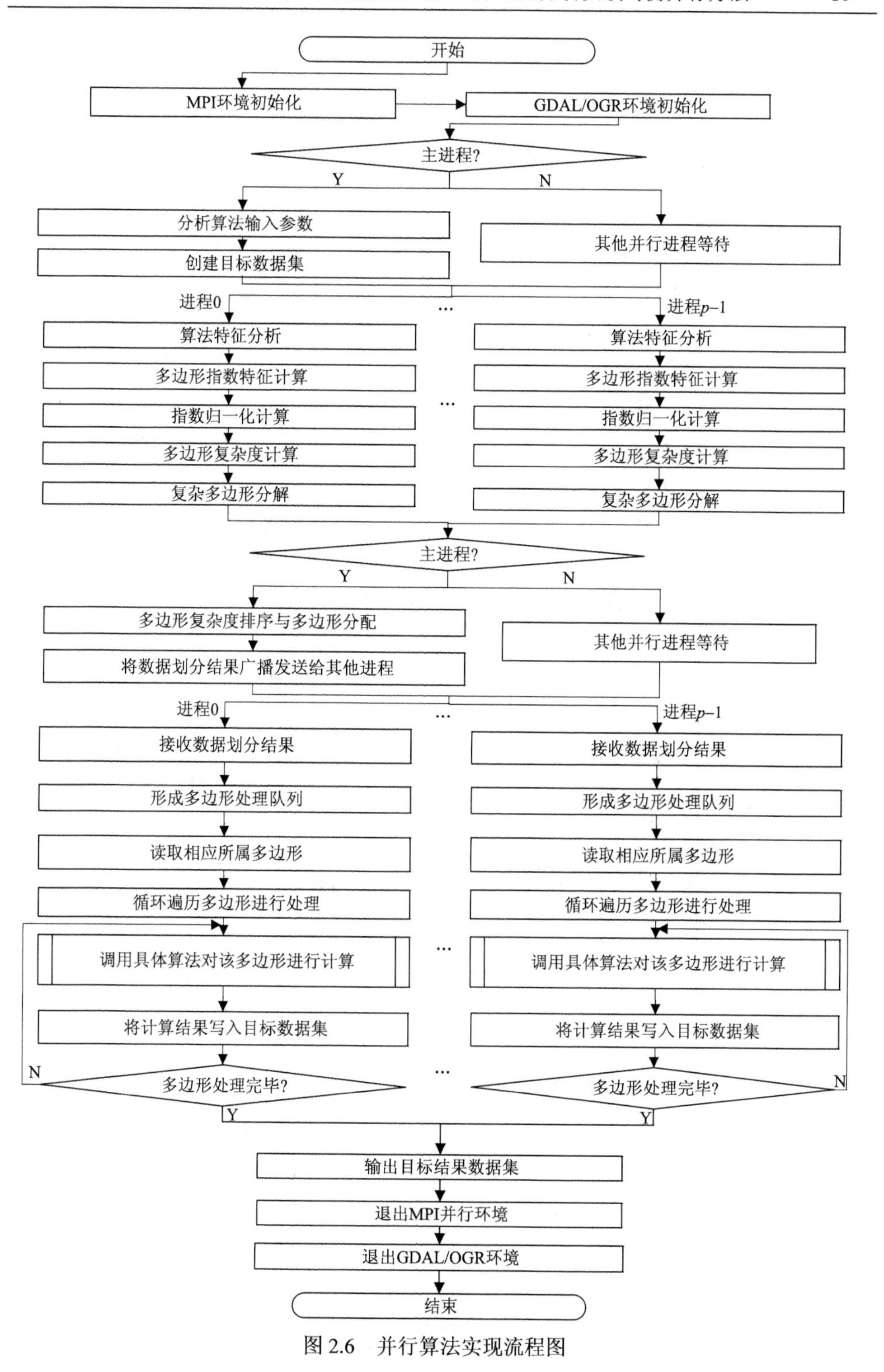

图2.6　并行算法实现流程图

2.1.4 实验与分析

2.1.4.1 并行环境与实验数据

程序运行选择 IBM 并行集群，包含 9 个并行计算节点，每个计算节点包含 CPU 2 颗，其型号为 Intel®Xeon®CPU E5-2620，其规格为主频 2.00 GHz、六核十二线程；内存大小为 16 GB(4 根 4 GB 内存条，规格为 DDR3 RDIMM 1600 MHz)；硬盘为 2 TB(2 个 1 TB 硬盘，规格为 6 Gbps 2.5” 7.2 krpm NL SAS)，网络为集成的双口千兆以太网。软件配置：操作系统为 Centos Linux 6.3，文件系统为 Lustre 系统，MPI 的实现产品选择 OpenMPI 1.10.2，GDAL 的实现产品选择 GDAL 2.0.2。

实验中，用来测试的矢量多边形数据集包括不同数据量、不同空间分布和不同计算复杂度的多边形数据集。其中，数据量用该数据集包含的多边形数目和内存大小表示；空间分布表示为设计面积与最小外接矩形面积的比值；数据复杂度表示为平均的多边形节点数目。本实验中，测试数据为不同地区的土地利用现状数据，如表 2.5 所示。数据 1 和 2 为不同数据量的多边形数据集，数据 3 和数据 4 为不同空间分布的数据集，数据 5 和数据 6 为不同复杂度的数据集。

表 2.5　测试数据集基本参数

	不同数据量		不同空间分布		不同复杂度	
	数据 1	数据 2	数据 3	数据 4	数据 5	数据 6
数据量	**5.5 GB**	**1.6 GB**	1.2 GB	1.0 GB	589 MB	537 MB
多边形个数	**12 126 100**	**2 300 723**	896 348	702 199	541 562	53 646
面积/km^2	100 320	29 143	**3 730 436**	**11 702**	4 323	21 528
实际面积/MBR 面积	46.1%	56.5%	**27.7%**	**54.9%**	48.5%	62.3%
平均节点数	21.96	33.32	30.58	48.95	**35.05**	**643.15**

2.1.4.2 复杂度模型系数计算及验证

在前文构建的多指数算法复杂度模型中，其权重系数存在多种取值方式；不同的权重系数取值将产生不同的复杂度模型，从而影响算法计算效率。针对各算法类型，实验选取不同组合的权重系数，形成不同的复杂度模型；设定并行进程数为 108、利用数据 1 测试各复杂度模型的并行运行时间，从而选取各算法复杂度模型中最优的权重系数，实验结果如表 2.6 所示。

多边形数据压缩算法包含两个影响指数，当权重系数为 0.6 和 0.4 时，运行时间最少；多边形栅格化算法包含四个影响指数，其权重系数仅有一种组合，即为 0.4、0.3、0.2 和 0.1；多边形面积量算算法包含两个影响指数，当权重系数为 0.7 和 0.3 时，运行时间最少；多边形三角剖分算法包含三个影响指数，当权重系数为 0.6、0.3 和 0.1 时，运行时间最少。通过以上实验，即形成了各算法中权重系数最优的复杂度计算模型，如表 2.7 所示。

表 2.6　多指数算法复杂度模型中权重系数

算法类型	权重系数				运行时间/s
	W_1	W_2	W_3	W_4	
多边形数据压缩	0.9	0.1	—	—	83.29
	0.8	0.2	—	—	78.46
	0.7	0.3	—	—	79.43
	0.6	0.4	—	—	76.64
多边形栅格化	0.4	0.3	0.2	0.1	86.95
多边形面积量算	0.9	0.1	—	—	63.62
	0.8	0.2	—	—	61.94
	0.7	0.3	—	—	58.27
	0.6	0.4	—	—	67.84
多边形三角剖分	0.7	0.2	0.1	—	177.35
	0.6	0.3	0.1	—	162.79
	0.5	0.4	0.1	—	185.92
	0.5	0.3	0.2	—	174.05

表 2.7　各算法中权重系数最优复杂度模型

算法类型	复杂度模型
多边形数据压缩	$C = 0.6 \times \mathrm{PNN}^{\mathrm{norm}} + 0.4 \times \mathrm{CNN}^{\mathrm{norm}}$
矢量数据格式转换	$C = \mathrm{PNN}^{\mathrm{norm}}$
多边形栅格化	$C = 0.4 \times \mathrm{PNN}^{\mathrm{norm}} + 0.3 \times \mathrm{RPN}^{\mathrm{norm}} + 0.2 \times \mathrm{CNN}^{\mathrm{norm}} + 0.1 \times \mathrm{PSD}^{\mathrm{norm}}$
投影变换与坐标转换	$C = \mathrm{PNN}^{\mathrm{norm}}$
多边形面积量算	$C = 0.7 \times \mathrm{PNN}^{\mathrm{norm}} + 0.3 \times \mathrm{CNN}^{\mathrm{norm}}$
多边形三角剖分	$C = 0.6 \times \mathrm{PNN}^{\mathrm{norm}} + 0.3 \times \mathrm{CNN}^{\mathrm{norm}} + 0.1 \times \mathrm{PSD}^{\mathrm{norm}}$

为了验证上述复杂度计算模型的正确性和有效性，对不同多边形计算类型执行以下过程：首先，在测试数据 1 中随机选出 100 个包含不同节点数的样本多边形；其次，在当前并行计算环境中分别统计各样本多边形的实际计算时间和采用复杂度计算模型模拟的计算时间；最后，采用线性空间回归模型拟合实际计算时

间与模拟计算时间的空间相关性，并计算对应的均方根误差及拟合曲线的决定系数(R^2值)。在上述模型验证过程中，求得的均方根误差数值越小、R^2值越大，则表明利用该模型模拟的计算时间与实际计算时间越接近，即可证明该模型模拟的准确度越高。对不同类型算法均采用上述验证过程进行多边形实际计算时间和模拟计算时间的统计，并进行空间相关性的拟合计算，其结果如图 2.7 所示。在实

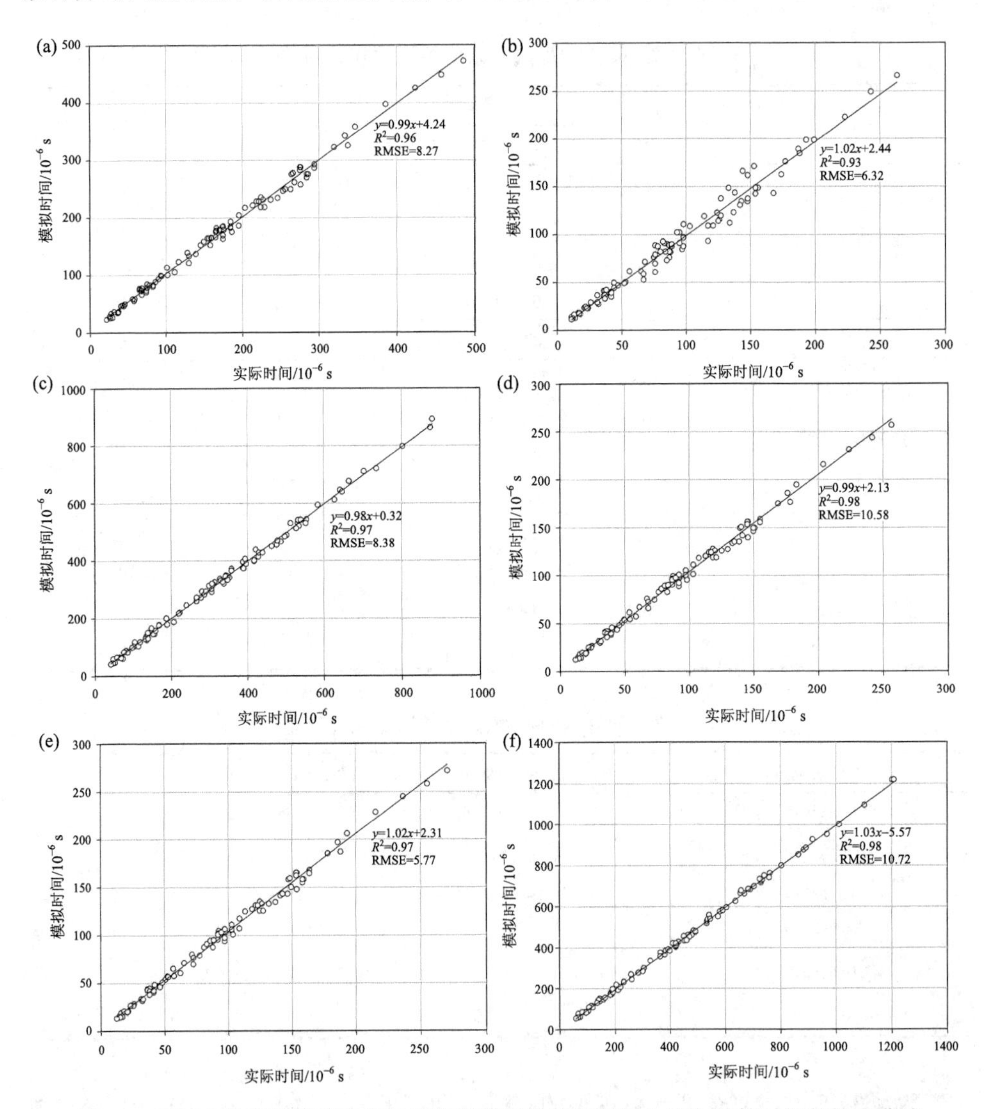

图 2.7　不同多边形计算算法复杂度模型模拟的计算时间与实际计算时间的拟合曲线

(a) 多边形数据压缩算法拟合曲线；(b) 矢量数据格式转换算法拟合曲线；(c) 多边形栅格化算法拟合曲线；(d) 投影变换与坐标转换算法拟合曲线；(e) 多边形面积量算算法拟合曲线；(f) 多边形三角剖分算法拟合曲线

验结果中，对不同算法的实际计算时间和模拟计算时间的均方根误差分别为 8.27、6.32、8.38、10.58、5.77 和 10.72，拟合曲线 R^2 值分别为 0.96、0.93、0.97、0.98、0.97 和 0.98；这表明对不同算法构建的多边形复杂度计算模型均能够较好地模拟多边形的计算时间，因而模型的模拟准确度较高。因此，在后续的实验与分析中，即以上述构建的多边形复杂度模型作为数据划分过程中的依据并测试其并行效率。

2.1.4.3　运行时间和加速比

在并行算法中，运行时间和并行加速比是评价算法并行效率的基本指标。其中，运行时间是并行算法中最后一个进程执行耗费的总时间；加速比是串行算法与并行算法的耗费时间比值，其计算公式如下

$$\text{Speedup ratio} = \frac{T_{\text{sequential}}}{T_{\text{parallel}}} \tag{2-7}$$

式中，$T_{\text{sequential}}$ 为串行算法执行时间；T_{parallel} 为对应的并行算法执行时间(Guan and Clarke, 2010)。实验应用测试数据 1 执行各并行算法，并改变进程数从 1 至 120，测试不同并行算法的并行效率。同时，考虑到对于数据密集型多边形空间分析，数据划分方法对并行效率具有较大影响，实验对各并行算法分别运用三种不同的数据划分方法：DMPIDS、DMRG 和 DMPC，以比较不同并行算法运用不同数据划分方法的运行时间和加速比，并行计算结果如图 2.8~图 2.13 所示。

尽管各算法具体运行时间和加速比不同，但其变化趋势大体接近，具体表现在：执行并行算法时，当进程数小于 108 时，随着进程不断增加，并行算法执行时间逐渐降低、加速比近似线性增长；当进程数等于 108 时，即等于并行环境中允许开辟的最大计算核数时，并行时间达到最小，此时加速比达到峰值；当进程数大于 108 时，运行时间逐渐增加，最终保持稳定状态，而加速比开始逐渐降低。

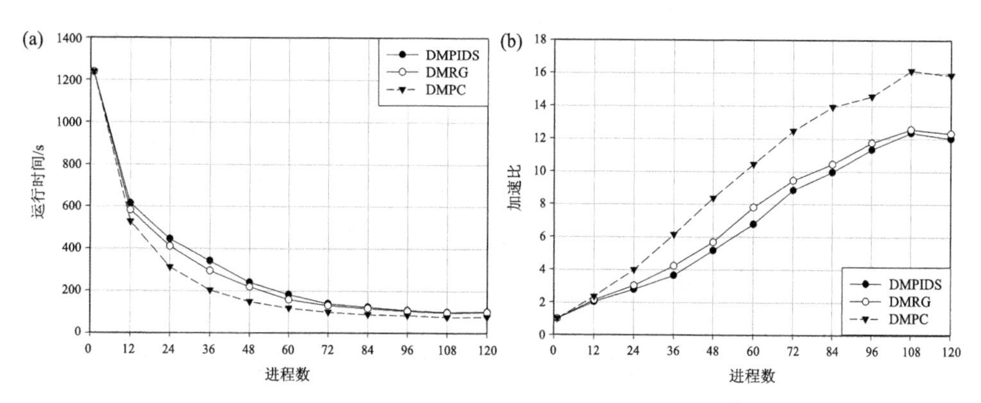

图 2.8　多边形数据压缩并行算法运行时间和加速比

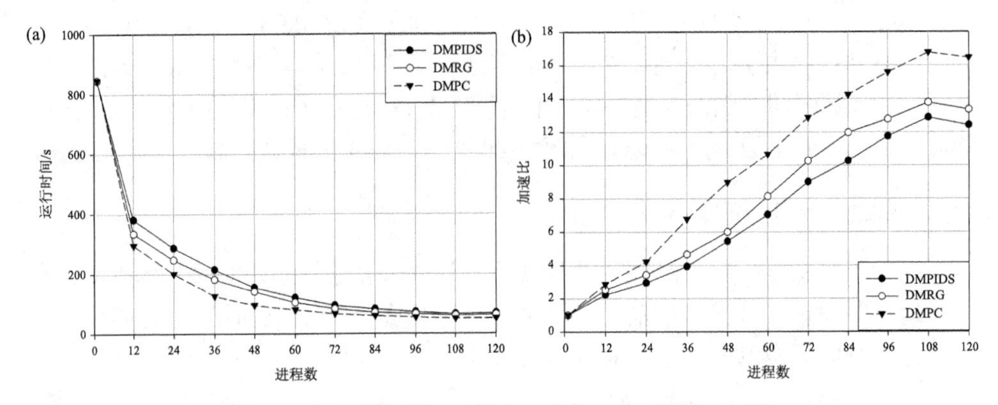

图 2.9　矢量数据格式转换并行算法运行时间和加速比

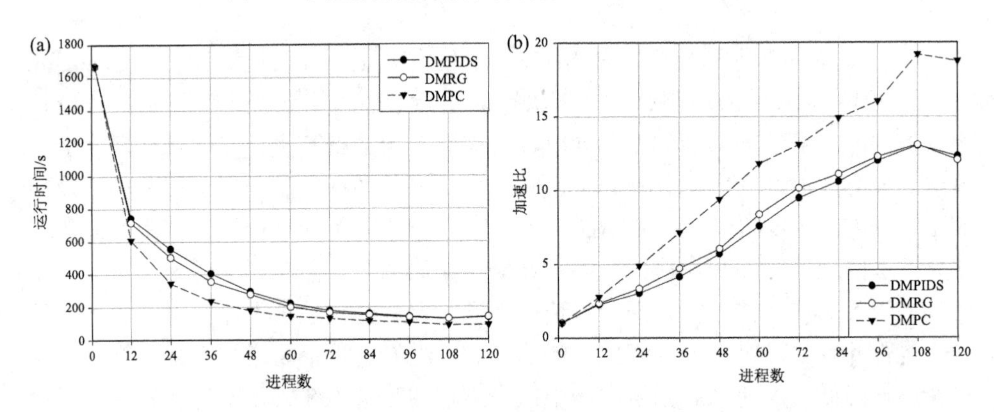

图 2.10　多边形栅格化并行算法运行时间和加速比

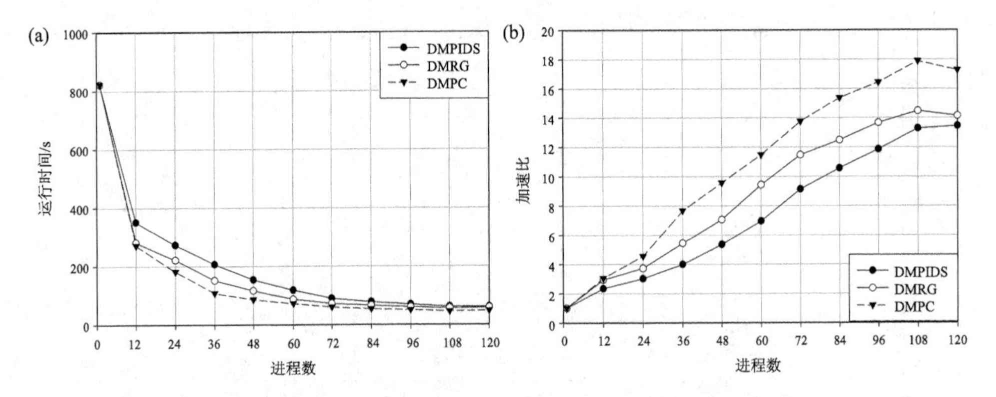

图 2.11　投影变换与坐标转换并行算法运行时间和加速比

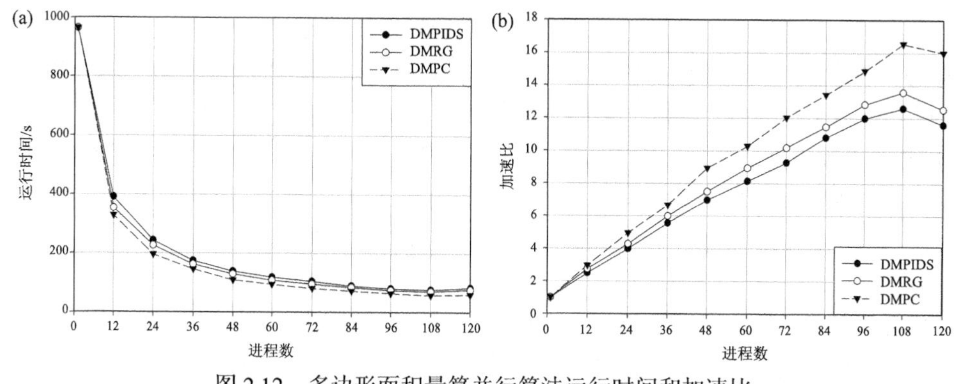

图 2.12　多边形面积量算并行算法运行时间和加速比

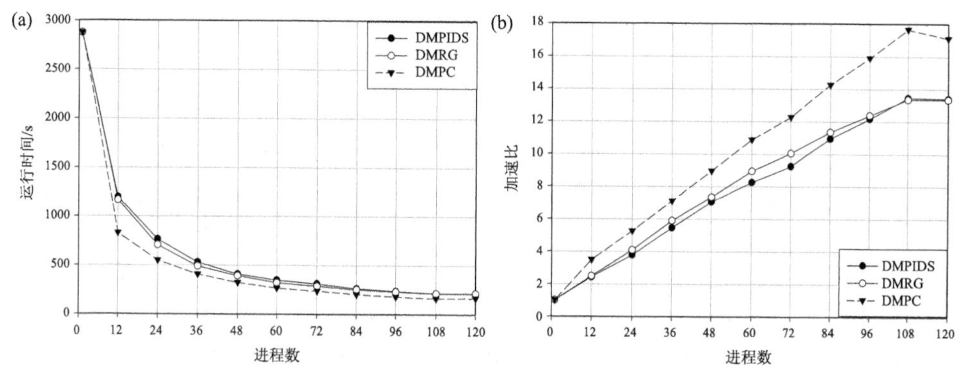

图 2.13　多边形三角剖分并行算法运行时间和加速比

对于多边形数据压缩并行算法，串行时间为 1236.73 s，DMPIDS 方法最优并行时间为 99.98 s、最高加速比为 12.37；DMRG 方法最优并行时间为 98.39 s、最高加速比为 12.57；DMPC 方法最优并行时间为 76.63 s、最高加速比为 16.14。对于矢量数据格式转换并行算法，串行时间为 845.28 s，DMPIDS 方法最优并行时间为 65.68 s、最高加速比为 12.87；DMRG 方法最优并行时间为 61.39 s、最高加速比为 13.77；DMPC 方法最优并行时间为 50.40 s、最高加速比为 16.77。对于多边形栅格化并行算法，串行时间为 1668.45 s，DMPIDS 方法最优并行时间为 128.24 s、最高加速比为 13.01；DMRG 方法最优并行时间为 127.75 s、最高加速比为 13.06；DMPC 方法最优并行时间为 86.95 s、最高加速比为 19.19。对于投影变换与坐标转换并行算法，串行时间为 822.06 s，DMPIDS 方法最优并行时间为 61.95 s、最高加速比为 13.27；DMRG 方法最优并行时间为 56.85 s、最高加速比为 14.46；DMPC 方法最优并行时间为 45.98 s、最高加速比为 17.88。对于多边形面积量算并行算法，串行时间为 964.37 s，DMPIDS 方法最优并行时间为 76.59 s、最高加速比为 12.59；DMRG 方法最优并行时间为 71.07 s、最高加速比为 13.57；DMPC 方法最优并行时间为 58.27 s、最高加速比为 16.55。对于多边形三角剖分并行算法，串行时间为 2876.45 s，DMPIDS 方法最优并行时间为 213.86 s、最高加速比为 13.45；DMRG 方法最优并行时间为 215.46 s、最高加速比为 13.35；DMPC 方法最优并行时间为 162.79 s、最高加速比为 17.67。上述实验结果表明：本书提出的 DMPC 数据划分方法可良好地适用于不同数据密集型多边形空间分析类型，可取得良好的运行时间和加速比；同时，相较于传统的 DMPIDS 方法和 DMRG 方法，本书设计并实现的 DMPC 方法可取得更高的并行效率。

2.1.4.4 负载均衡性能评价

实验将并行计算过程中所有并行进程中的最大与最小耗时的比值作为负载均衡指数，其计算公式如下

$$\text{Load balancing} = \frac{\max\limits_{i=1\sim p}\{T_i\}}{\min\limits_{i=1\sim p}\{T_i\}} - 1 \tag{2-8}$$

其中，p 为进程数；T_i 为第 i 进程的处理耗时；$\max\limits_{i=1\sim p}\{T_i\}$ 为耗时最多的进程处理时间，$\min\limits_{i=1\sim p}\{T_i\}$ 为耗时最少的进程处理时间，负载均衡指数即为两者比值与 1 的差值(Zhou et al., 2015)。负载均衡指数越接近 0，表明不同进程耗费的运行时间越接近，从而并行过程中的任务负载越均衡；指数数值越大，表明不同并行进程耗费的运行时间差异越大，则并行过程中的任务负载越不均衡。实验针对各并行算法分别计算进程数从 2 增长至 120 时应用不同数据划分方法的负载均衡指数，结果如图 2.14 所示。从计算结果可以看出，对于传统的 DMPIDS 方法和 DMRG 方法，在进程数增长过程中，负载均衡指数有较为明显的抖动，且数值较大，这表明传统的数据划分方法并不能保证对每一种进程数均能达到较好的负载；同时，上述两种方法取得的负载均衡指数随着进程数的增加而逐渐减小，这表明数据划分带来的负载不均衡被不断增加的进程所弥补，使得各进程之间的负载趋于稳定。对于不同的并行算法，应用本书提出的 DMPC 方法时对应的负载均衡指数受进程数影响较小，且其数值远小于传统数据划分方法的负载均衡指数，这表明本书数据划分方法对不同进程数均能更好地实现并行计算过程中的负载均衡，从而进一步验证了本书所提方法的优越性。

2.1.4.5 不同类型数据对并行效率的影响

不同的矢量数据类型对数据划分方法的性能有显著的影响；一个优秀的数据划分方法应能对不同类型的测试数据集表现出较好的有效性和稳定性。其中，有效性体现在并行效率的提升和良好负载均衡的实现；稳定性表现在对不同的数据类型均能获得良好的性能提升。在本书构建的多边形复杂度计算模型中，多边形

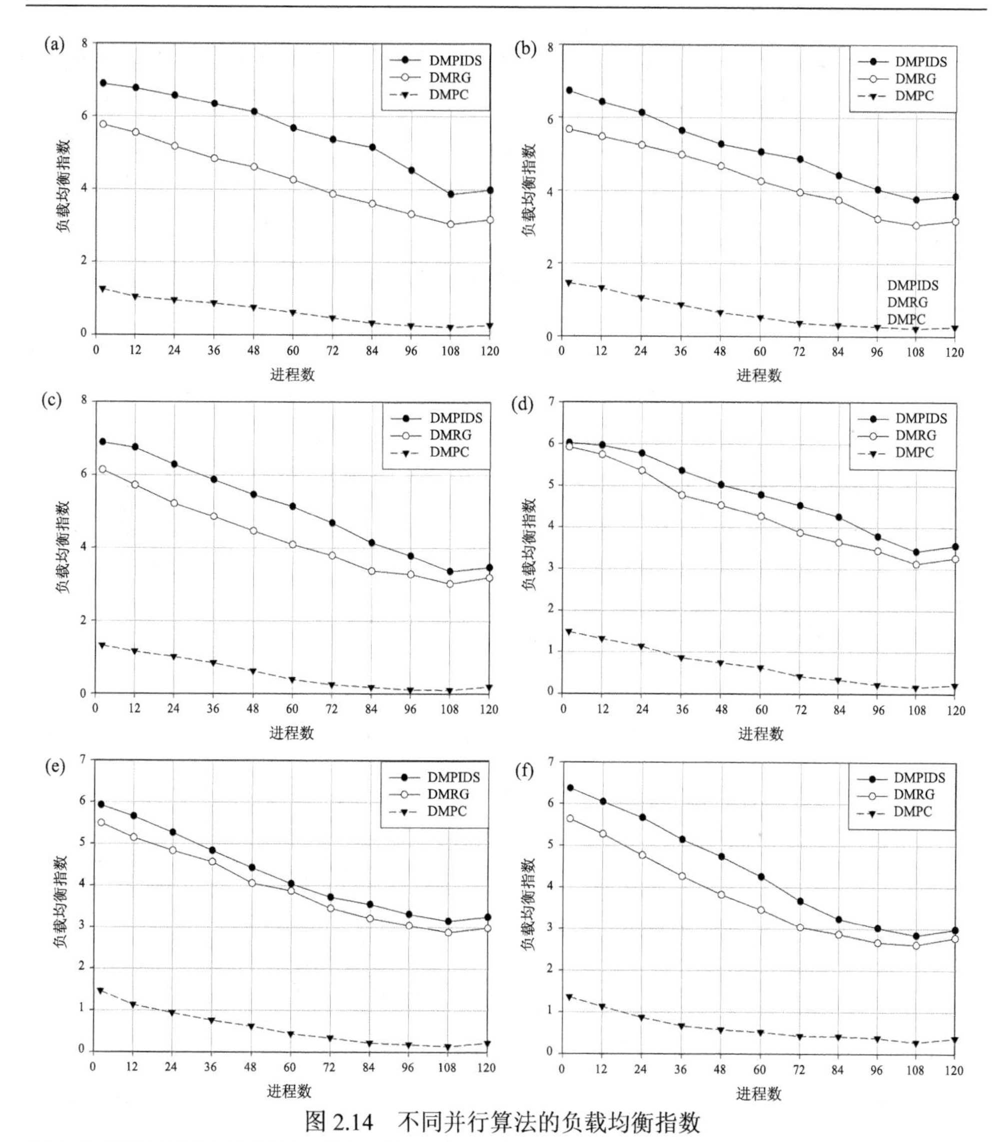

图 2.14 不同并行算法的负载均衡指数

(a) 多边形数据压缩并行算法的负载均衡指数；(b) 矢量数据格式转换并行算法的负载均衡指数；(c) 多边形栅格化并行算法的负载均衡指数；(d) 投影变换与坐标转换并行算法的负载均衡指数；(e) 多边形面积量算并行算法的负载均衡指数；(f) 多边形三角剖分并行算法的负载均衡指数

栅格化算法复杂度模型包含的指数个数最多、计算复杂性最高，因而多边形栅格化算法具有典型的数据密集的计算特征。为了测试本书提出数据划分方法对不同数据类型的适用性，实验以多边形栅格化并行算法为例，分别应用 DMPIDS 方法、DMRG 方法和本书提出的 DMPC 方法，测试执行不同数据量数据集(数据 1 和数据 2)、不同空间分布数据集(数据 3 和数据 4)、不同复杂度数据集(数据 5 和数据 6)时的运行时间和加速比，并行计算结果如图 2.15、图 2.16 及图 2.17 所示。

图 2.15(a)~(d)描述了多边形栅格化并行算法应用不同数据划分方法对不同数据量数据集的测试结果。试验结果表明，并行算法应用不同数据划分方法时，算法的运行时间均随着进程数的不断增加迅速减少、最终达到稳定状态；加速比随着进程数的增加逐渐上升，在达到峰值后迅速降低。上述结果表明本书提出的数据划分方法可更有效地减少算法运行时间、获得更高的并行加速比。对于数据1，并行算法的串行时间为1668.45 s，应用DMPIDS、DMRG、DMPC数据划分方法的最少运行时间分别为128.24 s、127.75 s和86.95 s，最大加速比分别为13.01、13.06和19.18；对数据2，并行算法的串行时间为972.46 s，最少运行时间分别为76.87 s、74.92 s和55.13 s，最大加速比分别为12.65、12.98和17.64。对比传统的DMPIDS和DMRG方法，DMRG方法略优于DMPIDS方法；然而，本书方法较传统方法可取得更优的运行时间和加速比。同时，对于数据量更大的数据 1，本书方法较数据2取得了更优的并行效率，这进一步验证了本书方法对大数据量矢量多边形数据集的良好适用性。

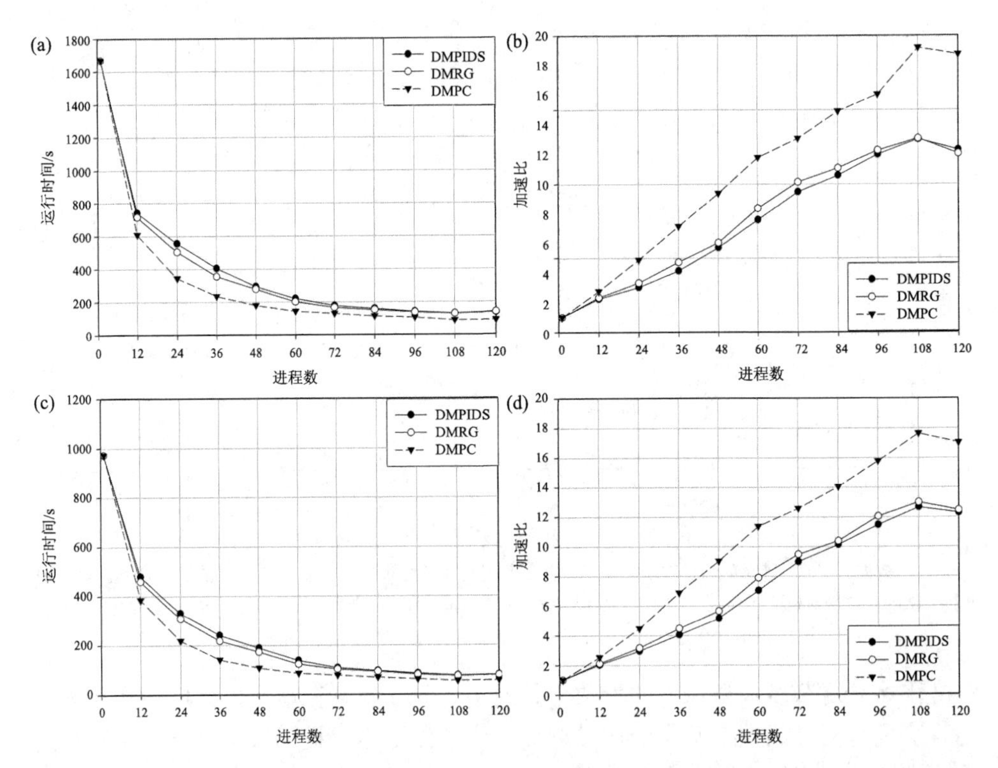

图 2.15　多边形栅格化并行算法执行不同数据量数据集的运行时间和加速比

(a)(b)执行数据 1 的运行时间和加速比；(c)(d)执行数据 2 的运行时间和加速比

图 2.16(a)~(d)描述了多边形栅格化并行算法应用不同数据划分方法对不同空间分布数据集的测试结果。对数据 3，串行运行时间为 613.47 s，应用 DMPIDS、DMRG、DMPC 数据划分方法的最少运行时间分别为 44.88 s、64.92 s 和 34.52 s，最大加速比分别为 13.67、9.45 和 17.77；对数据 4，并行算法的串行时间为 547.19 s，最少运行时间分别为 38.18 s、37.30 s 和 29.84 s，最大加速比分别为 14.33、14.67 和 18.34。数据 4 的空间分布较为均匀，对于该数据，不同数据方法均能取得较为良好的并行加速比。数据 3 的空间分布明显不均，对于该数据，传统的 DMRG 方法仅能获得 9.28 的并行加速比；原因在于传统 DMRG 方法仅能保证各划分空间范围面积相等，而不能保证各分块计算量相等，从而对空间分布不均的数据集适用性不强。比较而言，本书所提数据划分方法受多边形数据集空间分布的影响较小，能表现出稳定的加速效果。

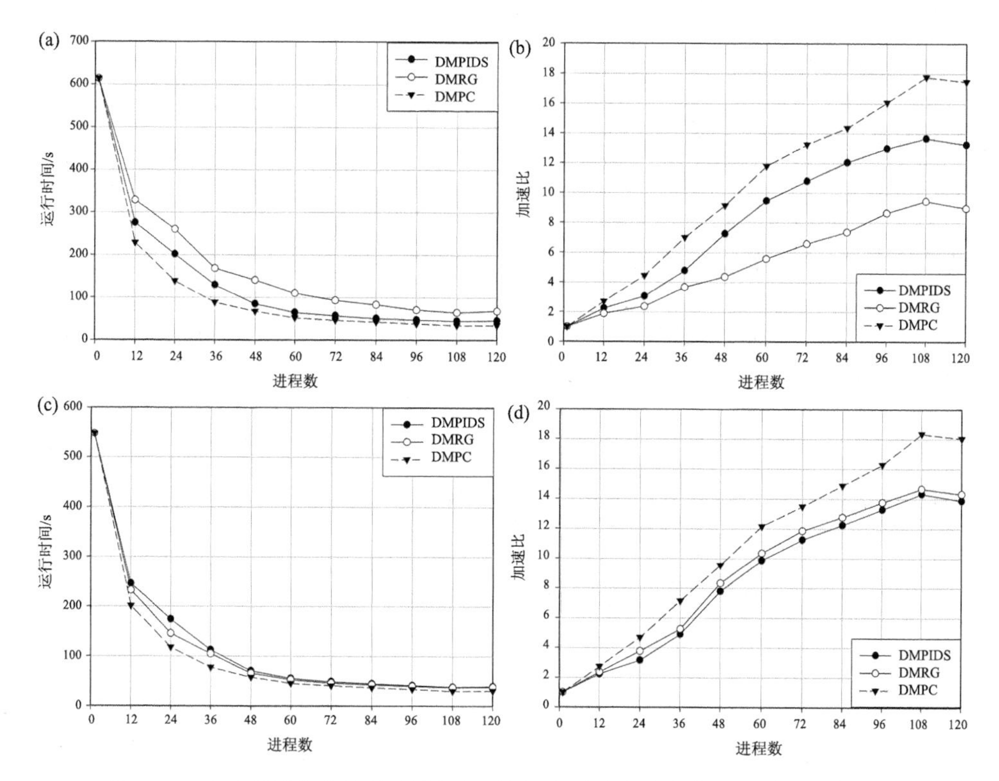

图 2.16　多边形栅格化并行算法执行不同空间分布数据集的运行时间和加速比

(a)(b)执行数据 3 的运行时间和加速比；(c)(d)执行数据 4 的运行时间和加速比

图 2.17(a)~(d)描述了多边形栅格化并行算法应用不同数据划分方法对不同复杂度数据集的测试结果。对数据 5，并行算法的串行时间为 216.38 s，应用 DMPIDS、DMRG、DMPC 数据划分方法的最少运行时间分别为 15.97 s、14.99 s

和 12.57 s，最大加速比分别为 13.55、14.43 和 17.21；对数据 6，并行算法的串行时间为 468.95 s，最少运行时间分别为 48.05 s、52.24 s 和 27.46 s，最大加速比分别为 9.76、8.98 和 17.06。数据 5 的复杂度较低，不同的数据划分方法均能取得较为良好的并行加速比。数据 6 的复杂度较高，当处理该数据集时，传统的 DMPIDS 及 DMRG 数据划分方法适用性较差，其加速比峰值仅分别为 9.76 和 8.98。上述现象的主要原因在于数据 6 包含的多边形的节点数目差异巨大，存在大量复杂多边形，因此传统数据划分方法无法有效划分复杂多边形，进而导致任务负载不均衡。比较而言，本书提出的数据划分方法可以良好地处理具有高复杂度的多边形数据集，并获得良好的加速比。

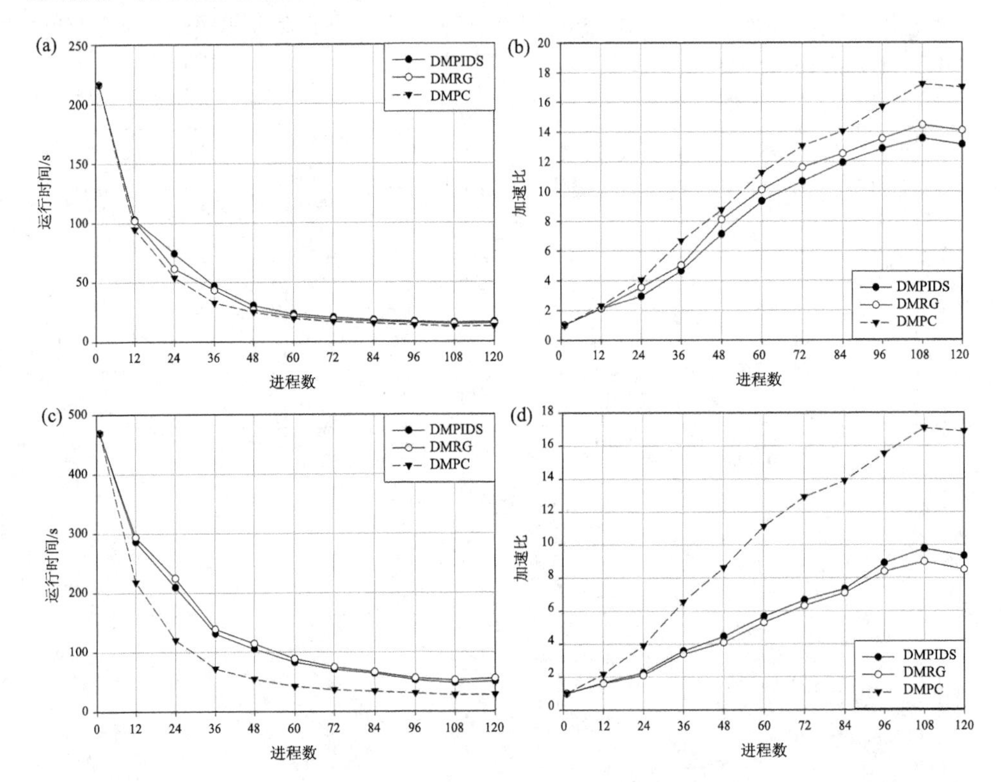

图 2.17　多边形栅格化并行算法执行不同复杂度数据集的运行时间和加速比

(a) (b) 执行数据 5 的运行时间和加速比；(c) (d) 执行数据 6 的运行时间和加速比

总结来说，本书提出的基于多边形复杂度的数据划分可更有效地处理不同的矢量多边形数据集，并能极大地减少运行时间、获得更高的加速比及更稳定的负载均衡性能。

2.2　计算密集型多边形空间分析负载均衡并行方法

2.2.1　算法特征分析

计算密集型多边形空间分析主要表现为相交多边形之间空间几何关系的判定及求解，其具体应用包括多边形图层叠置分析、布尔运算、缓冲区生成、拓扑验证、空间关联等。概括起来，计算密集型多边形空间分析的基本操作类型可分为多边形求交、差、并、交集取反、联合、更新、标识。该类型空间分析的一般步骤包括：遍历所有多边形并搜索相交多边形；提取相交多边形并完成对相交部分结果的求解。现有的针对计算密集型多边形空间分析提出的并行化方法主要包括基于多边形数量和基于规则格网的数据划分方法。然而，这些并行化方法容易引起并行过程中的任务依赖和数据倾斜，具体表现在以下方面。①尽管利用树型空间索引可提高相交多边形的搜索效率，但并不能准确判断实际的相交多边形，因而其对相交多边形的搜索效率仍有待提升。②在相交多边形并行搜索过程中，处于格网边界处的多边形将被不同并行节点分割，从而需要额外的多边形拓扑关系重建过程，这将大大增加算法的计算复杂性。同时，各计算节点包含的多边形常与其他节点中的多边形相交，这需要额外的消息传递以及数据通信，进而导致严重的并行任务依赖，降低算法的并行效率。③现有格网化数据划分方法仅考虑各格网间空间面积相等，但忽略了不同计算过程中的实际多边形计算量。多边形形态各异、计算复杂，这使得按相同面积划分的格网之间计算复杂度差别巨大，并容易引起并行节点之间的数据倾斜，从而增加算法计算时间、降低并行效率。

为了解决上述问题，本书提出一种基于改进边界代数法的多边形空间分析并行方法，其基本思路如下。

(1) 相较于矢量多边形数据，栅格数据具有规整的数据结构并具有天然的并行性；因此，栅格数据更适合用来进行 GIS 空间分析，并较多边形数据具有更高的计算效率。将矢量多边形转换为栅格数据以快速搜索相交多边形可提高 GIS 空间分析效率，并可避免并行化过程中的任务依赖。在多边形栅格化算法中，边界代数法(boundary algebra filling，简称 BAF) 易于实现、运算效率高；同时，该算法可在栅格化过程中快速、准确定位相交多边形。因而，本书采用边界代数法实现相交多边形的快速搜索。

(2) 相交多边形的搜索与求解步骤中的多边形计算粒度不同、计算复杂度不同。因而，针对不同计算步骤应采用不同的并行策略实现并行化；同时，应根据不同过程的算法特征研发不同的多边形复杂度计算模型，以代表不同计算过程的真实计算量，从而实现均衡的多边形数据划分、避免数据倾斜。

2.2.2　基于改进边界代数法的多边形空间分析算法

2.2.2.1　算法原理

目前，较为成熟的多边形栅格化算法包括扫描线算法、边界代数法、复数积分法、射线法等。其中，边界代数法是一种基于积分思想的多边形栅格化方法，可通过加减代数运算将多边形属性值赋给多边形内部及边界上的栅格单元，从而实现多边形栅格化。矢量多边形通常由一个外环和若干个内环组成；边界代数法对任一多边形的处理过程包括以下步骤(图 2.18(a))。①将覆盖该多边形的面域进行整体栅格化，并对栅格阵列的栅格单元值初始化为零。②由其边界上任意一点开始，对多边形外环逆时针方向搜索其边界，对内环顺时针方向搜索其边界。③当边界线段方向为上行时，对该线段左侧具有相同行坐标的所有栅格全部加上属性值 a；当边界线段方向为下行时，对该线段左侧具有相同行坐标的所有栅格全部减去属性值 a；当边界线段平行于栅格行时，则不做运算。④重复步骤③直至多边形所有边界处理完毕。在完成上述计算后，属性值为 a 的栅格单元即为本次多边形栅格化的计算结果。相较于其他多边形栅格化算法，边界代数法的优势在于其计算效率更高；更重要的是该算法可快速识别位于多边形相交部分的栅格单元。具体来说，假设赋予栅格单元的属性值固定为 1，则在边界代数法处理过程中，若栅格单元属性值为 1，则该栅格单元只位于一个多边形内部(如图 2.18(b)中数值为 1 的栅格所示)；若栅格单元属性值为 $n(n>1)$，则该栅格单元位于 n 个多边形相交部分内(如图 2.18(b)中数值为 2 和 3 的栅格所示)。利用该算法特性，可实现对多边形相交部分的栅格单元的快速定位。

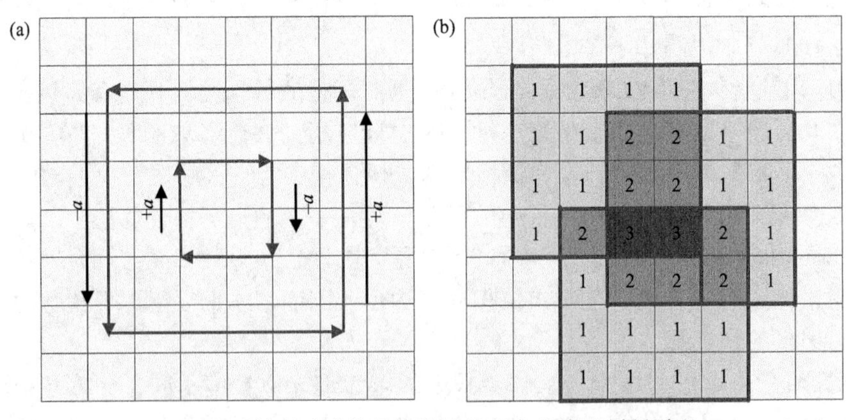

图 2.18　基于改进边界代数法的相交多边形判断原理

(a)边界代数法基本原理；(b)相交多边形计算结果

然而，在准确定位多边形相交部分的栅格单元后，难点在于提取其对应的多边形 ID，从而形成相交多边形组。本书通过改进传统的边界代数算法，使其在栅格化过程中首先定位多边形相交部分的栅格单元，进而提取对应的多边形 ID，并形成相交多边形组；最后对各相交多边形组求解相交结果。上述改进算法主要包括两个步骤：基于改进边界代数法的多边形栅格化和多边形相交结果计算。

2.2.2.2　基于改进边界代数法的多边形栅格化

1. 总体计算流程

基于改进边界代数法的多边形栅格化过程主要包括算法的初始化和多边形循环处理。其中，算法的初始化步骤主要接收并分析算法基本运行参数。多边形的循环处理过程首先对各多边形进行栅格化填充、获取其栅格化结果，并定位位于相交多边形内部的栅格单元；其次，基于游程编码(run length encoding，简称 RLE)进行多边形 ID 的提取，从而形成相交多边形组。

在初始化过程中，接收的算法运行参数包括栅格尺寸及待处理矢量多边形图层(图 2.19)。首先，计算包含所有多边形图层的 MBR；根据计算得到的 MBR 和栅格尺寸，生成初始值为 0 的栅格结果数据集 hDstDS，其大小为 nYSize 行 × nXSize 列。其次，生成与 hDstDS 相同大小的一维数组 pIDArray 以存放多边形 ID，并设置初始值为−1。对栅格化结果中的任一栅格单元，其坐标可用该栅格单元的行列号(LocateX, LocateY)表示；则该栅格单元在 hDstDS 及 pIDArray 中的坐标位置 locate 可表示为

$$\text{locate} = \text{LocateY} \times \text{nXSize} + \text{LocateX} \tag{2-9}$$

此外，在栅格化过程中赋予各栅格单元的属性值固定为 1。若待处理多边形图层数为 1，则保持图层中多边形编号值；若图层数大于 1，则获取所有图层中的多边形，并从 0 开始重新顺序编号。

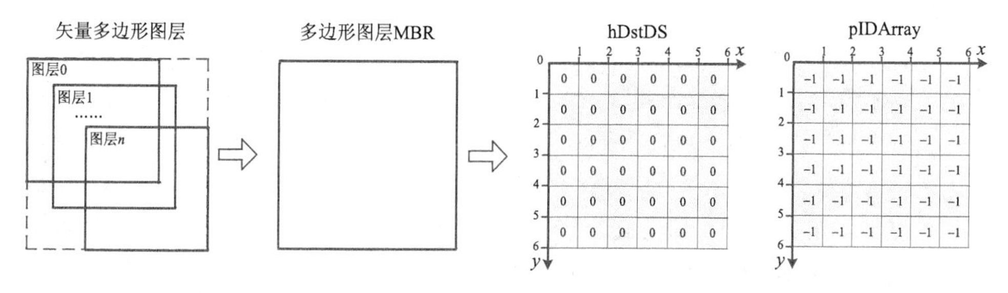

图 2.19　初始化过程示意图

在对各多边形的栅格化填充过程中，首先获取当前多边形的 MBR，其次调用边界代数算法在 MBR 中完成对该多边形的栅格化，最后更新栅格数据集 hDstDS 中位于多边形 MBR 内部的属性值。当完成该多边形的栅格化填充后，即可执行基于游程编码的多边形 ID 提取。本算法中，游程编码主要用以存放位于相交多边形内部的栅格单元及其对应的相交多边形 ID，其数据结构如图 2.20 所示。若一个栅格行中存在位于相交多边形中的栅格单元，则其游程编码可表示为 RLE{StartX, EndX, LocateY, (pID_0, pID_1, …, pID_{pNum-1}), pNum}；其中，StartX 和 EndX 为该游程编码的起始栅格与结束栅格的横坐标，LocateY 为当前栅格行的纵坐标，pNum 为相交多边形个数，(pID_0, pID_1, …, pID_{pNum-1})为存放相交多边形 ID 的数组 pGroup。上述游程编码的地理意义可表述为：从(StartX, LocateY)至(EndX, LocateY)的栅格单元均位于 pNum 个相交多边形中，其中相交多边形 ID 分别为 pID_0, pID_1, …, pID_{pNum-1}。

```
Struct RLE
{
/* Location information of the current RLE */
    int StartX;          /* The X-coordinate of the starting pixel of the current RLE*/
    int EndX;            /* The X-coordinate of the ending pixel of the current RLE */
    int LocateY;         /* The Y-coordinate of the current RLE*/

/* Information of the intersected polygons */
    int *pGroup;         /* IDs of Intersected polygons  */
    int pNum;            /* Number of intersected polygons  */
};
```

图 2.20　游程编码数据结构

2. 基于游程编码的多边形 ID 提取

对任一待处理多边形实现基于游程编码的多边形 ID 提取过程主要包含以下步骤(图 2.21)。

步骤 1：在对当前多边形栅格化填充处理后，获取数组 hDstDS 和 pIDArray，并获取当前多边形 ID 为 pCurrentID。此外，生成一个新的数组 RLEGroup 以存放游程。

步骤 2：在数组 hDstDS 中获取当前多边形 MBR 包含的栅格单元，并逐行读取。对于纵坐标为 LocateY 的栅格行中的任一栅格单元(StartX, LocateY)，若该栅格单元位于多边形内部，则根据公式(2-9)计算其在 hDstDS 中的存放位置 locate，并获取其属性值 value；其中，value = hDstDS[locate]。

步骤 3：若该栅格单元属性值满足 value < 2，则该栅格单元仅位于一个多边形内部，不予处理(图 2.21(a))。

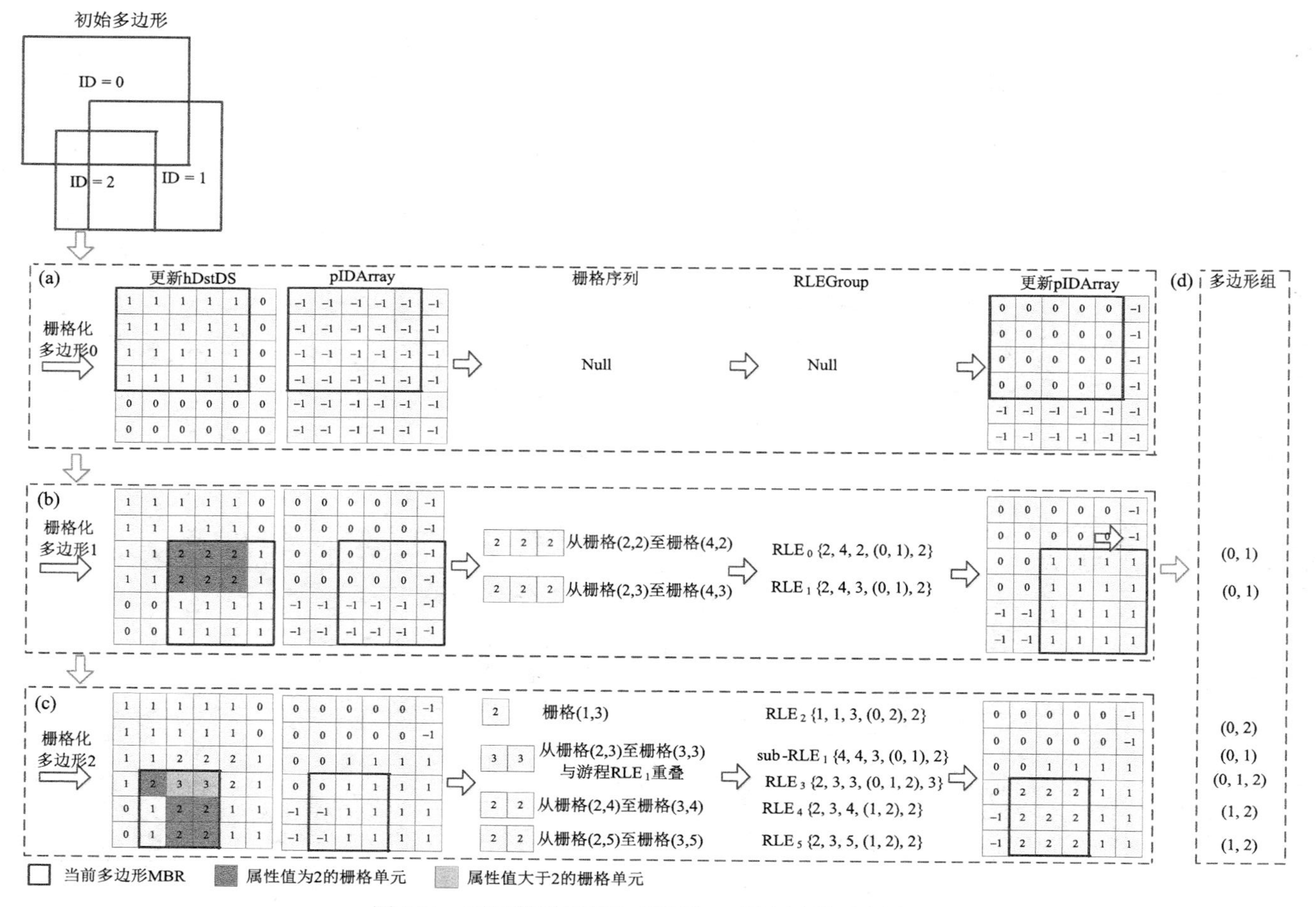

图 2.21　基于游程编码的多边形 ID 提取过程示意图

步骤 4：若该栅格单元属性值满足 value = 2，则该栅格单元位于两个相交多边形内部。在栅格行中以当前栅格单元为起点继续扫描后续栅格单元，以形成从(StartX, LocateY)至(EndX, LocateY)的栅格序列；其中 StartX 与 EndX 满足 StartX ⩽ EndX。上述栅格序列中的任一栅格单元($LocateX_i$, LocateY)(StartX ⩽ $LocateX_i$ ⩽ EndX)须位于多边形内部，并满足以下条件

$$\begin{cases} locate_i = LocateY \times nXSize + LocateX_i \\ hDstDS[locate_i] = value \\ pIDArray[locate_i] = pIDArray[locate] \end{cases} \tag{2-10}$$

这样，该栅格序列中的所有栅格单元均位于两个相交多边形内部；同时，这两个相交多边形 ID 分别为 pIDArray[locate]和 pCurrentID。创建一个新的游程以存放上述栅格序列，该游程可表示为{StartX, EndX, LocateY, (pIDArray[locate], pCurrentID), 2}(图 2.21(b))。

步骤 5：若该栅格单元属性值满足 value > 2，则该栅格单元位于三个及三个以上相交多边形内部。在栅格行中以当前栅格单元为起点继续扫描后续栅格单元，以形成从(StartX, LocateY)至(EndX, LocateY)的栅格序列，其中 StartX 与 EndX 满足 StartX ⩽ EndX。上述栅格序列中的任一栅格单元($LocateX_i$, LocateY)(StartX ⩽ $LocateX_i$ ⩽ EndX)须位于多边形内部，并满足以下条件

$$\begin{cases} locate_i = LocateY \times nXSize + LocateX_i \\ hDstDS[locate_i] = value \end{cases} \tag{2-11}$$

这样，该栅格序列中的所有栅格单元均位于 value 个相交多边形内部，其中一个多边形 ID 为 pCurrentID，另外 value−1 个多边形 ID 存放于现有的游程中。

为避免多边形组的重复提取，需要搜索现有包含上述 value−1 个多边形 ID、与当前栅格序列重合的游程，并在该游程中将重合的栅格单元删除。上述重合的栅格单元可计算为从(max($StartX_j$, StartX)，LocateY)至(min($EndX_j$, EndX)，LocateY)的栅格单元。对任一符合条件的游程，RLE_j{$StartX_j$, $EndX_j$, LocateY, (pID_0, pID_1, …, $pID_{value-2}$)，value−1}，首先将其分解为两个新的游程，并放入 RLEGroup 中；其次将原游程从 RLEGroup 中删除。两个新的游程分别为{$StartX_j$, max($StartX_j$, StartX)−1, LocateY, (pID_0, pID_1, …, $pID_{value-2}$)，value−1}($StartX_j$ < min($StartX_j$, StartX))和{min($EndX_j$, EndX)+1, $EndX_j$, LocateY, (pID_0, pID_1, …, $pID_{value-2}$)，value−1}(min($EndX_j$, EndX)< $EndX_j$)。此外，生成一个新的游程，{max($StartX_j$, StartX)，min($EndX_j$, EndX)，LocateY, (RLE_j.pGroup, pCurrentID)，value}，并将其放入 RLEGroup 中(图 2.21(c))。

步骤 6：重复步骤 2 至步骤 5，直至当前多边形 MBR 中所有栅格行处理完毕。更新数组 pIDArray，将当前多边形 ID 值赋给 pIDArray 中位于当前多边形内部的

栅格单元。至此，完成了对一个多边形的处理过程。

步骤 7：当所有多边形处理完毕后，即可从存储的游程中提取相应的相交多边形组。每个游程中的 RLEGroup 数组即对应一个相交多边形组；因此，一个相交多边形组可表示为(pID_0, pID_1, …, pID_{pNum-1}) (pNum > 1) (图 2.21 (d))。此外，考虑到不同的游程可能存放重复的多边形组，因此在相交多边形组提取完成后需要删除该类型的多边形组，以避免后续重复计算。当两个多边形组存储个数相同、ID 相同的多边形时，其中一个多边形组应当予以删除；当一个多边形组存储的多边形为另一个多边形组的子集时，该多边形组也应当予以删除。在形成的多边形组中，若一个多边形组包含两个多边形，则这两个多边形相交；若一个多边形组包含两个以上的多边形，则每两个多边形之间均相交。

2.2.2.3　多边形相交结果计算

当相互独立的多边形组提取完成后，即可对各多边形组实现相交结果的计算，以获得相交结果多边形。假设 P 和 Q 分别为两个相交多边形的集合，则求取 P 和 Q 的相交结果多边形操作可定义为

$$P \cap Q = \{M : M \in P \wedge M \in Q\} \tag{2-12}$$

同时，求取 P 和 Q 的交集取反结果多边形可定义为

$$P \setminus Q = \{M : M \in P \wedge M \notin Q\} \tag{2-13}$$

当一个多边形组只包含两个相交多边形时，可直接计算其相交结果(图 2.22 (a))。当多边形组包含多个相交多边形时，则需要迭代执行计算过程，该过程主要包含以下步骤(图 2.22 (b))。①获取待计算多边形组包含的相交多边形个数 pNum，生成处理队列以存放每次迭代处理中的多边形。②从多边形组中顺序提取两个多边形，其多边形 ID 为 pID_0 和 pID_1。计算上述两个多边形的相交结果多边形，$pIntersect = pID_0 \cap pID_1$；同时，分别计算上述两个多边形的取反多边形，分别为 $pDiff_0 = pID_0 \setminus pID_1$ 和 $pDiff_1 = pID_1 \setminus pID_0$。将计算得到的三个新结果多边形放入处理队列中。③从多边形组中继续顺序提取一个多边形，其 ID 为 pID_{ip} ($ip > 1$ 且 $ip < pNum$)。依次从处理队列中顺序移除一个结果多边形，并与新提取的多边形计算新生成的三个结果多边形(pIntersect、$pDiff_0$ 和 $pDiff_1$)。将新计算的结果多边形 pIntersect 和 $pDiff_0$ 放入处理队列中；将原多边形 pID_{ip} 替换为 $pDiff_1$，并参与下一轮计算，直至完成本次循环。④重复步骤③直至多边形组中的多边形处理完毕。上述计算过程实现伪代码如算法 2.1 所示。

完成上述计算过程后，通过组合处理队列中保存的相交结果多边形和取反结果多边形，可分别得到多边形求交、差、并、交集取反、联合、更新、标识的计算结果。当处理的多边形图层数为 N_{layer} 时，不同图层包含的所有多边形集合可表

示为 P，第 i 个图层包含的多边形集合表示为 P_i。这样，求交结果集合可表示为 $P_{\text{intersect}}=\{\text{pIntersect}_0, \text{pIntersect}_1, \text{pIntersect}_2, \cdots, \text{pIntersect}_m\}$，其中 m 为处理队列中包含的相交结果多边形个数；交集取反结果集合可表示为 $P_{\text{diff}}=\{\text{pDiff}_0, \text{pDiff}_1, \text{pDiff}_2, \cdots, \text{pDiff}_n\}$，其中，$n$ 为处理队列中包含的取反结果多边形个数。根据交集取反结果可分别计算得到各图层多边形的交集取反结果 P_{diff}^i。此外，联合计算结果集合可表示为 $P_{\text{union}}=\left\{p:p\in P_{\text{intersect}}\wedge p\in P_{\text{diff}}\right\}$。当第 i 个图层为目标图层时，求差、更新、标识的结果集合分别可表示为 $P_{\text{erase}}^i=\left\{p:p\in P_{\text{diff}}^i\right\}$、$P_{\text{update}}=\left\{p:p\in P\wedge p\notin P_i\vee p\in P_{\text{diff}}^i\right\}$ 和 $P_{\text{identify}}=\left\{p:p\in P_{\text{intersect}}\vee p\in P_{\text{diff}}^i\right\}$。

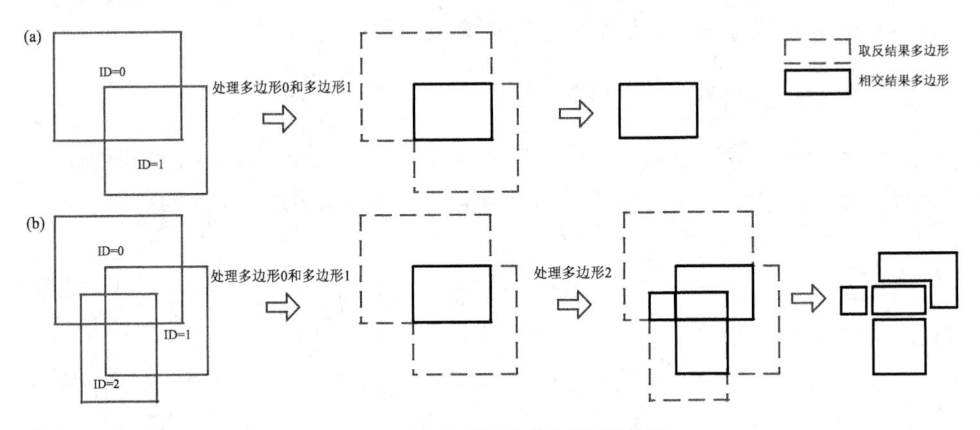

图 2.22　多边形相交结果计算过程

(a)包含两个多边形的多边形组计算结果；(b)包含两个以上多边形的多边形组计算结果

算法 2.1　多边形相交结果计算实现伪代码

```
void IntersectionCalculation(int *pGroup, int pNum)
/* When there are two polygons, the intersections can be computed immediately. */
1:  if(pNum = = 2) then
2:      pID0 = pGroup[0]; pID1 = pGroup[1]
3:      Calculate the intersections pIntersect = pID0 ∩ pID1
/* When there are more than two polygons, circular operations can be conducted. */
4:  else if(pNum > 2) then
5:      Create a processing queue pQueue
6:      pID0 = pGroup[0]; pID1 = pGroup[1]
7:      Calculate the intersections pIntersect = pID0 ∩ pID1
8:      Calculate two difference polygons pDiff0 = pID0 \ pID1; pDiff1 = pID1 \ pID0
9:      Put pIntersect, pDiff0, and pDiff1, into pQueue
10:     for ip = 2 to pNum - 1 do
```

```
11:         Obtain the number of polygons in pQueue, pQueueNum
12:         for im = 0 to pQueueNum - 1 do
13:             Calculate the intersections pIntersect = pQueue[im] ∩ pGroup[ip]
14:             Calculate two difference polygons pDiff_0 = pQueue[im] \ pGroup[ip]; pDiff_1 = pGroup[ip] \ Queue[im]
15:             Put pIntersect and pDiff_0, into pQueue
16:             pGroup[ip] = pDiff_1
17:         end for
18:         Remove the polygons in pQueue from pQueue[0] to pQueue[pQueueNum - 1]
19:         Put pGroup[ip] into pQueue
20:     end for
21: end if
22: Output all the intersected polygons in pQueue
```

注：pGroup 存储相交多边形的 ID；pNum 为相交多边形的个数

2.2.3　多边形计算复杂度模型构建

本书提出的基于改进边界代数法的多边形空间分析方法主要包含两个步骤：基于改进边界代数法的多边形栅格化和多边形相交结果计算。考虑到这两个步骤具有不同的算法特征和多边形计算复杂度，因此需要分别针对各步骤设计合理的多边形复杂度计算模型，以实现对各步骤实际计算量的合理评估与均衡划分。在复杂度模型构建中，首先分析可能影响多边形计算的指数因子，其次通过模拟实验筛选出有效的影响指数，最后根据实际影响指数构建复杂度模型。

2.2.3.1　基于改进边界代数法的多边形栅格化复杂度模型构建

基于改进边界代数法的多边形栅格化过程对各多边形独立计算，主要包含两个步骤：首先对各多边形进行一般的栅格化填充计算，其次对栅格化结果进行相交多边形 ID 提取。在第一个步骤中，一般的多边形栅格化复杂度与其多边形自身属性特征密切相关，其复杂度计算模型已在 2.1 节中研究实现。在第二个步骤中，考虑到相交多边形 ID 提取针对各栅格行进行计算，因而在该步骤中计算粒度为栅格行，各多边形的复杂度仍与其属性特征相关。综合考虑上述两个步骤的不同计算复杂度，在基于改进边界代数法的多边形栅格化过程中，应以栅格行为数据划分的基本单元；同时，在不同栅格块之间保证多边形计算复杂度相当，以保证负载均衡。

在 2.1 节中，一般的多边形栅格化复杂度实际影响指数包括多边形节点数

(PNN)、多边形凹点个数(CNN)、多边形空间分布(PSD)、多边形 MBR 包含的栅格单元个数(RPN)。基于改进边界代数法的多边形栅格化复杂度影响指数也与多边形自身属性特征密切相关，因而其计算复杂度也包含上述影响指数。同时，考虑到实际计算过程不同，对基于改进边界代数法的多边形栅格化计算过程的各影响指数对应的权重系数也不同。因此，本书针对上述影响指数构建模拟多边形数据集，测试不同指数对计算效率的影响程度。

模拟多边形数据集构建过程如下。①构建基本测试多边形 A 和 B，其形状均为正方形，均包含 4 个节点、面积为 239 874.39 m^2。在多边形 A 和 B 相交的前提下，多边形 A 为参考多边形、多边形 B 为计算多边形；通过不断改变多边形 B 的属性参数，测试其计算时间，以反映提取相交多边形组(A, B)的计算效率。②为测试不同多边形节点数对计算效率的影响，使多边形 B 节点数指数 PNN 从 4 至 40 均匀变化，同时保持其他指数值不变(CNN = 0，PSD = 0.5，RPN = 49)，形成数据集 1(图 2.23(a))。③为测试不同多边形凹点个数对计算效率的影响，使多边形 B 凹点指数 CNN 从 0 至 9 均匀变化，同时保持其他指数值不变(PNN = 20，PSD = 0.5，RPN = 49)，形成数据集 2(图 2.23(b))。④为测试不同多边形空间分布对计算效率的影响，使多边形 B 空间分布指数 PSD 从 0.1 至 1.0 变化的多边形，同时保持其他指数值不变(PNN = 20，CNN = 0，RPN = 98)，形成数据集 3(图 2.23(c))。⑤为测试不同栅格单元个数对多边形栅格化计算效率的影响，使参与计算的栅格单元个数 RPN 从 49 至 490 规则变化，同时保持其他指数值不变(PNN = 20，CNN = 0，PSD = 0.5)，形成数据集 4(图 2.23(d))。

具体模拟实验过程如下。①为测试指数 PNN 对算法计算效率的影响，调用本书算法处理数据集 1 并计算运行时间，结果如图 2.24(a)所示。②为测试指数 CNN 对算法计算效率的影响，调用本书算法处理数据集 2 并计算运行时间，结果如图 2.24(b)所示。③为测试指数 PSD 对算法计算效率的影响，分别执行不同算法处理数据集 3 并计算运行时间，结果如图 2.24(c)所示。④为测试指数 RPN 对算法计算效率的影响，分别执行不同算法处理数据集 4 并计算运行时间，结果如图 2.24(d)所示。此外，分别统计了算法执行中运行时间随着各影响指数变化十倍时的变化倍数：当指数 PNN 数值变化 10 倍时，其运行时间变化 2.77 倍；当指数 CNN 数值变化 10 倍时，其运行时间变化 1.47 倍；当指数 PSD 数值变化 10 倍时，其运行时间变化 1.19 倍；当指数 RPN 数值变化 10 倍时，其运行时间变化 5.08 倍。

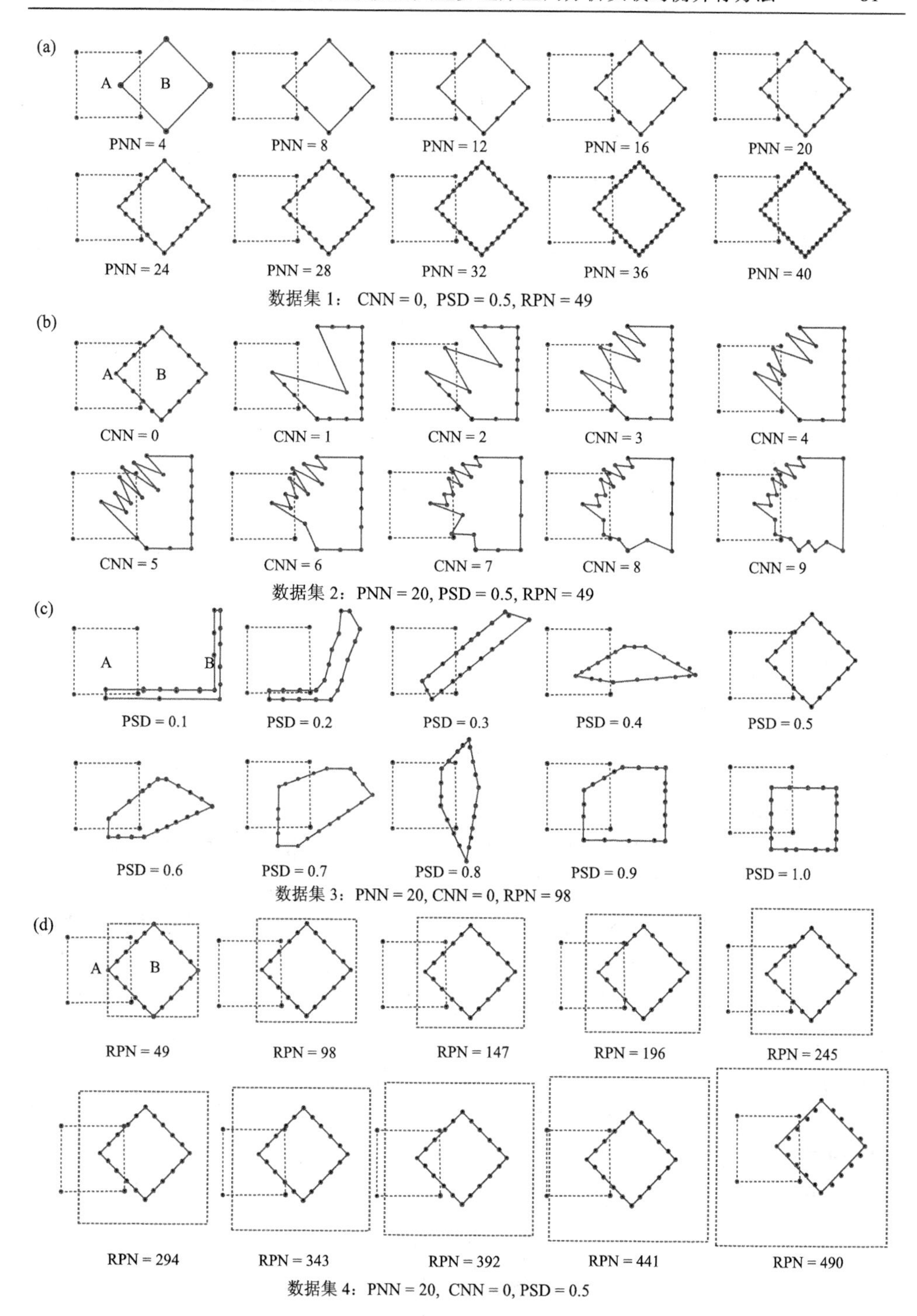

图 2.23　模拟测试多边形数据集

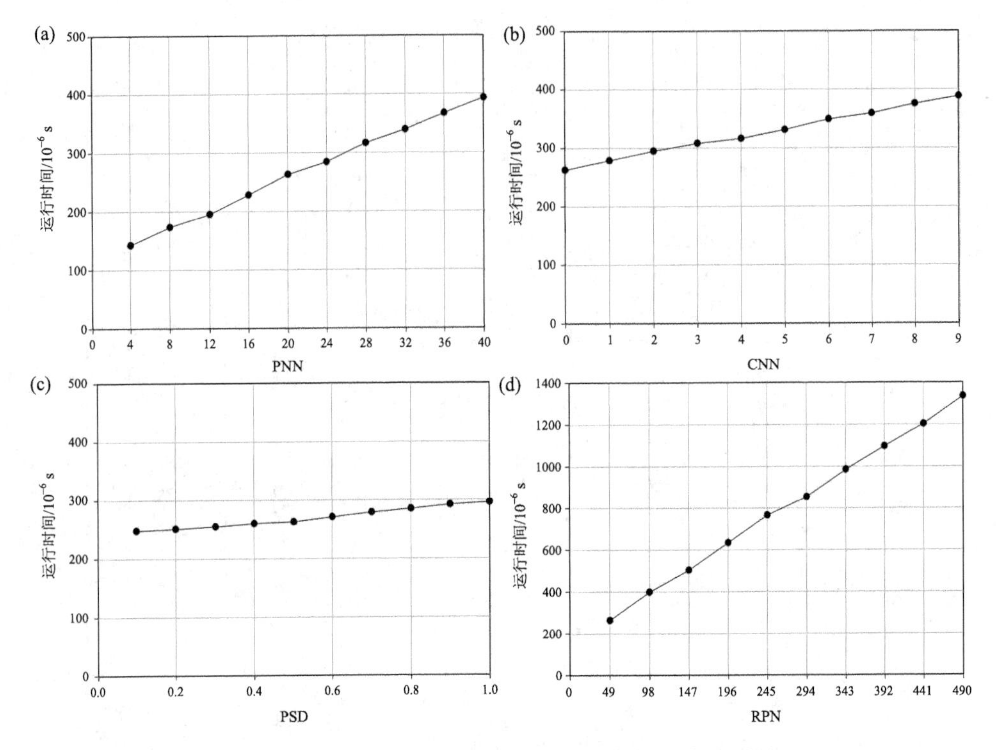

图 2.24　不同指数对本书算法计算效率的影响结果图

多边形栅格化的栅格尺寸为 10 m × 10 m

从模拟实验结果可以看出，不同影响指数对算法运行时间的影响与一般的多边形栅格化过程不同。在一般的多边形栅格化过程中，指数 PNN、CNN、PSD、RPN 对计算效率均有影响，且影响程度顺序为指数 PNN、RPN、CNN、PSD。在本书提出的改进算法中，指数 PNN、CNN、RPN 对算法计算效率有明显影响，指数 PSD 则影响较小；同时，不同指数与运行时间均呈线性变化关系，其影响程度顺序为 RPN、PNN、CNN。此外，RPN、PNN、CNN 影响指数计算时间与算法计算时间占比分别为 0.001%、0.008%和 0.035%；因而，不同影响指数的时间代价均较小。因此，本书将采用指数 RPN、PNN、CNN 构建基于改进边界代数法的多边形栅格化过程中的计算复杂度模型 C。考虑到各影响指数与计算复杂度均呈线性变化关系，各多边形复杂度模型 C 的计算公式可表示如下

$$\begin{cases} C = W_1 \times \mathrm{RPN}^{\mathrm{norm}} + W_2 \times \mathrm{PNN}^{\mathrm{norm}} + W_3 \times \mathrm{CNN}^{\mathrm{norm}} \\ W_1 + W_2 + W_3 = 1 \\ W_1 > W_2 > W_3 \end{cases} \tag{2-14}$$

式中，$\mathrm{RPN}^{\mathrm{norm}}$、$\mathrm{PNN}^{\mathrm{norm}}$、$\mathrm{CNN}^{\mathrm{norm}}$ 分别为指数 RPN、PNN、CNN 归一化后的数

值；W_1、W_2、W_3 分别为上述影响指数的权重系数。第 i 个多边形的 $\mathrm{RPN}_i^{\mathrm{norm}}$ 计算公式如下

$$\mathrm{RPN}_i^{\mathrm{norm}} = \frac{\mathrm{RPN}_i - \min\limits_{i=1\sim t}\{\mathrm{RPN}_i\}}{\max\limits_{i=1\sim t}\{\mathrm{RPN}_i\} - \min\limits_{i=1\sim t}\{\mathrm{RPN}_i\}} \tag{2-15}$$

式中，RPN_i 为第 i 个多边形的 RPN 指数数值，$\min\limits_{i=1\sim t}\{\mathrm{RPN}_i\}$ 为所有多边形中 RPN 指数数值最小值，$\max\limits_{i=1\sim t}\{\mathrm{RPN}_i\}$ 为所有多边形中 RPN 指数数值最大值；$\mathrm{PNN}_i^{\mathrm{norm}}$ 计算公式如下

$$\mathrm{PNN}_i^{\mathrm{norm}} = \frac{\mathrm{PNN}_i - \min\limits_{i=1\sim t}\{\mathrm{PNN}_i\}}{\max\limits_{i=1\sim t}\{\mathrm{PNN}_i\} - \min\limits_{i=1\sim t}\{\mathrm{PNN}_i\}} \tag{2-16}$$

式中，PNN_i 为第 i 个多边形的 PNN 指数数值，$\min\limits_{i=1\sim t}\{\mathrm{PNN}_i\}$ 为所有多边形中 PNN 指数数值最小值，$\max\limits_{i=1\sim t}\{\mathrm{PNN}_i\}$ 为所有多边形中 PNN 指数数值最大值；$\mathrm{CNN}_i^{\mathrm{norm}}$ 计算公式如下

$$\mathrm{CNN}_i^{\mathrm{norm}} = \frac{\mathrm{CNN}_i - \min\limits_{i=1\sim t}\{\mathrm{CNN}_i\}}{\max\limits_{i=1\sim t}\{\mathrm{CNN}_i\} - \min\limits_{i=1\sim t}\{\mathrm{CNN}_i\}} \tag{2-17}$$

式中，CNN_i 为第 i 个多边形的 CNN 指数数值，$\min\limits_{i=1\sim t}\{\mathrm{CNN}_i\}$ 为所有多边形中 CNN 指数数值最小值，$\max\limits_{i=1\sim t}\{\mathrm{CNN}_i\}$ 为所有多边形中 CNN 指数数值最大值。考虑到复杂度计算模型中，不同的权重取值方式将产生不同的复杂度计算模型，从而对算法计算效率产生影响。在本书实验部分，将通过选取不同算法中最优的权重系数取值，从而获得最高的计算效率。

当计算复杂度模型构建完成后，即可对并行过程进行多边形的数据划分。若待处理矢量多边形图层数为 N_{layer}、并行节点数为 p、数据分块间复杂度相差阈值为 s_{pr}，则基于改进边界代数法的多边形栅格化并行过程中的数据划分步骤如下(图 2.25)。①获取 N_{layer} 个图层中所有多边形个数 t，并计算所有图层的 MBR。计算各多边形的指数 RPN、PNN 和 CNN 数值，并计算其对应的归一化数值。②根据公式(2-14)计算各多边形的计算复杂度 C_i，并以此计算总复杂度 $C_{\mathrm{total}}=\sum\limits_{i=1}^{n} C_i$。则各并行节点应分配的理论计算复杂度为 $C_{\mathrm{tc}} = C_{\mathrm{total}} / p$。③根据计算节点数将图层 MBR 划分成面积相等、具有相同栅格行数的 p 个数据分块。通过空间查询获取各栅格数据分块包含的实际计算复杂度 C_{pc}。④对各栅格分块，若 $\left|C_{\mathrm{pc}} - C_{\mathrm{tc}}\right| \leqslant s_{\mathrm{pr}}$，则该分块对应的划分线满足要求；若 $\left|C_{\mathrm{pc}} - C_{\mathrm{tc}}\right| > s_{\mathrm{pr}}$，则通过移动

该栅格分块对应的划分线使得该栅格分块实际计算复杂度满足要求。⑤重复步骤④直至所有栅格分块满足要求，则完成了对该过程的多边形数据划分(图 2.25(a))。当数据划分完成后，各栅格分块包含的面积可能不相等，但对应的实际计算复杂度大致相当，从而能保证并行计算过程中的负载均衡。该数据划分过程可能引起某些多边形被不同节点划分线分割，从而引起跨边界多边形(如图 2.25(a)中的虚线边界多边形所示)。对该类型多边形的处理策略为各计算节点单独处理该多边形位于本节点内部的多边形部分，对于位于本节点外的多边形部分不予处理；这样，即避免了对跨边界多边形的重复处理(图 2.25(b))。

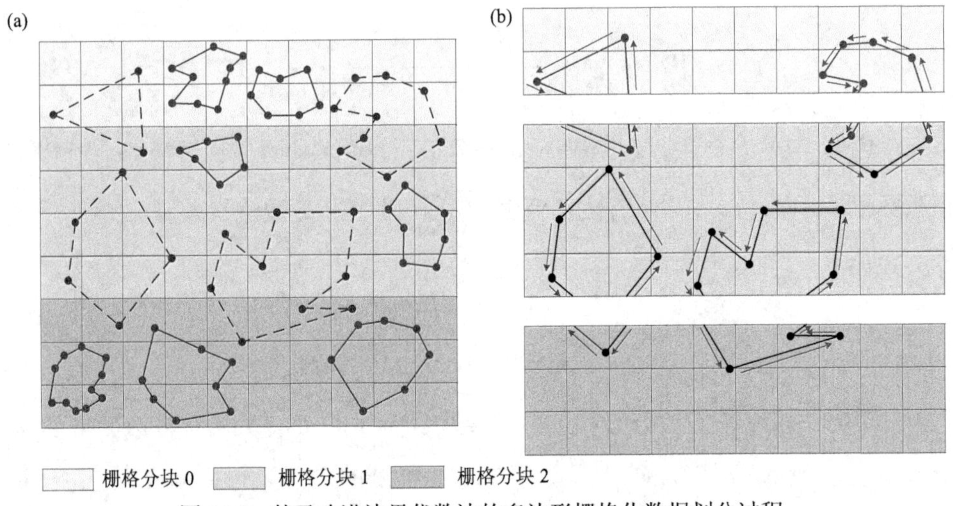

图 2.25　基于改进边界代数法的多边形栅格化数据划分过程

2.2.3.2　多边形相交结果计算复杂度模型构建

在多边形相交结果计算并行化过程中，多边形组为该过程中的计算粒度，因而需要以独立多边形组为单位进行数据划分。然而，不同的多边形组具有不同的计算复杂度；因此，需要构建多边形组的计算复杂度模型，以指导对多边形组的均衡划分。

对单个多边形组的相交计算而言，根据其计算原理可知，其影响指数主要包含多边形节点数(PNN)和多边形组包含的多边形个数(polygon number in a group，简称 PNG)。为了定量化地表达上述影响指数对单个多边形组计算复杂度的影响，本书通过构建模拟数据集以测试不同影响指数对运行时间的影响。模拟多边形数据集构建过程如下(图 2.26)。①构建基本测试多边形，其形状为正方形，包含 4 个节点、面积为 239 874.39 m^2。②为测试不同多边形节点数对计算效率的影响，

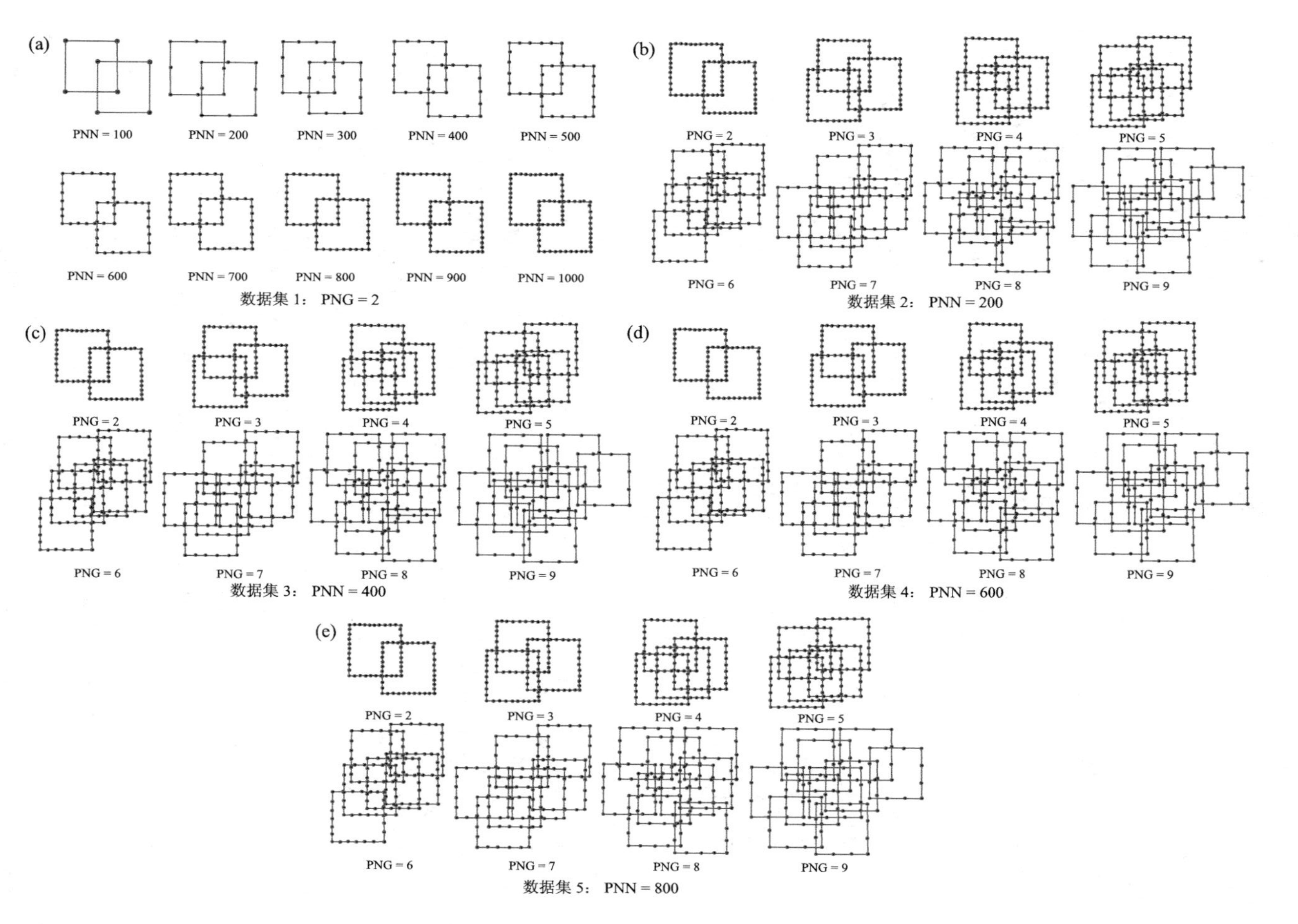

图 2.26　模拟测试多边形数据集

以基本测试多边形为基础，构建包含 2 个基本多边形的相交多边形组。分别改变相交多边形组中各多边形节点数目，使其从 100 至 1000 均匀变化；对应地，多边形组包含的节点总数 PNN 数值从 200 至 2000 变化，同时保持其他指数数值不变(PNG = 2)，形成数据集 1(图 2.26(a))。③为测试多边形组包含的多边形数量对计算效率的影响，以基本测试多边形为基础，分别构建包含 2 个至 9 个相交多边形的 8 个多边形组。保持 8 个多边形组的指数 PNN 数值为 200(PNN = 200)，形成数据集 2(图 2.26(b))；保持多边形组的指数 PNN 数值为 400(PNN = 400)，形成数据集 3(图 2.26(c))；保持多边形组的指数 PNN 数值为 600(PNN = 600)，形成数据集 4(图 2.26(d))；保持多边形组的指数 PNN 数值为 800(PNN = 800)，形成数据集 5(图 2.26(e))。

具体模拟实验过程如下。①为测试指数 PNN 对算法计算效率的影响，调用本书算法处理数据集 1，并计算运行时间，结果如图 2.27(a)所示。②为测试指数 PNG 对算法计算效率的影响，调用本书算法依次处理数据集 2 至数据集 5；对于各数据集，首先计算各多边形组的相交计算时间，其次计算时间比率。时间比率的计算公式如下

$$\text{Time ratio} = \frac{T_i}{T_0} \tag{2-18}$$

式中，T_i为第 i 个多边形组的相交计算时间，T_0为 8 个多边形组中包含 2 个多边形的多边形组的相交计算时间。处理各数据集的时间比率如图 2.27(b)所示。实验结果表明，影响指数 PNN 和 PNG 对相交计算效率均有影响，但影响程度不同。①通过空间关系拟合，针对包含 2 个多边形的多边形组，其运行时间与节点数 PNN 之间呈现二次多项式的函数变化关系。②针对包含 2 个以上多边形的多边形组(PNG > 2)，其时间比率与指数 PNG 数值之间呈现出指数函数的变化关系。上述结果表明，当计算包含 PNG 个多边形、PNN 个节点的多边形组时，其计算时间与计算包含 2 个多边形、PNN 个节点的多边形组的计算时间呈指数函数的倍数关系。此外，指数 PNN、PNG 的时间占比分别为 0.00003%和 0.00001%，耗时均较少。因此，针对第 i 个多边形组的相交计算，其复杂度模型 C_i 可表示为

$$C_i = \begin{cases} f = W_1 \times \text{PNN}_i^{\ 2} + W_2 \times \text{PNN}_i + W_3, & \text{PNG}_i = 2 \\ (W_4 \times \mathrm{e}^{W_5 \times \text{PNN}_i} + W_6) \times f, & \text{PNG}_i > 2 \end{cases} \tag{2-19}$$

式中，PNN_i为第 i 个多边形组包含的节点个数；PNG_i为该多边形组包含的多边形个数；W_1、W_2、W_3、W_4、W_5 和 W_6 为常数系数。考虑到多边形组相交计算的复杂度模型为非线性，因而本书采取空间拟合的方式确定其常数系数；同时，常数系数随着计算环境的不同而不同。因此，在后续实验中将根据选取的计算环境拟合复杂度模型中的常数系数。

多边形相交计算并行过程中的多边形数据划分过程如下。①对各多边形组计算其多边形节点数 PNN 值、多边形个数 PNG 值，并根据公式(2-19)计算其复杂度 C_i。根据各多边形组复杂度计算总复杂度 $C_{\text{total}}=\sum_{i=1}^{n}C_i$ 。②将所有多边形组划分为 p 个子集，则各子集的理论计算复杂度为 $C_{\text{tc}}=C_{\text{total}}/p$；各子集间复杂度相差阈值为 s_{ic}。③连续读取多边形组，并累加其实际计算复杂度直至其数值 $\left|C_{\text{pc}}-C_{\text{tc}}\right|\leqslant s_{\text{ic}}$，则这些多边形组被划分成一个子集。④重复步骤③直至多边形组分配完毕。这样，各并行节点之间分配的多边形组个数可能不相等，但其负责的计算复杂度大体相当，以保证并行过程中的负载均衡。

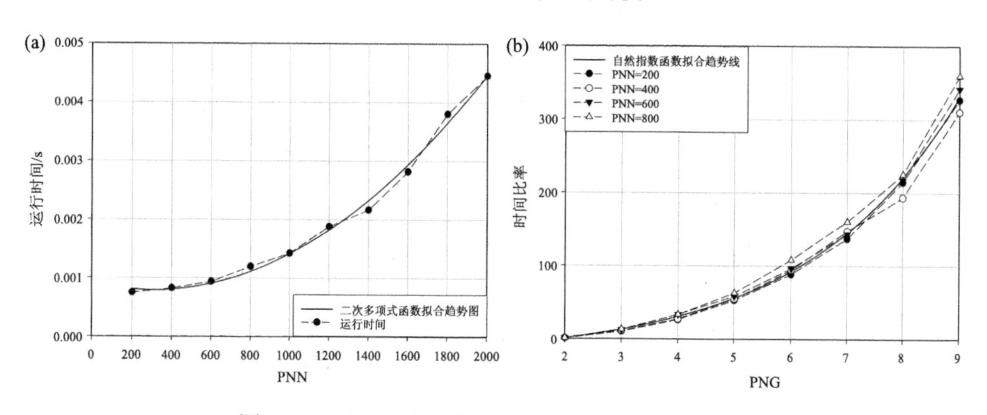

图 2.27　不同影响指数对算法计算效率的影响结果

2.2.4　复杂多边形分解方法

在计算密集型多边形空间分析中，复杂多边形仍将严重影响计算过程中的多边形数据划分，进而导致并行计算过程中的数据倾斜；因此，仍需进行复杂多边形的粒度分解，以缓解数据倾斜对并行效率的制约。考虑到本书提出的改进算法包含两个不同的计算步骤，且不同计算步骤包含的计算粒度不同，因而需要根据不同步骤的算法特征分别进行复杂多边形的粒度分解。

在基于改进边界代数法的多边形栅格化过程中，其基本计算粒度为单个多边形，且不同多边形的计算相互独立。因此，可根据设定的节点数阈值将复杂多边形分解为多个小多边形，具体分解过程如下(图 2.28(a))。①将多边形节点数大于节点数阈值的多边形判定为复杂多边形。②对各复杂多边形，首先将其包含的外环和多个内环分别分解为相互独立的多边形。外环包含的节点以逆时针顺序进行存储，内环包含的节点以顺时针顺序进行存储，这样可保证多边形栅格化的结果正确。③若已分解的多边形包含的节点数仍大于设定的节点数阈值，则在保证结果计算正确的基础上，可将该多边形进一步分解为多个空间上相互邻接的小多边；其中，各个分解后的小多边形包含的节点数均小于节点数阈值。④重复步骤③，直至所有复杂多边形被分解完毕。

在多边形相交结果计算过程中，其基本计算粒度为单个多边形组。多边形组之间相互独立，不包含具有相同 ID 的多边形；单个多边形组内部可能包含 2 个或 2 个以上的多边形，且多边形之间两两相交，上述两个相交的多边形则为多边形对。当多边形组仅包含 2 个多边形时，该多边形组等同于多边形对；当多边形组包含 2 个以上多边形时，该多边形组可分解为多个多边形对(图 2.28(b))。针对不同的操作类型，其可分解的多边形粒度也不相同。具体来说，针对求交操作，其目的在于求取多边形之间的相交部分，因而在该操作类型中多边形组可进一步分解为多个多边形对；针对其他操作类型，多边形组不可分解为多边形对。因而，在并行计算过程中，需要根据不同的操作类型确定不同的多边形分解粒度。

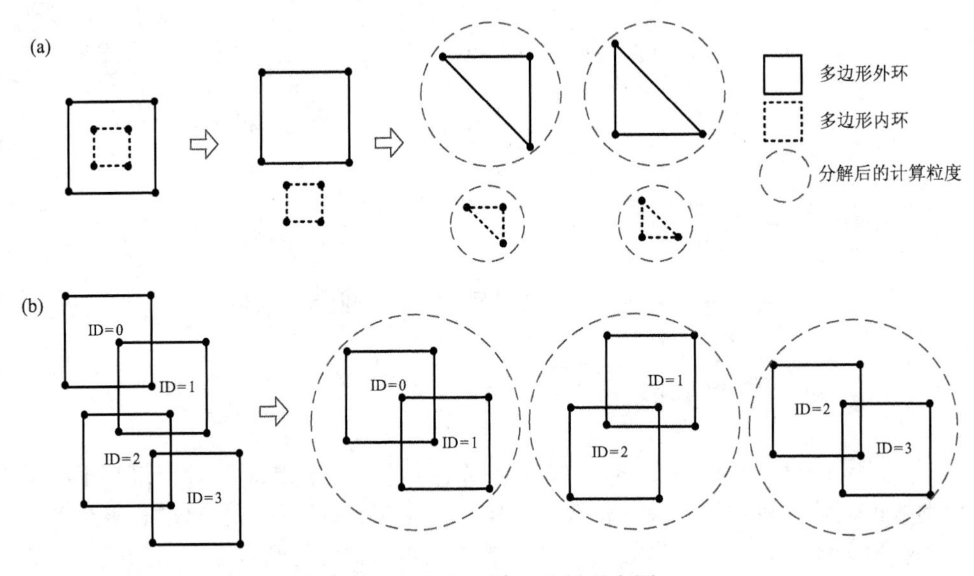

图 2.28　复杂多边形分解示意图

(a)将复杂多边形分解为小多边形；(b)将复杂多边形组分解为多边形对

2.2.5　并行计算实现流程

基于改进边界代数法的多边形空间分析并行算法采用标准 C++编程语言在 Linux 下开发，并行环境选择 MPI，矢量多边形的读写操作通过开源地理数据格式转换类库 GDAL/OGR 实现，多边形组空间几何计算通过开源算法库 GEOS(geometry engine open source，简称 GEOS)实现。并行算法的具体实现流程如图 2.29 所示，其主要实现步骤如下。

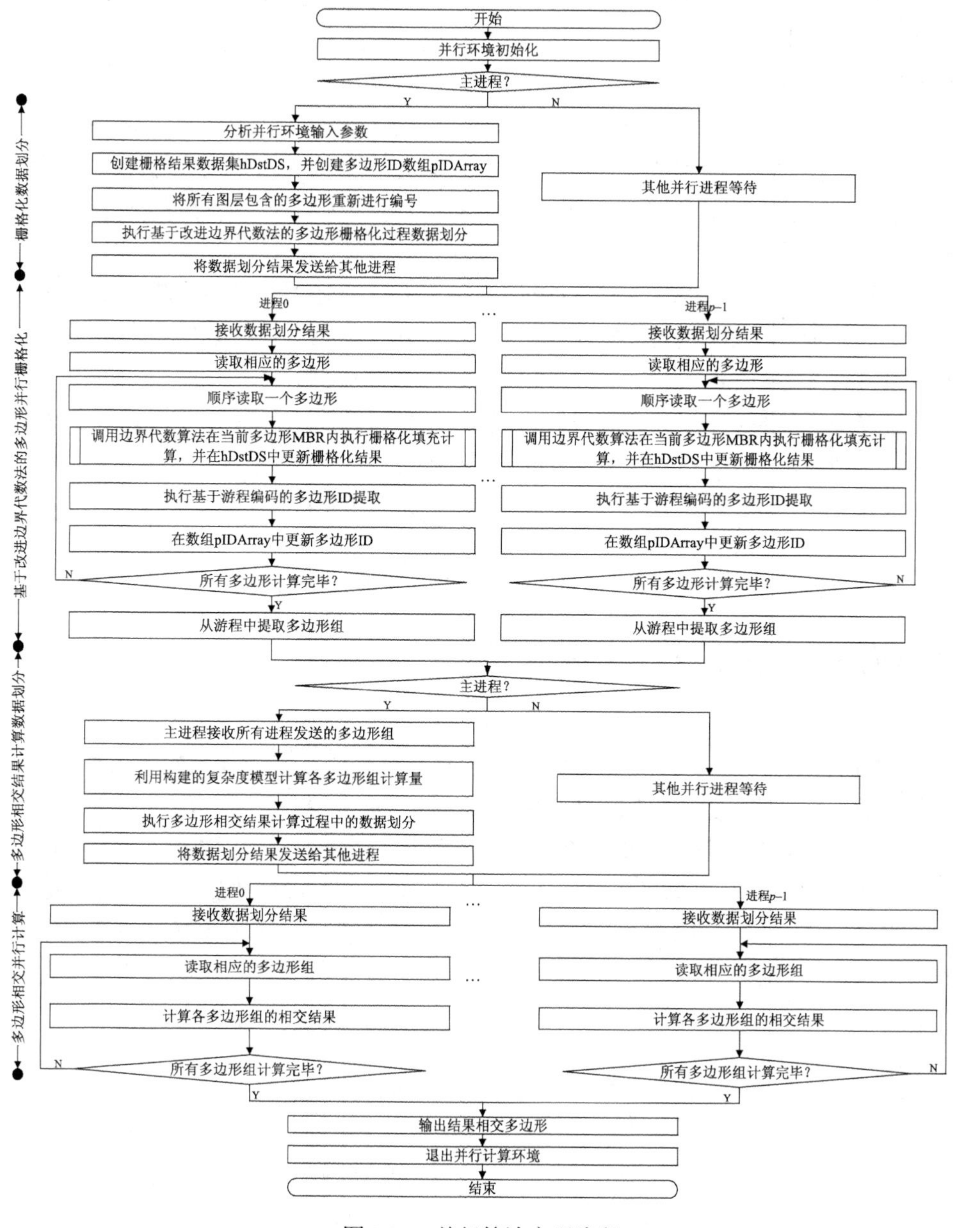

图 2.29　并行算法实现流程

步骤 1：并行主进程（进程编号为 0）分析算法输入参数，主要包括并行进程数，多边形栅格化过程中的栅格尺寸。主进程创建结果栅格数据集 hDstDS；并创建数组 pIDArray 以存放多边形 ID 编号。当处理多个多边形图层时，获取所有图层包含的多边形并从 0 开始重新进行顺序编号。

步骤 2：并行主进程构建基于改进边界代数法的多边形栅格化过程中的复杂度模型并执行数据划分。在这一过程中，其他并行进程等待。当划分完成后，主进程将数据划分的结果发送给其他并行进程。

步骤 3：所有并行进程根据数据划分结果从输入多边形图层中读取相应的多边形。各进程调用边界代数算法执行对所属多边形的栅格化填充计算，并从栅格化结果中提取相交多边形 ID 以形成多边形组。各进程在形成各自的多边形组后删除重复形成的多边形组，并发送给主进程。

步骤 4：主进程接收其他进程发送的多边形组，并构建多边形相交结果计算过程中的复杂度模型，进而执行数据划分。当划分完成后，将数据划分结果发送给其他所有并行进程。

步骤 5：所有进程根据数据划分结果读取相应的多边形组，并计算各多边形组的相交结果。

步骤 6：所有进程输出相交结果多边形并退出并行环境。

2.2.6 实验与分析

2.2.6.1 并行环境与实验数据

本实验采用 2.1.4.1 节的并行计算环境。此外，GEOS 的产品选择 GEOS 3.5.0。

实验数据包含 2 个真实土地利用数据和 1 个模拟数据，其基本参数如表 2.8 所示。数据 1 和数据 2 为土地利用数据。其中，数据 1 为上海市 2009 年土地利用现状数据，其数据量为 1.04 GB、多边形个数为 1 371 765；数据 2 为上海市县级行政区划数据，其数据量为 376 KB、多边形个数为 17。数据 1 和数据 2 图层内均无相交多边形。数据 3 为模拟数据，主要通过移动、旋转数据 1 中一定数量的多边形，从而形成数据 3 中的相交多边形。数据 3 数据量为 1.04 GB，多边形个数为 1 371 765，包含 163 934 个多边形组。

表 2.8　测试数据集基本参数

	土地利用数据		模拟数据
	数据 1	数据 2	数据 3
空间投影	Gauss-Kruger 投影		
数据量	1.04 GB	376 KB	1.04 GB
面积/km^2	6 769.93	5 927.21	6 769.93
多边形个数	1 371 765	17	1 371 765
相交多边形组个数	0	0	163 934

2.2.6.2　模型参数计算及验证

在本书算法针对基于改进边界代数法的多边形栅格化及多边形相交计算过程分别构建的复杂度模型中，不同的模型参数取值将极大地影响算法计算效率，具体的分析如下。

在基于改进边界代数法的多边形栅格化过程中，其模型权重系数包含多种取值方式。实验首先选取不同组合的权重系数，形成不同的复杂度模型；进而利用数据 1 和数据 2 的相交计算测试各复杂度模型在不同进程数时的运行时间，从而选取各算法复杂度模型中最优的权重系数。其中，多边形相交计算过程中复杂度模型选择前文已经确定的权重系数。实验分别统计复杂度模型不同取值在进程数为 12、36、60、84 和 108 时的并行运行时间，如表 2.9 所示。

表 2.9　基于改进边界代数法的多边形栅格化复杂度模型权重系数

进程数	权重系数			运行时间/s
	W_1	W_2	W_3	
12	0.7	0.2	0.1	777.25
	0.6	0.3	0.1	762.35
	0.5	0.4	0.1	747.12
	0.5	0.3	0.2	764.63
36	0.7	0.2	0.1	315.36
	0.6	0.3	0.1	284.90
	0.5	0.4	0.1	299.35
	0.5	0.3	0.2	306.47
60	0.7	0.2	0.1	188.26
	0.6	0.3	0.1	170.18
	0.5	0.4	0.1	177.34
	0.5	0.3	0.2	190.34
84	0.7	0.2	0.1	133.65
	0.6	0.3	0.1	125.05
	0.5	0.4	0.1	135.34
	0.5	0.3	0.2	137.45
108	0.7	0.2	0.1	104.34
	0.6	0.3	0.1	85.97
	0.5	0.4	0.1	99.23
	0.5	0.3	0.2	109.83

从实验结果可以看出，复杂度模型的权重系数有 4 种组合方式，分别为 0.7、0.2 和 0.1，0.6、0.3 和 0.1，0.5、0.4 和 0.1，0.5、0.3 和 0.2。当进程数为 12 时，权重系数分别为 0.5、0.4、0.1 时并行运行时间最少；当进程数为 36、60、84 和 108 时，权重系数为 0.6、0.3、0.1 时并行运行时间最少。本书选择权重系数为 0.6、0.3 和 0.1 形成最终的复杂度计算模型，即 $C = 0.6 \times \mathrm{RPN}^{\mathrm{norm}} + 0.3 \times \mathrm{PNN}^{\mathrm{norm}} + 0.1 \times \mathrm{CNN}^{\mathrm{norm}}$。

在多边形结果相交计算过程中，其复杂度模型参数受计算环境的影响。因此，在本实验并行计算环境中，通过统计各模拟数据的实际运行时间，并采用空间拟合的方法确定模型中各参数取值，如表 2.10 所示。针对多边形组仅包含两个多边形的情形(PNG = 2)，形成的复杂度模型对应的 R^2 值为 0.9947；针对多边形组包含多个多边形的情形(PNG > 2)，形成的复杂度模型对应的 R^2 值为 0.9988。上述结果表明在本实验环境中拟合形成的复杂度模型可很好地反映其实际计算量。

表 2.10　多边形相交计算复杂度模型中的权重系数

情形	模型权重系数			复杂度模型	R^2
PNG = 2	W_1	W_2	W_3	$C = f = 1.3\times10^{-9}\times\mathrm{PNN}^2 - 7.7\times10^{-7}\times\mathrm{PNN} + 9\times10^{-4}$	0.9947
	1.3×10^{-9}	-7.7×10^{-7}	9×10^{-4}		
PNG > 2	W_4	W_5	W_6	$C = (12.62\times e^{0.37\times\mathrm{PNN}} - 25.02)\times f$	0.9988
	12.62	0.37	–25.02		

为了验证上述多边形复杂度模型的正确性和有效性，对多边形栅格化复杂度模型和多边形相交计算复杂度模型分别执行以下过程。在基于改进边界代数法的多边形栅格化过程中，首先，随机选择 100 个样本多边形并统计其实际计算时间；其次，利用多边形栅格化复杂度模型计算上述样本多边形的模拟时间；最后，采用线性空间回归模型拟合实际计算时间和模拟计算时间的空间相关性，并计算实际时间和模拟时间的均方根误差及拟合曲线的 R^2 值。在多边形相交计算过程中，随机选取 100 个样本多边形组并统计其实际计算时间；利用多边形相交计算复杂度模型计算上述样本多边形组的模拟时间；最后，同样拟合实际计算时间和模拟计算时间的空间相关性，并计算对应的均方根误差及 R^2 值。在上述模型验证过程中，均方根误差数值越小、R^2 值越大，则表明利用该模型模拟的计算时间与实际计算时间越接近，即可证明该模型模拟的准确度越高。对不同复杂度模型均采用上述验证过程进行模拟准确度验证，其结果如图 2.30 所示。

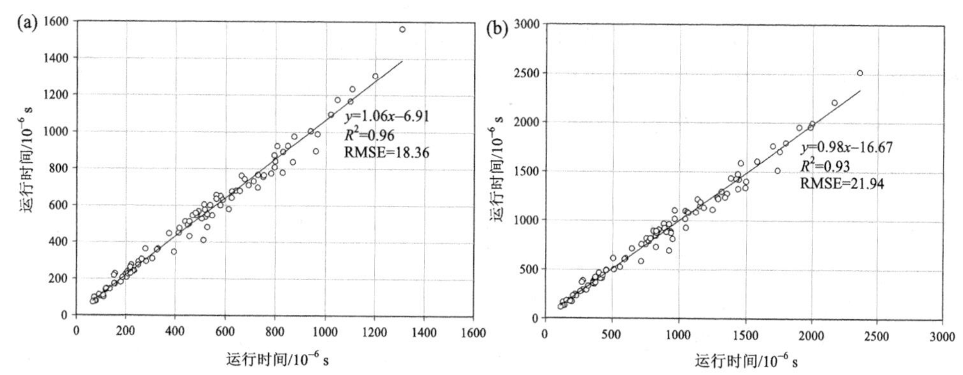

图 2.30　不同过程复杂度模型模拟的计算时间与实际计算时间的拟合曲线

(a) 基于改进边界代数法的多边形栅格化复杂度模型拟合曲线；(b) 多边形相交计算复杂度模型拟合曲线

在实验结果中，多边形栅格化复杂度模型和多边形相交计算复杂度模型求得的模拟均方根误差分别为 18.36 和 21.94，R^2 值分别为 0.96 和 0.93；这表明上述两种复杂度模型均能较好地模拟不同过程的多边形计算时间，因而模拟准确度较高。在后续的实验与结果分析中，即采用上述复杂度模型作为并行计算过程中的数据划分依据。

2.2.6.3　精度验证

在本书提出的多边形空间分析方法中，利用基于改进边界代数法的多边形栅格化进行相交多边形的快速提取。然而，考虑到多边形栅格化是有损转换过程，在计算过程中不可避免地会产生精度损失，从而可能引起相交多边形组的错误判断。因此，验证本书所提方法的精度十分必要。在一般的多边形栅格化过程中，栅格尺寸被公认为是引起精度损失的主要因素；在本书提出的方法中，栅格尺寸同样是影响相交多边形提取的重要因素。具体来说，当两个多边形的相交部分长度或宽度小于一个栅格单元时，该相交多边形无法被本书方法所提取，从而引起精度损失，如图 2.31 所示。

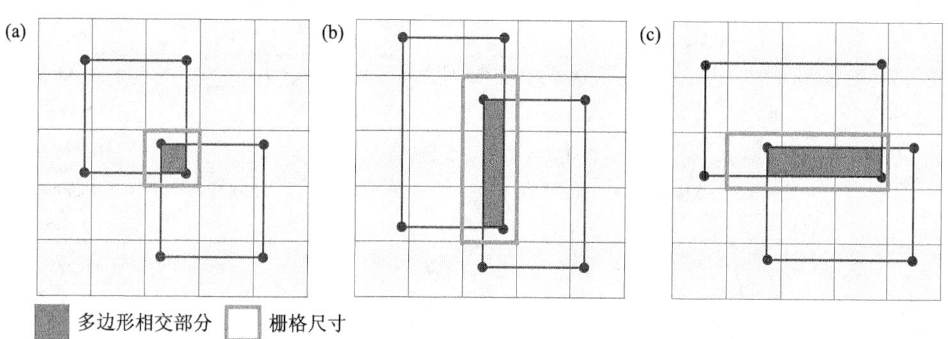

图 2.31　多边形相交部分小于栅格尺寸时的精度损失示例

实验通过对比传统的多边形相交计算算法，以比较本书方法的精度损失。在传统方法中，主要采用基于 R 树的空间索引方法提取相交多边形组。实验选取面积精度指数和数量精度指数，以定量评价多边形组提取的精度。其中，面积精度指数计算公式如下

$$\text{Accuracy}_{\text{area}} = \frac{\text{Area}_{\text{proposed}}}{\text{Area}_{\text{conventional}}} \times 100\% \tag{2-20}$$

式中，$\text{Area}_{\text{conventional}}$ 为传统方法计算得到的相交结果多边形的总面积；$\text{Area}_{\text{proposed}}$ 为本书方法计算得到的相交结果多边形的总面积。数量精度指数计算公式如下

$$\text{Accuracy}_{\text{pGroup}} = \frac{\text{pGroupNum}_{\text{proposed}}}{\text{pGroupNum}_{\text{conventional}}} \times 100\% \tag{2-21}$$

式中，$\text{pGroupNum}_{\text{conventional}}$ 为传统方法计算得到的多边形组个数；$\text{pGroupNum}_{\text{proposed}}$ 为本书方法计算得到的多边形组个数。实验选择数据 2 和数据 3 为测试数据，计算两个数据图层的相交多边形，并分别统计传统方法和本书方法在栅格尺寸自 1 m 至 30 m 变化过程中的面积精度和数量精度，其结果如表 2.11 所示。数据 2 和数据 3 中共包含 1 207 826 个相交多边形组，其中，仅包含两个多边形的多边形组为 1 043 892 个、包含两个以上多边形的多边形组为 163 934 个。当栅格尺寸从 1 m 变化至 30 m 时，面积精度从 100.00%下降至 82.90%；此外，数量精度从 100.00%下降至 82.26%。上述实验结果表明，栅格尺寸对本书算法精度的影响较大。同时，当栅格尺寸小于或等于 10 m 时，本书并行算法计算取得的两种精度指数均为 100%，这表明算法计算得到的多边形结果无精度损失。此外，选取的栅格尺寸越小，多边形栅格化过程越复杂、计算效率越低。因此，综合考虑计算精度与计算性能，在后续的实验中，选择 10 m 作为算法中基于改进边界代数法的多边形栅格化中的合理栅格尺寸。

表 2.11 并行算法精度验证

栅格尺寸/m	面积精度			数量精度		
	$\text{Area}_{\text{proposed}}$	$\text{Area}_{\text{conventional}}$	$\text{Accuracy}_{\text{area}}$	$\text{pGroupNum}_{\text{proposed}}$	$\text{pGroupNum}_{\text{conventional}}$	$\text{Accuracy}_{\text{pGroup}}$
1	5 846.38	5 846.38	100.00%	1 207 826	1 207 826	100.00%
5	5 846.38		100.00%	1 207 826		100.00%
10	5 846.38		100.00%	1 207 826		100.00%
15	5 662.78		96.86%	1 170 382		96.90%
20	5 491.52		93.93%	1 120 731		92.79%
25	5 144.49		87.99%	1 046 357		86.63%
30	4 846.54		82.90%	993 523		82.26%

2.2.6.4　运行时间和加速比

实验通过计算算法并行过程中的运行时间和加速比，以评价本书所提方法的并行效率。其中，加速比可通过公式(2-7)计算所得。为了比较本书所提基于多边形复杂度的数据划分方法的优劣性，实验分别实现两种传统的数据划分方法：基于多边形数量的数据划分方法和基于规则格网的数据划分方法，并将本书数据划分方法与传统数据划分方法的并行效率进行对比。实验选取数据 2 和数据 3 作为测试数据计算其相交结果多边形，通过从 1 至 120 改变进程，分别测试应用不同数据划分方法的运行时间和加速比；实验结果如图 2.32 所示。

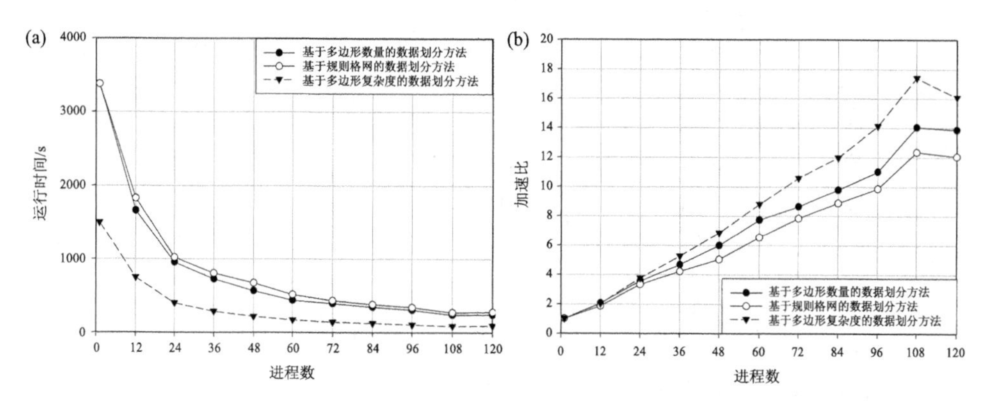

图 2.32　本书数据划分方法与传统数据划分方法的并行效率对比

(a)三种并行策略的运行时间；(b)三种并行策略的并行加速比

结果表明，尽管应用不同数据划分方法均能有效降低运行时间、实现并行加速，但加速效果不同。对于应用基于多边形数量的数据划分方法、基于规则格网的数据划分方法和基于多边形复杂度的数据划分方法的不同并行算法，其串行时间分别为 3381.37 s、3381.37 s 及 1497.24 s；最优运行时间分别为 240.84 s、273.76 s 及 85.97 s；对应的加速比峰值分别为 14.04、12.35 及 17.42。在传统的两种数据划分方法中，基于多边形数量的数据划分方法较基于规则格网的数据划分方法常能取得较高的并行效率。原因在于基于规则格网的数据划分方法常引起格网边界多边形的拓扑割裂，进而增加了并行计算过程中的计算复杂度及额外的进程间的通信，从而导致计算效率的降低。对比起来，本书设计的基于多边形复杂度的数据划分方法能有效地反映并行计算中的实际计算量，可更有效地实现负载均衡，从而提高并行计算效率。

本书并行算法的总体运行时间可继续划分为不同的组成部分，包括 I/O 读写时间、基于改进边界代数法的多边形栅格化数据划分时间、基于改进边界代数法的多边形栅格化并行计算时间、多边形相交计算数据划分时间、多边形并行相交计算时间，如表 2.12 所示。从表中可以看出，随着进程数的增长，并行算法中的 I/O 读写时间逐渐降低；同时，由于数据划分过程只能由并行主进程串行执行，因此其运行时间基本保持不变。此外，基于改进边界代数法的多边形栅格化并行计算时间和多边形并行相交计算时间则急剧降低，分别从 547.36 s 和 921.43 s 降低至 19.43 s 和 19.82 s。上述结果进一步表明了本书设计的并行策略可取得更好的并行加速效果。

表 2.12 并行算法不同组成部分的运行时间 （单位：s）

进程数	I/O 读写	基于改进边界代数法的多边形栅格化数据划分	基于改进边界代数法的并行多边形栅格化	多边形相交计算数据划分	多边形并行相交计算	总时间
1	28.45	0.00	547.36	0.00	921.43	1497.24
12	26.28	16.38	308.37	19.47	376.62	747.12
24	20.73	16.38	164.28	19.47	177.40	398.26
36	22.37	16.38	102.47	19.47	124.21	284.90
48	18.04	16.38	84.27	19.47	80.72	218.88
60	17.47	16.38	69.24	19.47	47.62	170.18
72	16.16	16.38	51.85	19.47	37.54	141.40
84	14.28	16.38	40.35	19.47	34.57	125.05
96	12.26	16.38	31.84	19.47	26.08	106.03
108	10.87	16.38	19.43	19.47	19.82	85.97
120	6.87	16.38	24.74	19.47	25.67	93.13

2.2.6.5 负载均衡性能指数分析

实验进一步计算应用不同数据划分方法的并行算法计算过程中的负载均衡性能指数。并行算法的负载均衡指数可根据公式(2-8)计算所得。考虑到在本书所提并行算法中，基于改进边界代数法的多边形栅格化及多边形相交计算并行过程中采用不同复杂度模型进行数据划分；因此，上述两个并行过程的负载均衡指数将被单独计算。实验结果如图 2.33 所示。对于基于多边形数量和基于规则格网这两种传统的数据划分方法，其负载均衡指数均随着并行进程数的增加急剧降低，分别从 8.25 和 5.83 降低至 2.46 和 1.45。这表明，在应用传统数据划分方法的并行算法中任务负载极不均衡；同时，随着进程数的增加，并行过程中的负载不均衡能得到一定程度的抵销。对于本书提出的基于改进边界代数法的多边形栅格化数据划分方法和多边形相交计算数据划分方法，其负载均衡指数分别从 1.25 和 0.98 降低至 0.42 和 0.37。这表明在本书并行算法中，不同过程的并行计算可实现负载均衡；同时，针对不同的并行进程数均能取得稳定的数据划分效果。这进一步验证了本书所提数据划分方法的有效性。

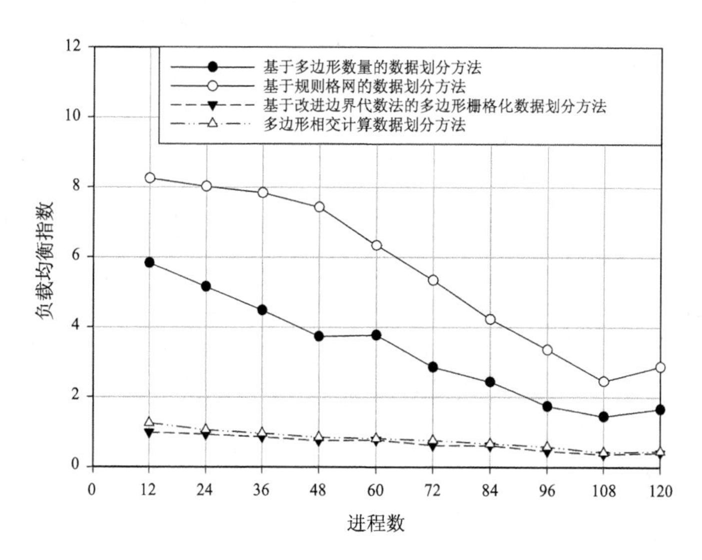

图 2.33　本书数据划分方法与传统数据划分方法的负载均衡指数对比

2.2.6.6　不同类型数据集适应性分析

本书提出一种基于改进边界代数法的多边形栅格化方法以实现对相交多边形的快速提取。良好的方法应能够适应不同的数据集类型。在多边形相交计算中，主要有两种不同类型的数据集：一种是包含不同数据图层的数据集，另一种是包含不同多边形组的数据集。为了测试本书方法对不同数据图层数据集的适应性，采用两个测试案例进行验证。其中，测试案例 1 采用数据 3 进行测试，以验证算法对单图层数据集的适应性；测试案例 2 采用数据 1 和数据 2 进行测试，以验证算法对多图层数据集的适应性。在上述两个测试案例中，均只存在包含两个多边形的多边形组。为了测试本书方法对不同多边形组数据集的适应性，采用测试案例 3 进行验证。该案例中采用数据 2 和数据 3 进行测试，存在仅包含两个多边形的多边形组和包含多个多边形的多边形组。

实验将本书方法和传统基于 R 树的方法应用于上述测试案例中，首先测试是否能够完成计算；对于能够完成计算的案例继续统计其运行时间，计算结果如表 2.13 所示。

表 2.13　本书算法对不同类型数据集适用性实验结果

情形		不同数据图层			不同多边形组	
		测试案例 1	测试案例 2		测试案例 3	
		数据 3	数据 1	数据 2	数据 2	数据 3
测试数据集	仅包含两个多边形的多边形组个数	163 934	1 371 765		1 043 892	
	包含多个多边形的多边形组个数	0	0		163 934	
运行时间/s	传统方法	542.56	1 952.09		3 381.37	
	本书方法	296.86	1 033.25		1 497.24	

从实验结果可以看出，本书所提方法与传统方法均能够完成对不同测试案例的计算，这表明了本书方法具有与传统方法相当的对不同该类型数据集的良好适应性；同时，在对不同测试案例的计算中，本书方法均可取得更少的运行时间，这进一步验证了本书所提方法较传统空间索引方法可更快速地提取相交多边形、提高算法计算效率。

2.2.6.7　不同算法适应性分析

在以上实验中，主要验证了本书所提并行方法对多边形相交计算算法的适应性。然而，计算密集型多边形空间分析包含其他多种算法类型。为了验证本书并行方法对其他算法类型的适用性，实验选取计算密集型多边形空间分析中较为典型的多边形联合算法及多边形缓冲区生成算法；利用本书并行方法实现上述两种算法的并行化，并分别测试其运行时间和加速比。针对多边形联合算法，可直接利用本书所提并行方法分别实现相交多边形提取、多边形相交计算过程的并行化。多边形缓冲区生成算法主要包含两个计算步骤：原多边形的缓冲区多边形计算；对缓冲区多边形中的相交部分进行合并计算。具体来说，针对第一个计算步骤，可按照多边形节点数为标准进行数据划分，即保证各并行进程包含的多边形节点总数大致相当，从而实现该步骤的并行化；针对第二个计算步骤，可直接利用本书所提并行方法实现并行化。同时，为了比较本书数据划分方法与传统数据划分方法的并行效率，对各并行算法应用传统数据划分方法及本书方法处理数据 3，并计算各自对应的运行时间和加速比，计算结果如图 2.34 所示。

从实验结果可以看出，针对多边形联合并行算法，应用传统的基于多边形数量的数据划分方法、基于规则格网的数据划分方法及本书所提基于多边形复杂度的数据划分方法时的串行时间分别为 542.56 s、542.56 s 及 296.86 s；最少运行时间分别为 34.23 s、37.70 s 及 17.10 s；最高加速比分别为 15.85、14.39 及 17.36。针对多边形缓冲区生成并行算法，应用传统的基于多边形数量的数据划分方法、基于规则格网的数据划分方法及本书所提基于多边形复杂度的数据划分方法时的

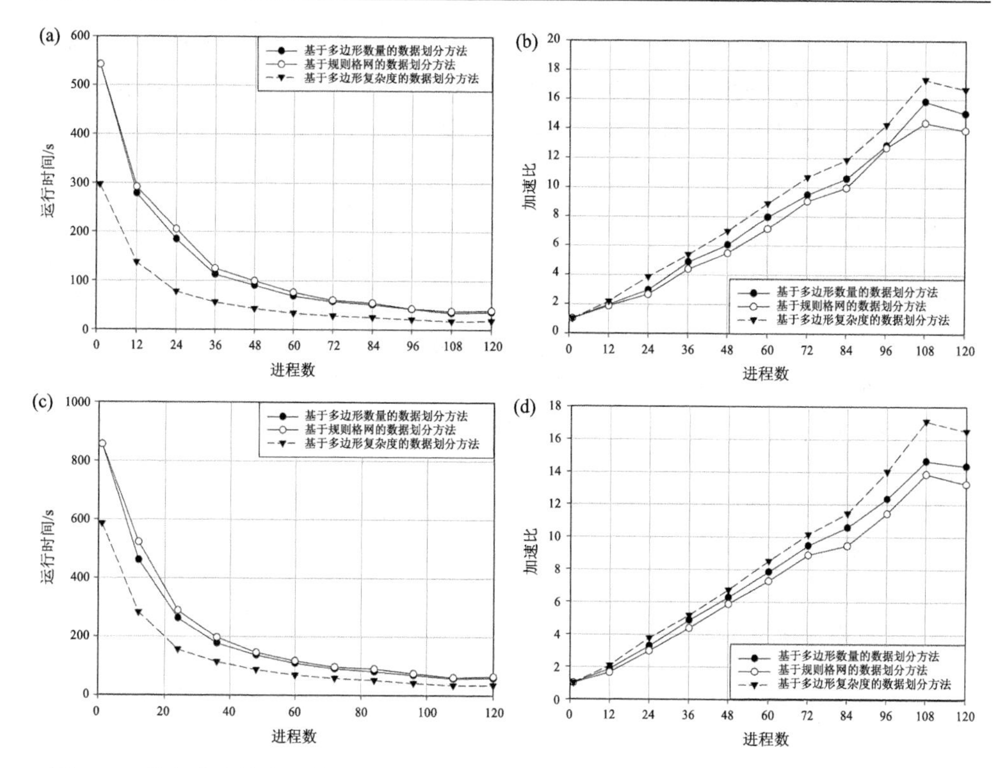

图 2.34　并行联合算法及并行缓冲区生成算法应用不同数据划分方法的运行时间和加速比

(a)(b)并行联合算法的运行时间和加速比；(c)(d)并行缓冲区生成算法的运行时间和加速比

串行时间分别为 856.28 s、856.28 s 及 584.93 s；最少运行时间分别为 58.37 s、61.74 s 及 34.17 s；最高加速比分别为 14.67、13.87 及 16.51。上述结果表明，应用本书并行方法对于不同类型的计算密集型多边形空间分析算法较传统数据划分方法可取得更好的并行加速效果。

2.3　本 章 小 结

本章围绕地理矢量数据空间分析中的代表性应用——多边形数据空间分析，针对传统数据划分方法划分结果粗略、不能反映实际计算量，且极易引起数据倾斜的问题，设计了基于多边形计算复杂度的数据划分方法。通过分析不同算法的原理与特点，筛选可能影响算法计算效率的影响指数；构建模拟多边形数据集确定对算法效率实际有影响的指数及对应的影响顺序，并以此构建多边形复杂度模型。利用上述构建的多边形复杂度模型可有效反映多边形的有效计算量，从而实现对多边形数据集的合理、均衡划分。同时，考虑到多边形形态各异、复杂多样的数据特征，根据具体算法特点设计了复杂多边形的分解方法，进一步缓解算法并行过程中的数据倾斜。本章在多节点并行集群上进行了并行算法的实验，并对算法并行效率及负载均衡性能进行了深入的分析。实验结果表明，针对不同算法类型设计并实现的基于多边形复杂度的并行方法较传统数据划分方法可大大缩短算法的运行时间，并取得良好的加速比和稳定的负载均衡性能。采用上述方法实现的多边形栅格化并行算法在计算 5.5 GB 的多边形数据集时，可将运行时间从 1668.45 s 减少至 86.95 s，取得的最高加速比为 19.19，负载均衡指数始终低于 1.4；实现的多边形相交计算并行算法在求解 1 207 826 个相交多边形组时，可将运行时间从 1497.24 s 减少至 85.97 s，对应的加速比峰值为 17.42，最优负载均衡指数为 0.37。此外，本章实验还探讨了所提并行方法针对不同数据类型、不同算法类型的适应性；结果表明，本章提出的并行方法具有良好、稳定的适应性。

第3章　顾及有效计算量的多粒度栅格空间分析负载均衡并行方法

在栅格数据空间分析算法的并行化过程中，通用的并行方法对栅格数据的划分较为粗略，未能充分考虑栅格有效计算量对负载均衡的影响，且容易引起并行任务调度过程中计算节点出现空闲的情形。为了解决以上问题，本章在研究局部型和全局型栅格数据空间分析的算法特征和并行粒度的基础上，分别设计顾及有效计算量的栅格数据划分方法及多粒度任务并行调度策略，以保证并行计算过程中栅格有效计算量的动态负载均衡。

3.1　局部型栅格数据空间分析负载均衡并行方法

3.1.1　算法特征分析

局部型栅格数据空间分析通常是在栅格图层中对单个或多个栅格单元开辟矩形分析窗口，并在该窗口内进行诸如极值、均值等一系列统计计算，具有典型的数据密集性的算法特征。局部型栅格空间分析通常包括求取均值、极值、中间值、众数、整体插值、空间统计等，从而实现图像增强、特征信息提取等应用。局部型栅格空间分析具体实现原理不同，但具有相同的算法特征，即其基本计算单元为单个栅格单元或规则分析窗口包含的栅格单元，并循环对不同基本单元调用相同规则进行计算。因此，该类型算法具有良好的并行性，主要表现在：算法原理简单、重复性高，适合使用并行计算技术进行处理；此外，计算过程限于规则、有限的分析窗口，因而可将栅格图层划分成计算独立、不需通信的栅格分块，有利于并行计算。

针对该类型算法，传统的并行方法主要包括数据划分方法和并行调度方法。传统的数据划分方法包括规则格网划分及四叉树划分等；这些方法主要基于空间范围，以保证面积相等为准则，实现对栅格数据的规则划分；传统的调度方法包括静态调度和动态调度方法。尽管已有较多研究应用上述并行方法实现了对局部型栅格空间分析算法的并行加速，但仍存在一定的效率提升空间，主要表现在以下方面。①常用的数据划分方法对栅格图层的划分均较为粗略，未考虑划分后不同栅格分块间的实际计算量差异，从而容易引起并行过程中的数据倾斜。②在应用现有并行调度方法进行任务动态分配时，未能顾及调度过程中多数计算节点出现闲置状态的情形，从而严重制约了算法的并行效率。

针对以上问题，本书提出一种新的局部型栅格数据空间分析并行方法，主要包括不规则数据方法和多粒度动态调度方法。其中，不规则数据划分方法根据算法计算原理以非空值栅格单元代替面积为指标代表有效计算量；此外，突破了数据划分时栅格分块接缝线为直线的限制，通过将接缝线设置为不规则曲线段，以更有效地实现不同栅格分块间有效计算量的平衡。多粒度动态调度方法通过在初始划分过程及后续循环过程设置不同的数据粒度，以实现对并行计算资源的充分利用。

3.1.2 不规则数据划分方法

传统的规则数据划分方法以面积相同为标准划分不同的栅格分块，从而忽略了各栅格分块的有效计算量，这使得划分后的结果并不能代表实际的计算量，从而不能实现并行计算过程中的负载均衡。本书提出一种不规则数据划分方法，通过考虑计算过程中的有效计算量，并通过动态调整划分接缝线位置，以保证划分后的各栅格分块包含的有效计算量大致相当，从而实现负载均衡。

在本书提出的不规则数据划分方法中，首先需要确定不同算法类型包含的数据粒度。根据不同算法原理，可将局部型栅格数据空间分析中的数据粒度分为单个栅格单元及分析窗口中包含的多个栅格单元。通常，计算过程中的分析窗口大小可认为是包含 $nr \times nc$ 个栅格单元的矩形窗口；因此，当数据粒度为单个栅格单元时，可认为其分析窗口大小为 1×1。在本书方法中，包含 $nr \times nc$ 个栅格单元的分析窗口即为并行计算中的数据粒度。进而，局部型栅格数据空间分析过程可概括为：从栅格数据图层左上角开始，按照先栅格行、后栅格列的顺序逐数据粒度移动；在各数据粒度内按照计算规则对 $nr \times nc$ 个栅格单元进行处理，从而完成计算。针对不同的算法类型，数据粒度的移动步长 step 也不相同。当移动步长满足 $step < nr$ 或 $step < nc$ 时，两个相邻数据粒度包含重叠的栅格单元；当移动步长满足 $step \geqslant nr$ 且 $step \geqslant nc$ 时，两个相邻数据粒度包含的栅格单元均互不相同。

在确定了数据粒度、移动步长后，即可实现对源栅格数据图层进行数据划分。针对栅格数据的划分，其本质是确定各栅格分块的接缝线位置；不同的接缝线位置决定了栅格分块包含计算量的大小。因此，本书所提的数据划分方法主要围绕确定栅格分块接缝线展开，包含三个步骤：确定接缝线初始位置、粗略调整接缝线位置及精确调整接缝线位置。考虑到数据划分后栅格分块接缝线边界往往引起不同分析窗口的割裂，从而所有接缝线的长度应尽可能短，以减少被割裂栅格单元的数目。因此，对于包含 w 个栅格行、u 个栅格列的栅格图层，在划分过程中，若栅格图层中栅格行数大于栅格列数($w > u$)，则按照栅格行的方向进行划分；若栅格图层中栅格列数大于栅格行数($u > w$)，则按照栅格列的方向进行划分。本书以按照栅格行方向进行划分的方式($w > u$)为例，说明不规则划分方法的主要过程。数据划分过程中，栅格分块数设置为 n、接缝线可用 sl 表示，则 sl_i($i > 0$ 且 $i < n$)即表示第 i 个栅格分块所属的接缝线；两个栅格分块之间的计算量差异阈值比例设置为 s，且以非空值的栅格单元个数作为度量栅格有效计算量的标准。

在数据划分前，首先统计各栅格行包含的非空值栅格单元个数 N_i，进而计算整个栅格图层中的有效计算量为 $N_\mathrm{t} = \sum_{i=1}^{n} N_i$；各栅格分块包含的理论计算量为 $C_\mathrm{t} = N_\mathrm{t}/n$。初始接缝线位置的确定与传统数据划分方法相同，即按照面积相同的原则确定各栅格分块接缝线的位置。在上述规则下，任一栅格分块包含的栅格行数为 v($v = w/n$)、栅格列数为 u；这样，使得任一栅格分块包含的面积为整个栅格图层的 $1/n$，即确定了接缝线的初始位置(图 3.1(a))。考虑到计算过程中均以数据粒度为基本计算单元，为了尽可能减少各数据粒度包含的栅格单元被接缝线割裂，对任一栅格分块，若 v % step = 0，则保持接缝线位置不变；否则，调整接缝线的位置，使其向着栅格行数减少的方向移动 v % step 行，从而使得栅格行数为 step 的整数倍。通过空间范围查询统计该栅格分块内部各栅格行的有效计算量累加值，即为该栅格分块的实际计算量 C_p。通常，栅格分块的实际计算量与理论计算量相差较大，从而需要循环调整接缝线的位置，以使得实际计算量与理论计算量相当。若 $C_\mathrm{p} < C_\mathrm{t}$，则将接缝线向着使栅格行数增加的方向移动；若 $C_\mathrm{p} > C_\mathrm{t}$，则将接缝线向着使栅格行数减少的方向移动(图 3.1(b))。在上述接缝线调整过程中，接缝线每次移动的栅格行数为 step。上述循环调整过程终止条件如下：若接缝线拟向使栅格行数增加的方向移动，当前栅格分块实际计算量为 C_p、待移动的 step 个栅格行数包含的计算量为 C_step，则 C_p 需满足如下条件

$$\begin{cases} C_\mathrm{p} < C_\mathrm{t} - s \times N_\mathrm{t} \\ C_\mathrm{t} + s \times N_\mathrm{t} < C_\mathrm{p} + C_\mathrm{step} \end{cases} \tag{3-1}$$

若接缝线拟向使栅格行数减少的方向移动，当前栅格分块实际计算量为 C_p、待移动的 step 个栅格行数包含的计算量为 C_step，则 C_p 需满足如下条件

$$\begin{cases} C_\mathrm{t} + s \times N_\mathrm{t} < C_\mathrm{p} \\ C_\mathrm{p} - C_\mathrm{step} < C_\mathrm{t} - s \times N_\mathrm{t} \end{cases} \tag{3-2}$$

在上述过程中，接缝线每次移动的栅格行数较为粗略，当接缝线整体移动 step 个栅格行已不能满足该栅格分块的实际计算量与理论计算量的差异小于阈值时，则需要将接缝线部分区域进行精确调整，以便更好地反映有效计算量。对单个接缝

线的精确调整过程如下。①计算该栅格分块中的实际计算量 C_{p}。当 $C_{\mathrm{p}} > C_{\mathrm{t}}$ 时，需要减少栅格分块中的栅格单元个数 N_{a}，N_{a} 的取值范围应满足

$$C_{\mathrm{p}} - C_{t} - s \times N_{\mathrm{t}} < N_{\mathrm{a}} < C_{\mathrm{p}} - C_{\mathrm{t}} + s \times N_{\mathrm{t}} \tag{3-3}$$

当 $C_{\mathrm{p}} < C_{\mathrm{t}}$ 时，需要增加栅格分块中的栅格单元个数 N_{a}，N_{a} 的取值范围应满足

$$C_{\mathrm{t}} - C_{\mathrm{p}} - s \times N_{\mathrm{t}} < N_{\mathrm{a}} < C_{\mathrm{t}} - C_{\mathrm{p}} + s \times N_{\mathrm{t}} \tag{3-4}$$

因此，N_{a} 的取值范围可总结为

$$\left|C_{\mathrm{t}} - C_{\mathrm{p}}\right| - s \times N_{\mathrm{t}} < N_{\mathrm{a}} < \left|C_{\mathrm{t}} - C_{\mathrm{p}}\right| + s \times N_{\mathrm{t}} \tag{3-5}$$

则在精确调整过程中需要调整的最少栅格单元个数为 $N_{\mathrm{a}}^{\min}$，其取值应满足

$$N_{\mathrm{a}}^{\min} = \left|C_{\mathrm{t}} - C_{\mathrm{p}}\right| - s \times N_{\mathrm{t}} + 1 \tag{3-6}$$

为了保证计算过程中数据粒度的完整性，在调整过程中以数据粒度为基本单元进行调整，则需要调整以 step × step 为大小的窗口个数 N_{dg} 可表达为

$$N_{\mathrm{dg}} = \frac{N_{\mathrm{a}}^{\min}}{\mathrm{step}^2} \tag{3-7}$$

②在确定了需要调整的最少数据粒度单元个数后，即可在栅格分块内最接近接缝线的栅格行内进行栅格单元的调整。若 $C_{\mathrm{p}} > C_{\mathrm{t}}$，则在栅格行内从首个非空值栅格单元开始依次向栅格分块内部减少 step × step 个栅格单元，直至减少的窗口个数达到 N_{dg} 为止。若 $C_{\mathrm{p}} < C_{\mathrm{t}}$，则在栅格行内从首个非空值栅格单元开始依次向栅格分块内部增加包含 step^2 个的栅格单元的规则窗口，直至增加的窗口个数达到 N_{dg} 为止。③当完成上述过程后，即完成了接缝线的精确调整过程(图 3.1(c))。在栅格分块接缝线精确调整前，接缝线的形状为直线段；在精确调整后，接缝线的形状将变成不规则的弯曲线段(图 3.1(d))。

在局部型栅格数据空间分析算法类型中，若移动步长与数据粒度大小满足 step⩾nr 且 step⩾nc 时，则在完成不规则数据划分后，各栅格分块间的计算相互独立；若数据粒度移动步长与数据粒度大小满足 step < nr 或 step < nc，则位于栅格分块接缝线边界处的数据粒度将不可避免地被割裂，需要获取其他栅格分块的栅格单元以完成计算。对于满足 step < nr 或 step < nc 的算法类型，需要在数据划分完成后对各划分后的栅格分块建立数据缓冲区，即在源栅格分块基础上预读若干栅格行和栅格列，以独立地完成本栅格分块内的计算，从而避免在并行计算过程中与其他栅格分块进行通信，如图 3.2 所示。其中，位于尾端的栅格分块不需要建立数据缓冲区；对于位于其他空间位置的栅格分块，需在分块底部建立由宽度为 nr – step 个栅格行、长度为 u 个栅格列组成的不规则数据缓冲区。

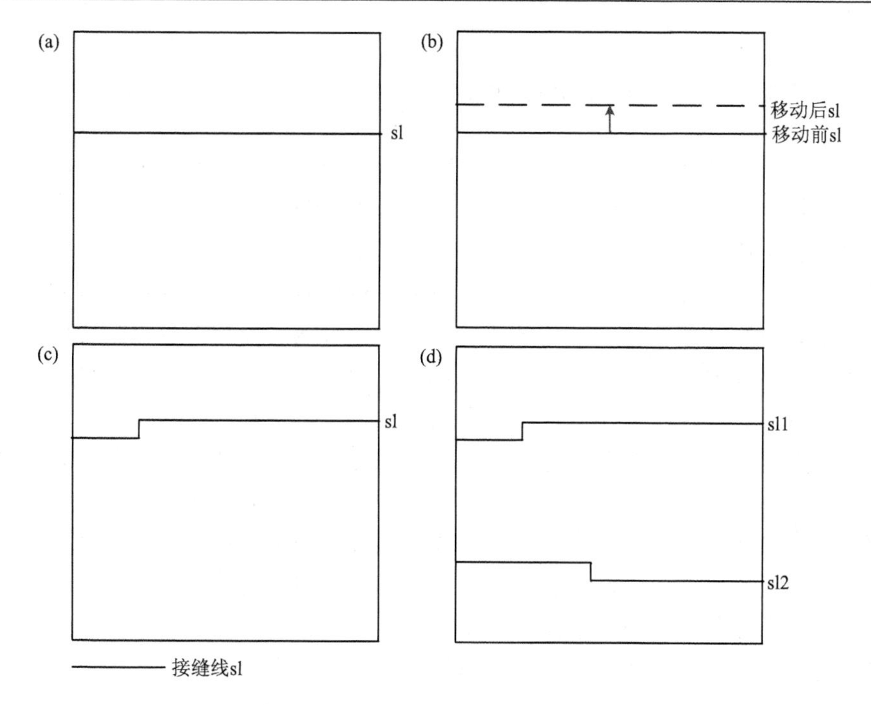

图 3.1　不规则数据划分方法示意图

(a) 初始接缝线位置；(b) 接缝线粗略调整后的位置；(c) 接缝线精确调整后的位置；(d) 不规则数据划分结果

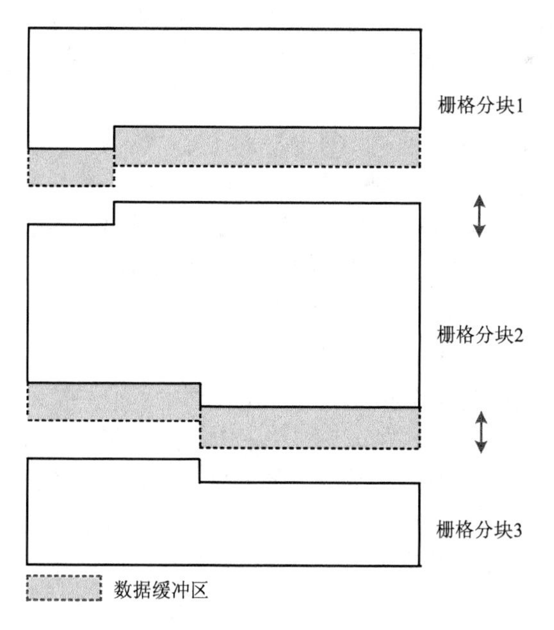

图 3.2　栅格分块数据缓冲区示意图

3.1.3　多粒度动态并行调度方法

在完成了不规则数据划分后，各栅格分块均保留了一定的数据缓冲区，从而避免了并行计算过程中的数据传输。但若将源栅格图层划分成与并行节点数相同的栅格分块个数，即并行节点分别处理一个栅格分块，则当各栅格分块包含的计算量较大时候，在并行计算过程中容易造成并行阻塞、滞后等现象。因此，对局部型栅格数据空间分析并行算法需要设计合理、有效的并行调度方法，以缓解并行节点中计算强度过大引起的阻塞现象。在传统的并行调度方法中，静态调度方法未考虑存在的并行阻塞问题，因而在栅格图层数据量较大时实现的并行效率较低；动态调度方法仅从划分的栅格分块数量上进行调度，其调度粒度较为粗略，容易造成大量计算节点处于等待的现象，无法充分利用计算资源。针对上述问题，本书提出一种新的并行调度方法，以适用于局部型栅格数据空间分析并行算法，能够充分利用并行计算资源、减少节点的等待时间，从而提高整体并行计算效率。

在本书所提并行调度方法中，采用主从式并行模式完成对计算任务的并行调度和并行计算。其中，主节点主要负责计算任务的分配、对从节点调度的控制及消息传递；从节点主要负责调用具体算法对所分配的数据任务进行并行处理，并及时向主节点反馈处理信息。本书并行调度方法的主要过程包括初始任务分配和后续任务循环分配：首先分配给各并行节点一部分的计算量，并在后续并行计算过程中根据实时反馈结果持续给处于空闲状态的计算节点均衡分配计算量，如图 3.3 所示。

该方法包含的主要过程如下。①获取并行节点数 p、首次分配计算量占总计算量比例为 $1/r$（$r > 1$，且 r 为整数）；则上述比例 r 即为该并行调度过程中的调度粒度。首先计算整体栅格图层的总体有效计算量；根据不规则数据划分方法获取占比为 $1/r$ 计算量的栅格分块，并将该栅格分块根据并行从节点数 $p - 1$ 均衡分配给不同从节点处理。因此，在首次计算中，各并行从节点处理的计算量为 $1/(p - 1)r$；各从节点完成并行计算后则将处理信息反馈给主节点。②在后续并行计算过程中，主节点实时监控各从节点的计算状态。当主节点监控到处于空闲状态的从节点时，则统计处于空闲状态的节点数 N_{lp}。主节点从剩余的栅格数据中继续采用不规则划分方法获取占比为 $1/2r$ 计算量的栅格分块；并将该栅格分块均衡分配给 N_{lp} 个空闲从节点。则在该过程中，各空闲节点处理的计算量为 $1/2N_{lp}r$。③重复步骤②直至源栅格数据被计算完毕，从而完成对计算任务的循环分配。

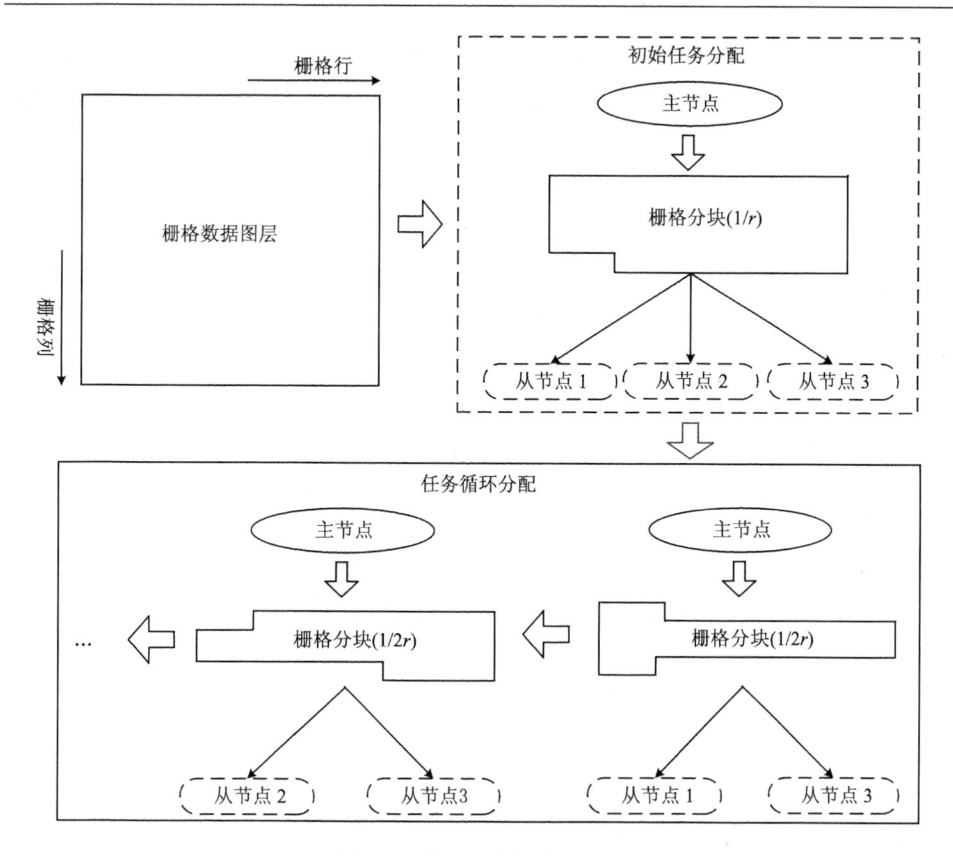

图3.3　并行调度方法示意图

在上述并行调度过程中，各从节点仅在首次计算中处理相同的计算量，为$1/(p-1)r$；在后续的并行循环调度过程中，各从节点负责的计算量为$1/2N_{lp}r$，该计算量受到同时处于空闲状态的从节点数目的影响。因此，在不同循环并行调度过程中，同一从节点负责处理的多次任务包含的计算量可能不相同；不同从节点之间负责的计算量也可能不相同。即本书设计的并行调度处理过程中存在多种不同的数据粒度：不同时刻同一节点负责计算的数据粒度不相同，同一时刻不同节点负责计算的数据粒度也不相同，以动态地实现负载均衡。当数据粒度$r=1$时，该并行调度方法与传统静态调度方法相同。相较于传统静态调度方法，本书方法可避免不同从节点处理完整数据分块时的阻塞问题；相较于传统动态调度方法，本书方法通过设置不同比例的数据计算量，并给所有处于空闲状态的节点均衡分配数据，从而避免同一时刻处于空闲状态的并行节点数过多、浪费计算资源。

并行调度过程中，调度的粒度大小r将在一定程度上影响并行调度过程的效率，不同的调度粒度对任务调度过程的影响不同。若数据粒度过大，则无法充分利用并行调度的灵活性，从而产生并行处理中的阻塞$f(r)$，并造成动态调度的失效；若调度粒度过小，则将引起频繁的消息通信与任务分配 $g(r)$，同时还将引起较大的并行调度开销 $h(r)$，反而降低并行效率。因此，存在一定的调度粒度阈值范围，在由调度带来的并行加速大于调度过程中的消息通信及调度开销，即满足如下公式

$$f(r) > g(r) + h(r) \tag{3-8}$$

在满足上述条件的情况下的调度粒度可有效地利用并行调度的灵活性，从而实现并行效率的提升；本章节实验部分将探讨该并行调度粒度的改变对并行效率的影响。

在并行处理过程完成后，各栅格分块的结果相互独立，从而需要进行各栅格分块的结果融合，从而形成最终的完整计算结果，如图 3.4 所示。考虑到各栅格分块分布相对规整，且相邻栅格分块的接缝线完全重合，因而可以利用各栅格分块左上角点坐标作为融合过程中该栅格分块在整个栅格图层中的标识点。在完成各栅格分块的计算后，通过计算该栅格分块的左上角点坐标并定位其存储位置，将计算结果顺序写入目标文件中。

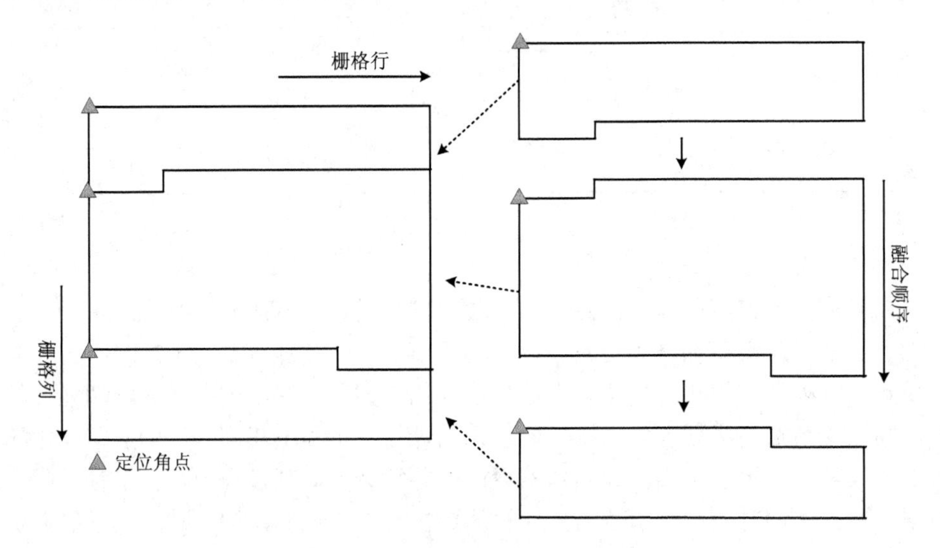

图 3.4 并行计算结果融合方法示意图

3.1.4 并行计算实现流程

本书提出的不规则数据划分方法及并行调度方法均采用标准 C++编程语言在 Linux 下实现，并在 MPI 环境下实现，栅格数据的读写操作通过 GDAL 库实现，实现流程分为以下步骤(图 3.5)。

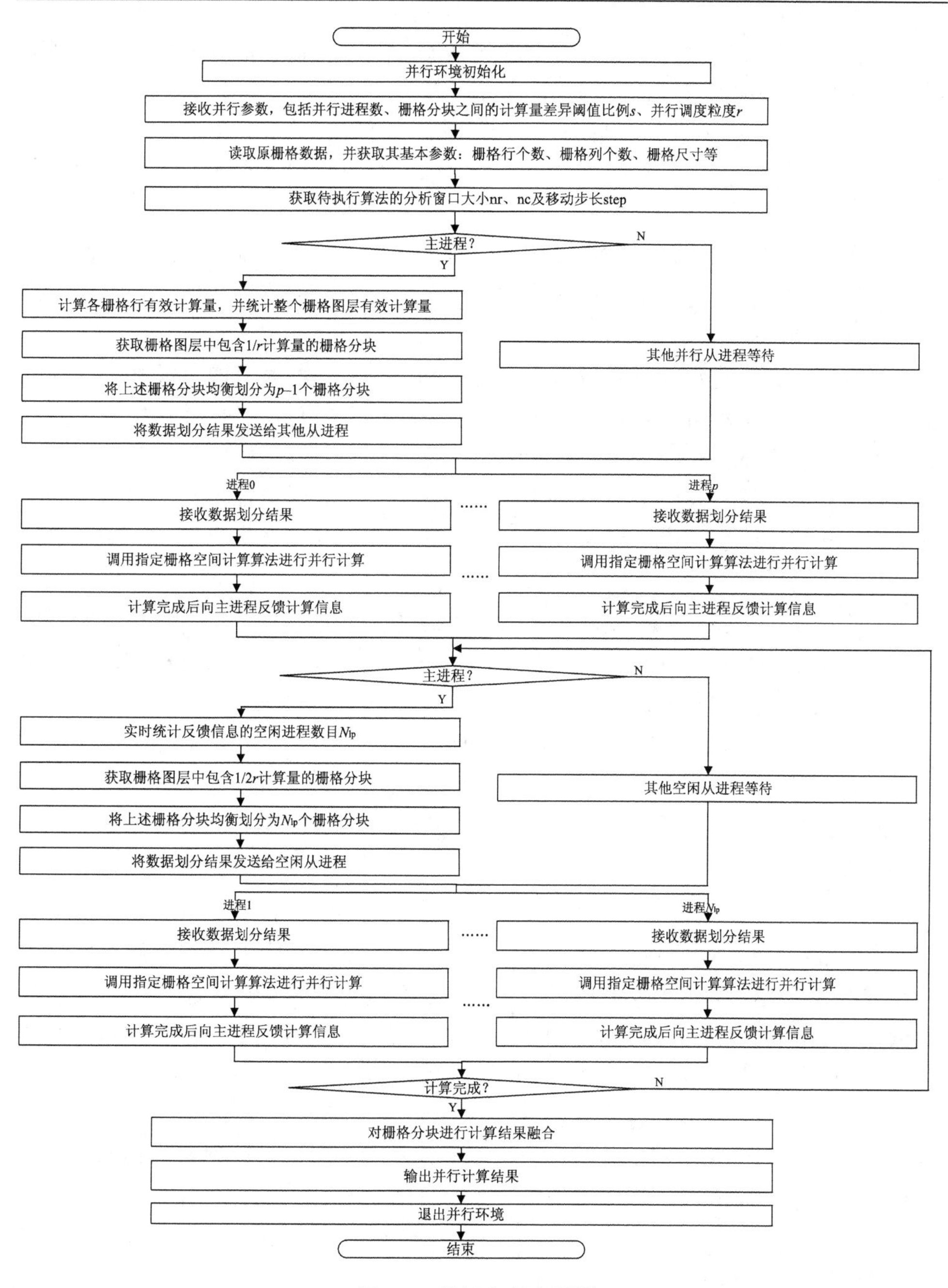

图 3.5　并行实现流程图

步骤 1：并行环境初始化，接收并行参数，包括并行进程数 $p(p>1)$、两个栅格分块之间的计算量差异阈值比例 s 及并行调度粒度 r。

步骤 2：读取源栅格数据，并获取其基本参数，包括栅格行个数、栅格列个数、栅格尺寸等。创建目标数据集，并初始化为空。

步骤 3：将开辟的并行进程分为主进程和 $p-1$ 个从进程。主进程根据执行的局部型栅格数据空间分析算法特征获取该算法的分析窗口大小 nr、nc 及移动步长 step。

步骤 4：主进程将栅格数据集执行不规则数据划分。根据栅格图层总计算量及并行调度粒度，首先获取栅格图层中包含 $1/r$ 计算量的栅格分块，并将该栅格分块继续均衡分配给 $p-1$ 个从进程。

步骤 5：各从进程并行处理各自分配的栅格分块，同时获取该栅格分块的数据缓冲区。各从进程分别调用指定的栅格数据空间分析算法进行并行处理，并在处理完后将计算结果反馈回主进程。

步骤 6：主进程接收并行从进程的反馈信息，并实时统计处于空闲状态的从进程数；从栅格图层剩余计算量中提取 $1/2r$ 的栅格分块，并将其均衡分配给空闲从进程。

步骤 7：循环执行步骤 5 至步骤 6，直至所有数据处理完毕。主进程按照各栅格分块的左上角点标识其在目标文件中的位置，将计算结果写入目标文件，从而形成完整的并行计算结果。

步骤 8：输出最终目标文件并退出并行环境。

3.1.5　实验与分析

3.1.5.1　实验算例

k-means 算法是典型的局部型栅格数据空间分析算法类型，其功能是实现遥感影像的非监督分类，主要通过反复迭代并更新遥感影像的分类中心，从而达到最低的分类误差平方和。该算法的基本原理可表述为：对一个待分类的数据集 $\boldsymbol{X}=(x_1, x_2,\cdots, x_n)$，数据集中的每个待分类数据均是 m 维向量，k-means 算法即是将这个数据集分为 $t(t\leqslant n)$ 个子集的过程。分类后的子集可表达为 $\boldsymbol{S}=(s_1, s_2,\cdots, s_k)$。算法的执行过程包含以下步骤：①随机从数据集中选取 t 个数据作为初始的遥感影像分类中心；②在第 h 次迭代中，对任一 $\boldsymbol{X}$ 中的 $i\neq j(i=1, 2,\cdots, t)$，若 $\|\boldsymbol{X}-C_j^h\|<\|\boldsymbol{X}-C_i^h\|$，则 $\boldsymbol{X}\in S_j^h$，其中，S_j^h 是以 C_j^h 为中心的类；③由步骤②得到的类 S_j^h 即为新的分类中心 C_j^{h+1}，可表达为

$$C_j^{h+1}=\frac{1}{N_j}\sum_{\boldsymbol{X}\in S_j^h}\boldsymbol{X} \tag{3-9}$$

式中，N_j 为 C_j 类中的样本数目；C_j^{h+1} 通常是按照使得 $\boldsymbol{J}$ 取值最小的原则确定，$\boldsymbol{J}$ 可表达为

$$\boldsymbol{J} = \sum_{j=1}^{k} \sum_{\boldsymbol{X} \in S_j^h} \| \boldsymbol{X} - C_j^{h+1} \|^2 \tag{3-10}$$

④对所有的 $i = 1, 2, \cdots, h$，均执行上述判断操作，直至 $C_i^h = C_i^{h+1}$，则分类结束。

在 *k*-means 分类算法中，数据粒度为单个栅格单元，需逐个对非空值栅格单元判断其类别归属，具有典型的数据密集型算法特征。将本书设计的不规则数据划分方法和并行调度方法应用于 *k*-means 算法，从而实现该算法的并行化。在该算法中，计算复杂度主要取决于遥感影像中的迭代次数 L、分类数目 t、非空值栅格单元个数 n 和波段数 b。若分类中的基本时间单元为 T，则单次迭代耗费的时间主要包括分类中心更新时间和迭代处理时间。其中，更新时间可表示为 tb；迭代处理时间由像元个数、分类数目及波段数决定，可表示为 $f(n,k,b)$。基于以上分析，*k*-means 的完整计算时间 T_{s} 可计算为

$$T_{\mathrm{s}} = (f(n, k, b) + \mathrm{tb})LT \tag{3-11}$$

在并行算法中，执行时间主要由数据划分(T_{gd})、类别归属计算(T_{dc})、分类中心更新(T_{cu})、类别汇总(T_{sc})和数据读写(T_{rw})组成，可进一步表示为

$$T_{\mathrm{p}} = T_{\mathrm{gd}} + T_{\mathrm{dc}} + T_{\mathrm{cu}} + T_{\mathrm{sc}} + T_{\mathrm{rw}} \tag{3-12}$$

3.1.5.2　并行环境与实验数据

本实验采用 2.1.4.1 节的并行计算环境。

本实验数据源为 3 幅中国江苏省南京市江宁区无人机遥感影像，分别为数据 1、数据 2 和数据 3，如图 3.6 所示。其中，数据 1 为江宁区完整遥感影像，数据 2 和数据 3 分别为江宁区部分区域的遥感影像。数据 1 数据量为 53.1 GB，包含 115 209 栅格行 × 122 425 栅格列；数据 2 数据量为 26.7 GB，包含 94 001 栅格行 × 94 001 栅格列；数据 3 数据量为 6.9 GB，包含 45 001 栅格行 × 50 401 栅格列。各数据中均包含 3 个波段，空间分辨率为 0.5 m。数据源包含的土地利用类型主要有水体、林地、耕地、裸地及建设用地。

3.1.5.3　精度验证

为了验证本书设计并实现的并行算法的分类精度，利用本并行算法调用不同的进程，对实验数据 3 进行并行 *k*-means 分类，生成数据格式为 ERDAS Imagine(*.img)格式的栅格结果数据。原始试验区的遥感影像部分放大区域如图 3.7(a)所示，调用 8 个并行进程执行该并行算法，根据土地利用类型种类将待

分类遥感影像分成 5 个类别，分类后的栅格结果图如图 3.7(b)所示。对比分类前遥感影像和本书并行算法分类结果可以看出，两者在不同土地利用类型的对比上均具有较高的相似性，因而可看出本书提出的并行分类算法结果具有一定的正确性。

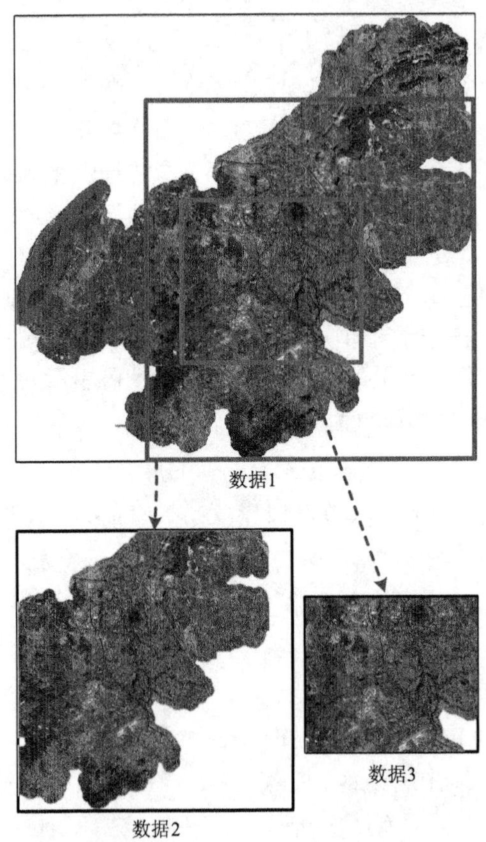

图 3.6　实验数据区位图

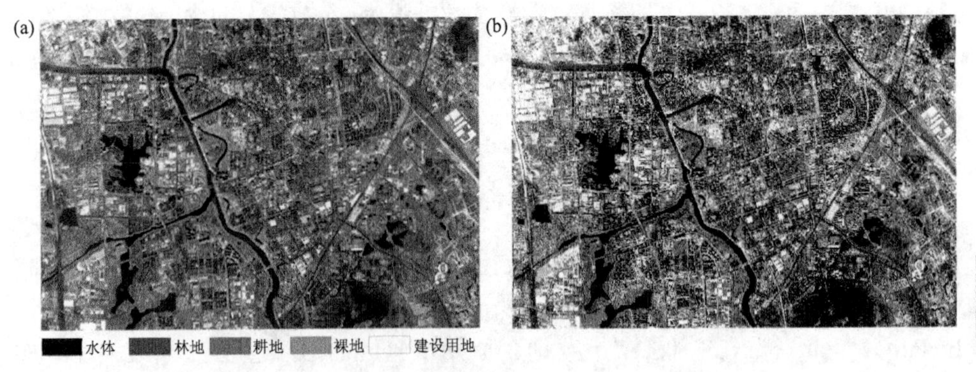

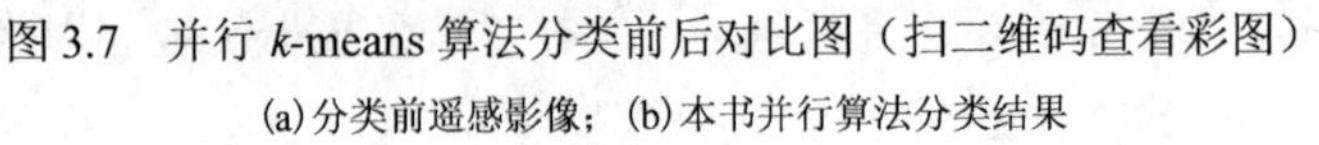

图 3.7　并行 k-means 算法分类前后对比图（扫二维码查看彩图）

(a)分类前遥感影像；(b)本书并行算法分类结果

为了进一步验证本书实现的基于 *k*-means 遥感影像分类并行算法的正确性，将本书算法的分类结果与遥感影像分类专业软件 ENVI 中 *k*-means 算法的分类结果进行对比。具体来说，利用 ENVI 中的“*k*-means Classification”功能模块同样将本实验中的源数据分为 5 类，并将其计算结果与本书并行算法的分类结果进行对比，通过比较各类别栅格单元个数差异以验证本书所提方法的有效性，对比结果如表 3.1 所示。通过对比可以看出，本书算法与 ENVI 软件算法运行结果差异较小，取得了精度较高的分类结果。

表 3.1　本书并行算法与 ENVI 算法分类精度对比

类别	ENVI 算法栅格单元个数	本书算法栅格单元个数
水体	67 888 124	67 888 095
林地	80 542 797	80 542 778
耕地	76 713 883	76 713 916
裸地	59 528 112	59 528 092
建设用地	39 363 685	39 363 720

3.1.5.4　并行效率分析

在实验中，主要采用运行时间、加速比和负载均衡指数三个指标来评价算法的并行效率。其中，加速比可通过公式(2-7)计算得到；负载均衡指数可通过公式(2-8)计算所得。本书的并行 *k*-means 算法主要采用主从式的并行模式实现对计算数据的并行动态调度，因此并行算法的最少进程数为 2。实验中改变并行进程数从 2 增加至 120，调用并行 *k*-means 算法执行数据 3，并固定并行调度粒度 $r = 8$；同时，测试并行算法在不同进程数时的运行时间、加速比及对应的负载均衡指数。并行计算测试结果如图 3.8、图 3.9 及表 3.2 所示。

图 3.8 描述了本书实现的并行 *k*-means 算法的运行时间和加速比。从计算结果可以看出，并行算法的串行执行时间为 2400.28 s。随着并行进程数的增加，并行运行时间逐渐减少；在该过程中，并行算法加速比逐渐增加，并与进程数呈近似线性变化关系。当进程数达到 108 时，并行时间达到最少，为 118.42 s；此时，并行加速比达到峰值，为 20.27。此后，尽管并行进程数进一步增加，但此时并行环境内的计算资源达到饱和，更多的进程数加剧了并行环境内的资源竞争；因此，并行时间达到稳定状态，并行加速比开始逐渐下降。上述结果表明，应用本书并行方法实现的并行算法可大大减少算法运行时间，取得了良好的并行加速比。

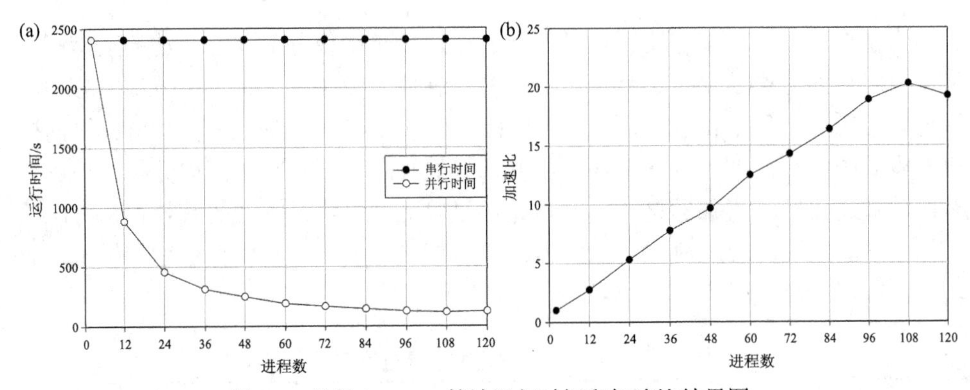

图 3.8　并行 *k*-means 算法运行时间和加速比结果图

(a) 并行算法运行时间；(b) 并行加速比

图 3.9 描述了本书实现的并行 *k*-means 算法在不同并行进程数时的负载均衡指数。实验结果表明，随着并行进程数从 12 至 108 的改变，并行 *k*-means 算法的负载均衡指数均较小，低于 0.7；同时，随着进程数的增加，负载均衡指数逐渐降低，最终下降至 0.26。这表明本书实现的考虑有效计算量的不规则数据划分方法及并行调度方法可有效实现对不同进程数时的负载均衡，从而能够使得各进程分配的计算量大致相当。当进程数进一步增加时，计算资源之间存在剧烈竞争，并行环境开始变得不稳定，使得并行算法负载均衡指数开始逐渐回升。

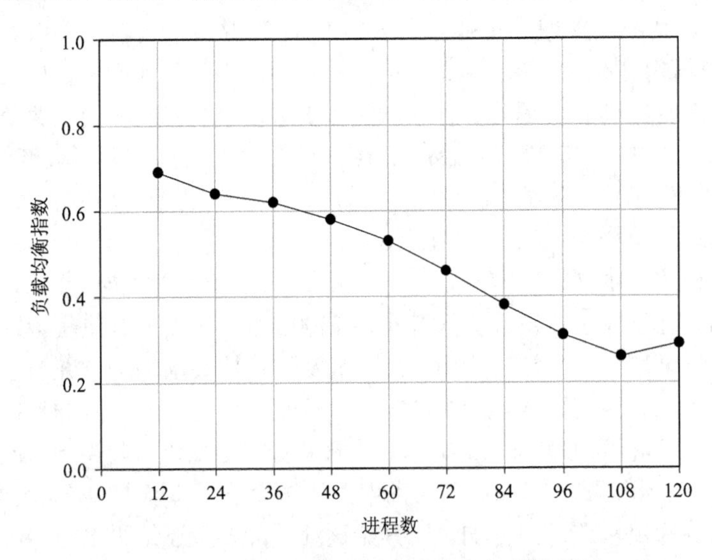

图 3.9　并行 *k*-means 算法负载均衡指数结果图

此外，并行算法执行总时间可进一步细分为数据划分时间、并行处理时间及 I/O 时间。本书提出的不规则数据划分方法主要作用于数据划分部分；并行调度方法作用于并行处理部分。因此，根据上述两部分运行时间的变化可进一步验证本书所提方法的有效性。不同组成部分在不同进程数时的并行运行时间如表 3.2 所示。

表 3.2　并行 *k*-means 算法运行时间的不同组成部分　（单位：s）

进程数	数据划分时间	并行处理时间	I/O 时间	总时间
2	0.00	2400.04	4.24	2404.28
12	26.23	839.77	13.45	879.45
24	29.35	411.02	15.26	455.63
36	35.36	259.13	16.27	310.76
48	39.56	191.88	17.84	249.28
60	45.45	127.67	19.36	192.48
72	51.34	95.57	21.45	168.36
84	59.45	64.66	22.78	146.89
96	64.35	38.97	24.06	127.38
108	**72.13**	**21.14**	**25.34**	**118.61**
120	81.23	17.50	26.36	125.09

考虑到本书并行算法采用主从式并行模式，因而当进程数为 2 时，算法内部串行执行，从而其数据划分时间为 0；随着进程数的进一步增加，主进程待划分的栅格分块数增加，因而对应的数据划分时间逐渐增加；并行处理时间在总时间中占主要部分，也是并行方法主要作用的部分；随着并行进程数的增多，并行处理时间急剧降低，这进一步表明了本书提出的并行方法的有效性。

3.1.5.5　并行调度粒度对并行效率的影响

在本书提出的并行调度方法中，不同的并行调度粒度大小 r 对任务调度过程的影响不同，从而产生不同的并行效率。实验主要测试不同并行调度粒度大小对算法并行效率的影响。实验设置并行调度粒度大小分别为 $r=2$、$r=4$、$r=6$、$r=8$、$r=10$ 和 $r=12$；并测试并行 *k*-means 算法在不同并行调度粒度时、执行数据 2 的并行总时间和加速比。同时，为探讨调度粒度大小对不同并行部分的影响程度，实验进一步计算不同并行粒度时数据划分时间和并行处理时间，结果如图 3.10 所示。

图 3.10 (a)～(b) 分别描述了并行 *k*-means 算法在不同并行调度粒度时的运行时间和加速比。在实验结果中，不同调度粒度的串行时间均为 2400.28 s。当 $r=2$ 时，最少运行时间为 134.34 s，加速比峰值为 17.89；当 $r=4$ 时，最少运行时间为 127.34 s，加速比峰值为 18.88；当 $r=6$ 时，最少运行时间为 122.32 s，加速比

峰值为 19.66；当 $r=8$ 时，最少运行时间为 118.42 s，加速比峰值为 20.27；当 $r=10$ 时，最少运行时间为 123.23 s，加速比峰值为 19.51；当 $r=12$ 时，最少运行时间为 129.65 s，加速比峰值为 18.54。上述结果表明，在调度粒度从 2 变化到 8 的过程中，并行算法最少运行时间逐渐降低、并行加速比逐渐增大，并在调度粒度达到 8 时并行效率最优；当调度粒度进一步增加时，并行算法最少运行时间开始回升、加速比开始降低。因此，存在一定调度粒度阈值，使得并行计算过程中并行加速与调度开销达到平衡；在本实验并行环境中，上述调度粒度阈值即为 $r=8$。因此，在后续的实验中，将并行调度粒度设置为 8，以获得最优的并行效率。

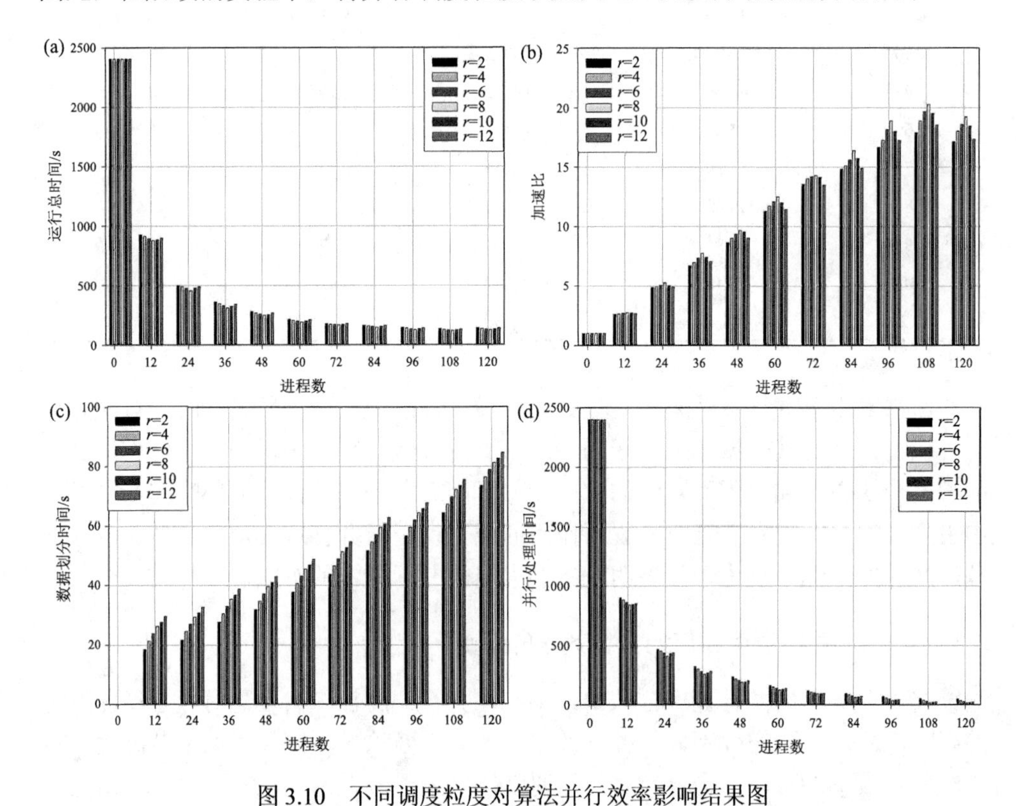

图 3.10　不同调度粒度对算法并行效率影响结果图

(a) 调度粒度对运行总时间的影响；(b) 调度粒度对总体加速比的影响；(c) 调度粒度对数据划分时间的影响；(d) 调度粒度对并行处理时间的影响

图 3.10 (c) (d) 分别描述了并行 *k*-means 算法在不同并行调度粒度时的数据划分时间和并行处理时间。对于相同的调度粒度，其数据划分时间随着并行进程数的增加逐渐增加，并行处理时间则急剧减少。对于相同的并行进程数，数据划分时间随着调度粒度的增加而逐渐增加；并行处理时间则在调度粒度由 2 增加至 8 时逐渐减少，在调度粒度继续增加时逐渐回升。上述结果的原因在于：随着调度

粒度的增加，待划分的栅格数据分块数逐渐增加；同时，需要划分的次数也逐渐增加。上述原因均造成数据划分时间的不断增加。此外，在调度粒度逐渐增加至粒度阈值的过程中，并行调度带来的加速大于并行开销，因而使得并行处理时间逐渐减小；然而当调度粒度进一步增加时，并行调度带来的加速逐渐被并行开销所抵消，从而使得并行处理时间开始回升。上述结果表明，针对一定的并行环境选取合适的并行调度粒度阈值，可进一步提高算法的并行效率。

3.1.5.6　不同数据量对并行效率的影响

在实验数据源中，数据1、数据2和数据3的数据量分别为53.1 GB、26.7 GB和6.9 GB，代表了从大数据量到小数据量的过渡。实验为了比较不同数据量的遥感影像对并行效率的影响，调用并行 *k*-means 算法分别执行数据1、数据2和数据3，并分别计算不同并行进程数时的运行时间和加速比，结果如图3.11所示。在实验结果中，针对数据1，并行算法串行时间为16954.26 s，最少运行时间为786.38 s、加速比峰值为21.56；针对数据2，串行时间为9653.54 s，最少运行时间为465.01 s、加速比峰值为20.76；针对数据3，串行时间为2400.28 s，最少运行时间为118.42 s、加速比峰值为20.27。上述实验结果表明，本书设计的并行方法针对不同数据量的遥感影像均能表现出良好的适应性；特别地，针对大数据量往往能取得更高的并行加速比。

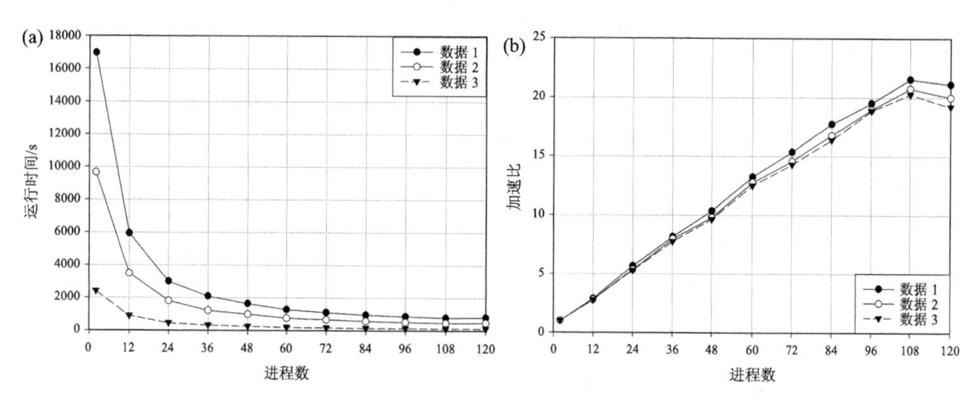

图3.11　不同数据量对并行 *k*-means 算法并行效率的影响对比图

(a)不同数据量的运行时间对比；(b)不同数据量的加速比对比

3.1.5.7　不同数据划分方法对并行效率的影响

本书针对局部型栅格数据空间并行计算提出了一种不规则的栅格数据划分方法。为了验证上述方法的可用性和有效性，实验将本书方法与传统的数据划分方法分别应用于并行 *k*-means 算法中，并分别计算其对应的并行运行时间和加速比。

传统的数据划分方法选择格网划分方法和四叉树划分方法。同时，考虑到本书实现的并行算法中还包含并行调度方法；为了公平地进行比较，在实验的并行效率对比中仅采用不规则数据划分方法，而不采用并行动态调度方法，结果如图 3.12 所示。

在实验结果中，应用不同数据划分方法的并行算法串行执行时间均为 2400.04 s。针对格网划分方法，其最少运行时间为 168.66 s、最高加速比为 14.23；针对四叉树划分方法，其最少运行时间为 165.06 s、最高加速比为 14.54；针对本书提出的不规则划分方法，其最少运行时间为 155.16 s、最高加速比为 15.46。在传统的两种数据划分方法中，四叉树划分方法能够取得更好的并行效率；其原因在于四叉树划分方法针对不同栅格区域能够划分成不同深度的栅格分块，因而较格网划分方法能够更好地将栅格图层划分为较为均衡的栅格分块结果，从而缓解并行计算过程中的数据倾斜。相较于传统划分方法，本书提出的不规则划分方法能够顾及有效计算量对数据划分的影响，能保证划分后的栅格分块包含的有效计算量大致相当，从而能取得更为良好的运行时间和并行加速比。

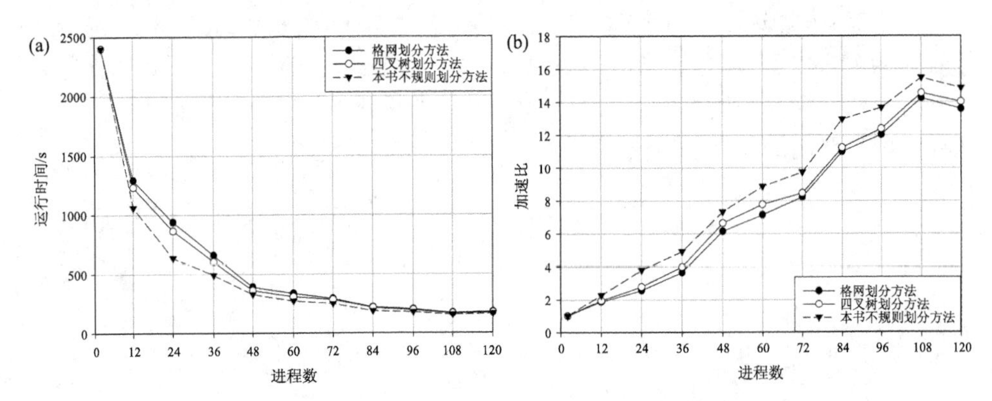

图 3.12　并行 *k*-means 算法应用不同数据划分方法的并行效率对比

(a) 不同数据划分方法的运行时间对比；(b) 不同数据划分方法的加速比对比

3.1.5.8　不同并行调度方法对并行效率的影响

本书提出了一种新的并行调度方法，以更好地适应局部型栅格空间分析的算法特征。为了验证所提方法的有效性，将本书方法与传统的并行调度方法分别应用于并行 *k*-means 算法中，并分别计算运行时间和加速比。传统的并行调度方法选择传统静态调度方法和传统动态调度方法。为了公平地进行比较，在实现并行算法时均采用本书提出的不规则数据划分方法；同时，均采用主从式并行模式。具体来说，在传统静态调度方法中，将栅格图层划分成与从进程数相同的栅格分块，并在并行处理前完成数据分配；在传统动态调度方法中，其调度粒度与本书调度方法中的调度粒度相同，即将源栅格数据划分成 $r(p-1)$ 个面积相等的栅格分块，并在并行计算中循环将栅格分块分配给各并行进程，实验结果如图 3.13 所示。

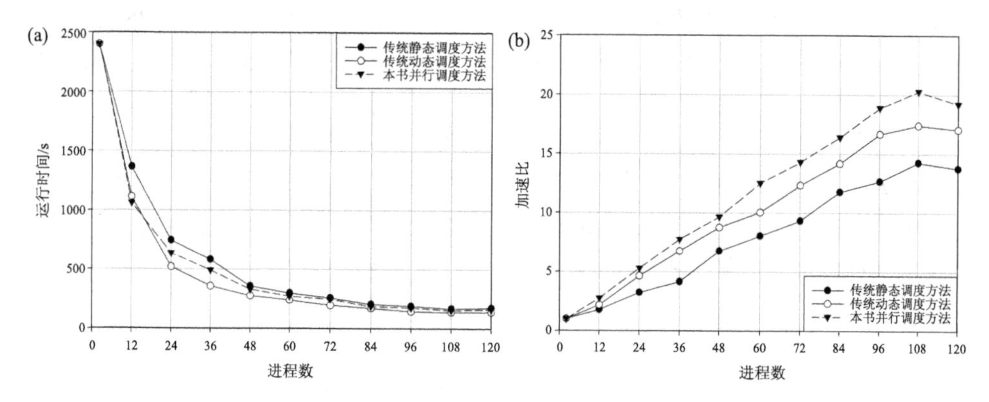

图 3.13　并行 *k*-means 算法应用不同并行调度方法的并行效率对比

(a) 不同并行调度方法的运行时间对比；(b) 不同并行调度方法的加速比对比

从以上实验结果可以看出，应用不同的并行调度方法对算法并行效率有着显著不同的影响。具体来说，针对相同的串行执行时间 2400.28 s，应用传统静态调度方法取得的最少运行时间为 168.54 s、加速比峰值为 14.24；应用传统动态调度方法取得的最少运行时间为 138.17 s、加速比峰值为 17.37；应用本书提出的并行调度方法取得的最少运行时间为 118.42 s、加速比峰值为 20.27。在传统的两种并行调度方法中，传统静态调度方法仅仅将划分后的栅格分块一次性分配给不同并行进程，而未能利用并行计算过程中并行调度带来的加速。比较起来，传统动态调度方法可取得明显的并行加速优势，从而其最优加速比较高。此外，本书提出的并行调度方法在并行计算过程中根据实时空闲从进程动态分配数据粒度，能实现对计算资源更好地利用，从而取得较传统调度方法更加良好的运行时间和并行加速比。

3.1.5.9　对不同算法类型的适用性

在前文实验中，均是以 *k*-means 算法为例测试本书所提并行方法的有效性；考虑到局部型栅格空间分析算法类型多样，本实验测试所提并行方法对其他算法类型的适用性。其他算法类型分别选择遥感影像投影变换算法和边缘检测算法。在投影变换算法中，其算法原理是对各非空值栅格单元循环按照算法规则执行变换，因而其基本计算单元为单个栅格单元；在边缘检测算法中，选择 Sobel 算子实现该功能，其基本计算单元为 3×3 的移动窗口、移动步长为 1。对上述两种算法分别应用本书提出的不规则数据划分方法和并行调度方法实现其并行化；改变进程数从 1 至 120，测试并行算法执行数据 3 时的并行运行时间和加速比，结果如图 3.14 所示。

遥感影像投影变换并行算法的串行执行时间为 1673.45 s；其最少并行时间为 88.40 s、最高加速比为 18.93。边缘检测并行算法的串行执行时间为 3759.34 s；其最少并行时间为 194.65 s、最高加速比为 19.31。以上实验结果表明，应用本书提出的不规则数据划分方法和并行调度方法实现的其他类型并行算法同样可取得理想的并行加速。同时，从两种并行算法的串行时间大小可以看出，边缘检测算法较投影变换算法更为复杂；此外，边缘检测并行算法能够取得较投影变换并行算法更高的并行加速比，这进一步表明了本书提出的并行方法针对计算更加复杂的算法类型能够实现更加均衡的计算负载，从而取得更好的并行加速效果。

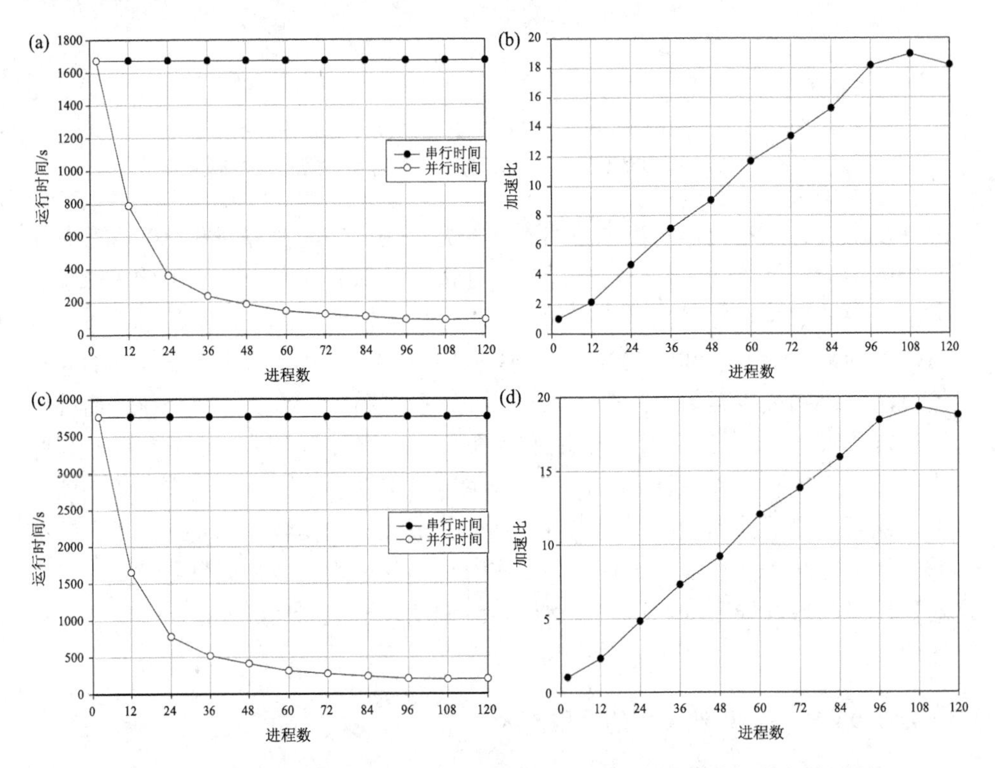

图 3.14　遥感影像投影变换并行算法及边缘检测并行算法并行效率结果图

(a) (b) 分别为投影变换并行算法的运行时间和加速比；(c) (d) 分别为边缘检测并行算法的运行时间和加速比

3.2　全局型栅格数据空间分析负载均衡并行方法

3.2.1　算法特征分析

全局型栅格数据空间分析的一般计算流程可概括为：根据算法条件在整个栅

格图层中搜索全局范围内的栅格单元，从而对满足条件的栅格单元进行运算。该类型空间分析算法常包括基于栅格 DEM 的高程、等高线等数字地形特征提取，栅格数据向矢量数据的转换及其结果的拓扑构建，栅格数据的边界追踪，遥感影像特征信息匹配、分割、提取、分类等计算类型。在该类型空间分析中，参与实际计算的栅格单元数目无法预测；且参与计算的栅格单元空间分布往往覆盖整个栅格图层，具有较强的空间关联性。该类型空间分析给算法的并行化过程提出了挑战，主要表现在：①参与计算的栅格单元无法预测，极易造成划分后的栅格分块间的数据倾斜，从而引起负载失衡、降低并行效率；②难以将栅格数据划分为计算相互独立的栅格分块，从而需要各栅格分块之间的通信，使得如何合理地调度并行节点间的通信十分关键；③对栅格数据的划分将不可避免地造成各栅格分块接缝线边界的目标对象的割裂，从而需要合适的计算结果融合过程，以保证计算结果的完整性与正确性。综上所述，合理的数据划分方法、并行调度方法及结果融合方法成为全局型栅格数据空间分析并行化过程中需要解决的关键问题。

为了实现算法的有效并行化，首先需要对源栅格数据进行划分；良好的数据划分策略可以有效提高算法执行效率、实现并行计算过程中的负载均衡。常用的栅格数据划分方法主要为规则划分，包括行划分、列划分、格网划分、四叉树划分等。这些数据划分方法的优点在于划分后的栅格分块之间空间上相邻，有利于全局型空间分析；但其缺点是主要从空间范围上进行划分，并未从栅格计算中的实际有效计算量进行划分、容易导致数据倾斜，从而忽略了并行化过程中的负载均衡，不能有效提高并行效率。根据算法特征、按照空间分析中有效计算量进行数据划分，以保证并行化过程中的负载均衡显得十分必要。然而，初始的数据划分只能保证计算量的大致均衡，而无法保证各分块计算量的精确平衡，各节点仍会出现处理时间不一致的现象，计算量小的节点在任务完成后往往处于空闲状态，这往往浪费了有效计算资源。因此，在并行处理过程中，增加对处理任务的合理调度可进一步利用计算资源、提高并行效率。

本书针对现有并行方法存在的问题，提出了一种新的并行方法，以进一步提高全局型栅格数据空间分析的并行效率。在该并行方法中，对栅格数据划分过程提出一种两阶段的数据划分方法；针对栅格分块并行处理和任务并行调度过程分别划分不同的数据粒度；对并行调度过程提出一种抓取式动态任务调度方法，通过实时监控并行节点的处理过程，从忙碌节点中提取未处理数据粒度及时分配给空闲节点；对计算结果融合过程提出一种基于二叉树的结果融合方法，以解决数据划分接缝线引起的计算结果不完整的问题。

3.2.2 两阶段数据划分方法

本书针对全局型栅格数据空间分析并行化过程提出一种两阶段数据划分方法。首先，针对栅格分块并行处理过程提出了基于改进启发式的栅格格网划分方法；其次，针对任务并行调度过程对各栅格分块进一步划分数据粒度。

在传统规则划分方法的基础上，Lee 和 Hamdi(1995)提出了一种启发式格网划分方法，可将栅格数据划分成任意个面积相等的栅格格网。相较于传统方法，启发式格网划分方法的优势在于：划分形成的格网数量任意；同时，对相同的栅格分块数，启发式格网划分方法可获得长度更短的接缝线，从而能够减少结果融合过程的计算量。因此，本书基于传统的启发式划分方法，同时考虑栅格分块有效计算量，提出了一种改进的启发式数据划分方法。在该方法中，将栅格分块有效计算量相等、而不是面积相等，作为数据划分的标准；通过重复迭代计算栅格分块接缝线位置使得划分后各分块计算量大致相当，从而实现负载均衡。在估算有效计算量时采用非空值的栅格单元个数作为度量有效计算量的标准。改进的启发式数据划分方法的基本过程如下(图 3.15)：

步骤 1：确定栅格分块数 t、最大迭代次数 n、迭代中接缝线每次移动的距离 d 和任意两个栅格分块间有效计算量相差阈值比例 s。

步骤 2：统计栅格数据图层中所有的有效栅格单元个数 N_t。

步骤 3：若 $t = 1$ 则停止迭代计算。

步骤 4：若 t 为偶数，则将待划分区域沿着宽度较长的边划分成面积相等的栅格分块，A 和 B；通过空间查询分别获取栅格分块 A 和 B 中包含的有效栅格单元个数，N_A 和 N_B，若$|N_A - N_B| \leqslant s \times N_t$，则满足要求，进行下一轮迭代。否则，需要对接缝线位置进行调整，具体调整过程如下：①当 $N_A - N_B > s \times N_t$ 时，将接缝线的位置向使得分块 A 面积减少的方向移动距离 d；②当 $N_B - N_A > s \times N_t$ 时，将接缝线的位置向使得分块 B 面积减少的方向移动距离 d；③重复过程①、②直至满足$|N_A - N_B| \leqslant s \times N_t$或达到最大迭代次数 n，在迭代过程中若当前划分线移动方向与上一次移动方向相反，则改变 d 的值，使得 $d = d / 2$。

步骤 5：若 t 为奇数，则将待划分区域沿着宽度较长的边划分成分块 A 和 B，使得两者面积比为$[t / 2]:[t / 2]+1$；通过空间查询分别获取栅格分块 A 和 B 中包含的有效栅格单元个数，N_A 和 N_B，若$|N_A - ([t / 2]:[t / 2]+1) N_B| \leqslant s \times N_t$，则满足要求，进行下一轮迭代。否则，需要对接缝线位置进行调整，具体调整过程如下：①当 $N_A - ([t / 2]:[t / 2]+1) N_B > s \times N_t$时，将接缝线的位置向使得分块 A 面积减少的方向移动距离 d；②当$([t / 2]:[t / 2]+1) N_B - N_A > s \times N_t$时，将接缝线的位置向使得分块 B 面积减少的方向移动距离 d；③重复过程①、②直至满足$|N_A - ([t / 2]:[t /$

2]+1)N_B|$\leqslant s \times N_t$或达到最大迭代次数 n，则停止迭代。此外，在迭代过程中若当前划分线移动方向与上一次移动方向相反，则改变 d 的值，使得 $d = d / 2$。

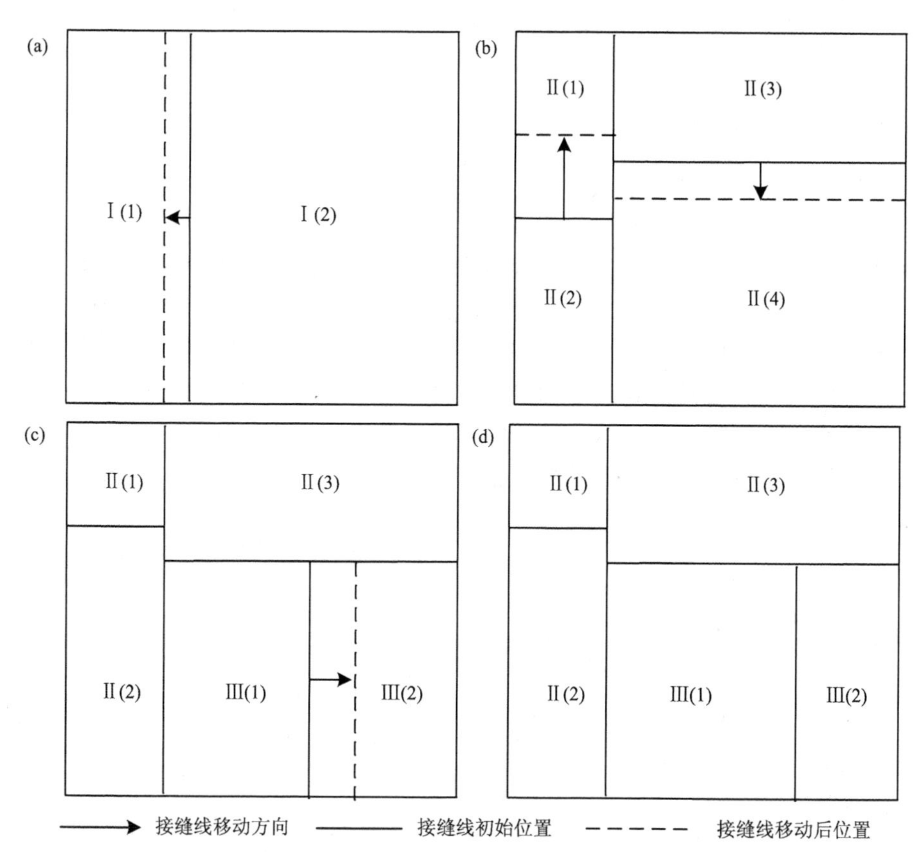

图 3.15　改进的启发式数据划分方法示意图(以栅格分块数为 5 为例)

(a)第一次迭代结果；(b)第二次迭代结果；(c)第三次迭代结果；(d)第四次迭代结果

步骤 6：若 t 为偶数，则令 $t = t / 2$，并对子分块 A 和 B 重复步骤 3 至步骤 5；若 t 为奇数，则对分块 A 令 $t = [t / 2]$，对分块 B 令 $t = [t / 2] + 1$，并对子分块 A 和 B 重复步骤 3 至步骤 5。重复上述过程，直至源栅格数据划分完毕。

当上述划分过程完成后，各栅格分块的面积不一定相等，但其包含的能代表有效计算量的栅格单元个数大致相等，从而能保证并行处理过程中的负载均衡。考虑到在划分过程中，接缝线每次位置的调整是以一个栅格行或栅格列为基本移动单位。但在实际计算过程中，调整接缝线的位置常常十分耗时，其原因在于接缝线移动的距离过小。为了提高接缝线调整过程的效率，改变移动单位为一个栅格行或栅格列的设定，而以 $k(k > 1)$个栅格行或栅格列为单位调整接缝线的空间位置。这样，当源栅格数据包含 w 个栅格行和 u 个栅格列时，极端情况下两个栅格分块之间的有效计算量差异可计算为 $\text{dif} = \max(k \times w, k \times u)$。考虑到栅格分块之间的差异阈值为 s，则 k 的取值应当满足

$$\frac{\text{dif}}{N_t} = \frac{\max(k \times w, k \times u)}{N_t} < s \tag{3-13}$$

则 k 的取值范围需满足

$$k < \min(s \times \frac{N_t}{w}, s \times \frac{N_t}{u}) \tag{3-14}$$

当完成上述改进的启发式划分过程后，源栅格数据即被划分为计算量大致均衡的栅格格网。为了便于后续动态调度，需将各栅格分块进一步均匀细分为一定数量的子分块。当子分块的数量为 G^2 时，G 即为子分块划分的数据粒度；同时，子分块即为后续并行动态调度中的最小粒度单元。在各栅格分块中对各子分块按照先 x 方向、后 y 方向进行从 1 开始的编号；编号的大小即代表了在并行处理过程中对不同子格网处理的先后顺序，如图 3.16 所示。

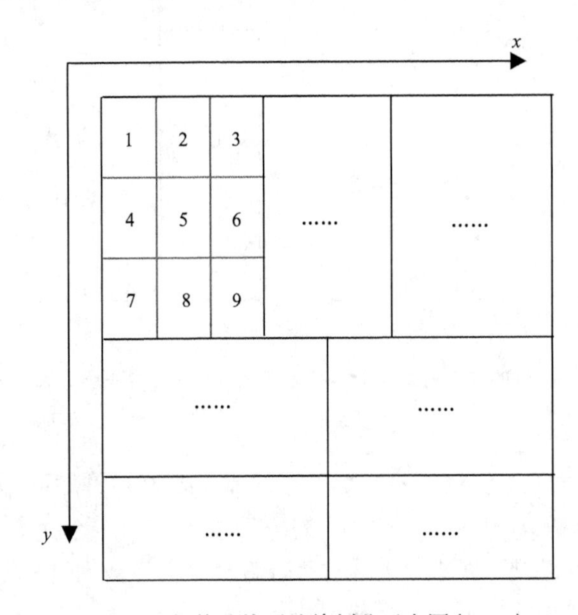

图 3.16 栅格分块子分块划分示意图($G = 4$)

在完成上述过程后，即完成了对栅格源数据的两阶段数据划分。这样，使得在完整的并行计算过程中，各节点内部的并行处理与节点之间的并行调度包含的数据计算粒度不相同。具体来说，在各节点内部需要并行处理的数据粒度为不同的栅格分块，在节点间并行调度中的粒度为子分块。

3.2.3 抓取式并行调度方法

本书提出一种抓取式动态并行调度方法，以实现对全局型栅格数据空间分析并行化过程中的任务动态管理与调度。抓取式并行调度方法采用主从式并行模式实现对并行计算过程中的任务调度；其中，主节点主要负责计算任务的分配、对从节点调度的控制及消息传递；从节点主要负责调用算法对所分配的数据任务进行并行处理，并及时向主节点反馈处理信息。在对任务的并行处理中，可根据从节点的处理状态将其分为忙碌节点和空闲节点；忙碌节点为正在进行并行处理的从节点，空闲节点为已经完成并行处理、处于等待任务分配状态的从节点。

上述并行调度方法的主要过程包括：①主节点首先将源栅格数据划分成与从节点数目相等的栅格分块，其次根据数据划分结果将各栅格分块依次分配给各从节点进行并行处理。②各从节点标记为忙碌节点，在节点内部按照子格网编号增序形成任务处理队列，并依次处理各子格网。在处理完成后将完整的结果对象直接写入目标文件，保留不完整的结果对象。③当有从节点完成该节点所属栅格分块的并行处理后则向主节点反馈信息，并标记为空闲节点；主节点接收反馈信息后监测忙碌节点，并向其发送指令。④忙碌节点接收到该指令后从本节点处理队列末端取一待处理子分块，并将其空间范围信息发送给空闲节点。⑤空闲节点根据接收到的空间范围信息从源数据中读取该子分块并进行处理，并重新标记为忙碌节点；在处理完毕后将完整的目标对象直接写入目标文件，将不完整的目标对象返回发送给原从节点。⑥重复上述步骤，直至所有数据均被处理完毕，则完成了对数据分配的动态调度。节点间的消息传递中，只传递待处理子分块的空间范围标识，并不传递具体数据，从而实现对空闲节点的充分利用，如图 3.17 所示。

在上述并行调度过程中，子分块划分时的数据粒度大小将在一定程度上影响并行调度过程的效率，不同的子分块数目对并行任务调度过程的影响不同。具体来说，若数据粒度过大，则无法将空闲节点的任务量有效分解，从而引起忙碌节点和空闲节点状态的互换，造成并行调度的失效；若数据粒度过小，则将引起频繁的消息通信与数据传递，造成并行效率的降低。因此，存在一定的数据粒度阈值，在任务处理与消息通信之间达成平衡，从而有效地利用并行调度的功能，实现并行效率的提升。后续实验部分将探讨子分块数据粒度大小对并行效率的影响。

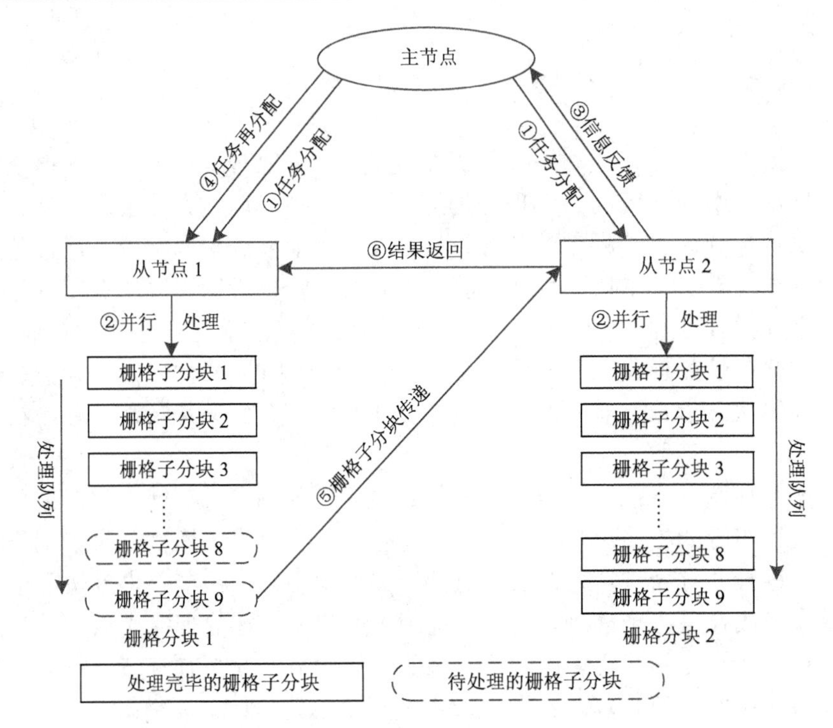

图 3.17　抓取式并行调度方法示意图

3.2.4　基于二叉树的结果融合方法

在完成启发式数据划分过程后，处于各栅格分块接缝线边界处的栅格单元容易产生并行处理后的目标对象不完整甚至结果错误的问题。为了解决上述问题，本书提出一种基于二叉树的计算结果融合方法，对并行处理后形成的不完整目标对象进行快速融合，从而形成完整、正确的处理结果。该方法主要包括两个步骤：基于改进启发式划分结果的二叉树构建及栅格分块不完整目标对象的迭代并行处理。

首先，根据提出的启发式划分方法迭代划分空间位置的特性逐级构建二叉树，将每次划分当前空间形成的两个分块作为层级的左右节点(图 3.18(a))。在构建的二叉树中，前一次迭代划分形成的栅格分块均为后一次迭代划分形成的栅格分块的父节点。这样，当指定划分的栅格分块数为 t 时，形成的二叉树最大层级为 $[\log_2 t]$。至此，即完成了对数据划分结果栅格分块的二叉树构建。

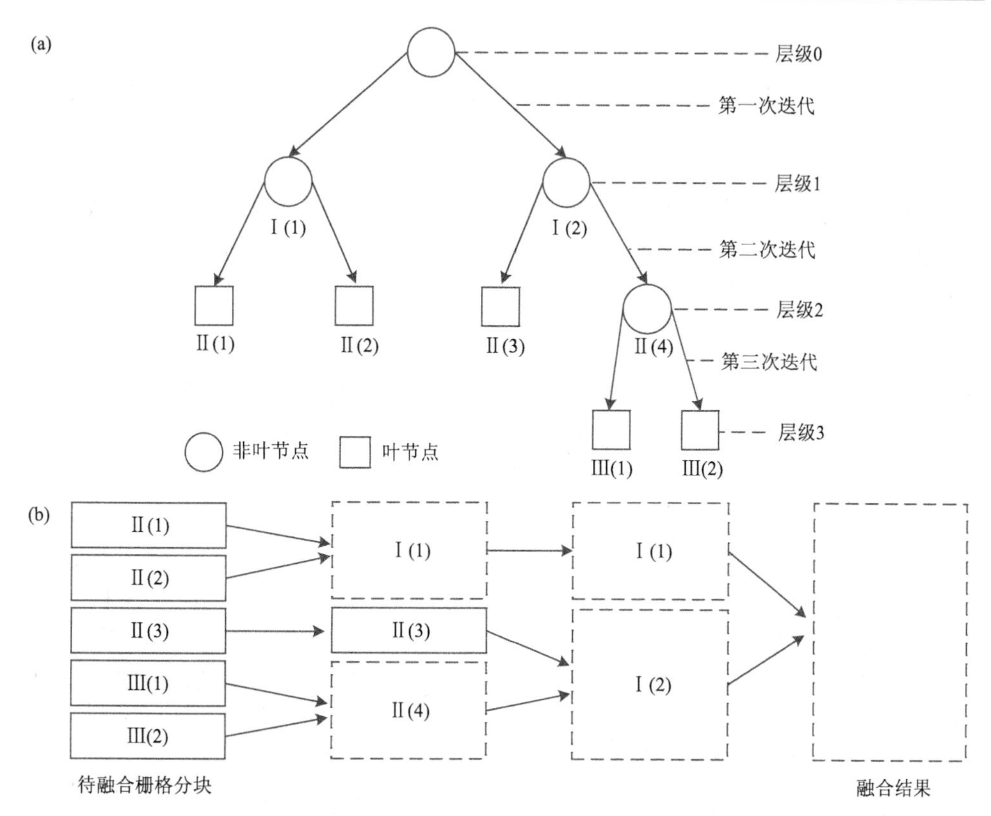

图3.18 基于二叉树的结果融合方法示意图

(a)数据划分结果的二叉树构建；(b)栅格分块的迭代处理

当上述二叉树构建完毕后，即可按照该二叉树层级从底端逐层开始，向上进行逐层级迭代计算，且迭代次数为[$\log_2 t$]。在每次迭代计算中，参与计算的栅格分块为当前层级包含的栅格分块(图3.18(b))；各栅格分块中均保留了并行处理后的不完整目标对象。迭代计算的主要步骤如下：①不属于当前层级的栅格分块直接进入下一次迭代过程。②在当前二叉树层级中，将拥有相同根节点的右节点栅格分块中的所有不完整目标对象传递给处理左节点栅格分块的计算节点，并由该计算节点负责两个相邻栅格分块中不完整目标对象的融合。③负责左节点的计算节点在处理过程中将已融合完成的目标直接写入目标文件，将仍不完整的多边形保留，并进入下一次迭代；在下一次迭代中，该计算节点作为根节点的虚拟处理节点，其处理的两个栅格分块整体作为根节点的虚拟栅格分块。④重复步骤①至步骤③，直至迭代计算结束。上述融合策略可保证每次参与融合的两个栅格分块在空间范围上相互邻近，且融合次数最少。

3.2.5　并行计算实现流程

全局型栅格数据空间分析的并行处理过程可分为预处理过程、并行执行过程和后处理过程。并行预处理流程如图 3.19 所示，并行执行过程和后处理过程如图 3.20 所示。

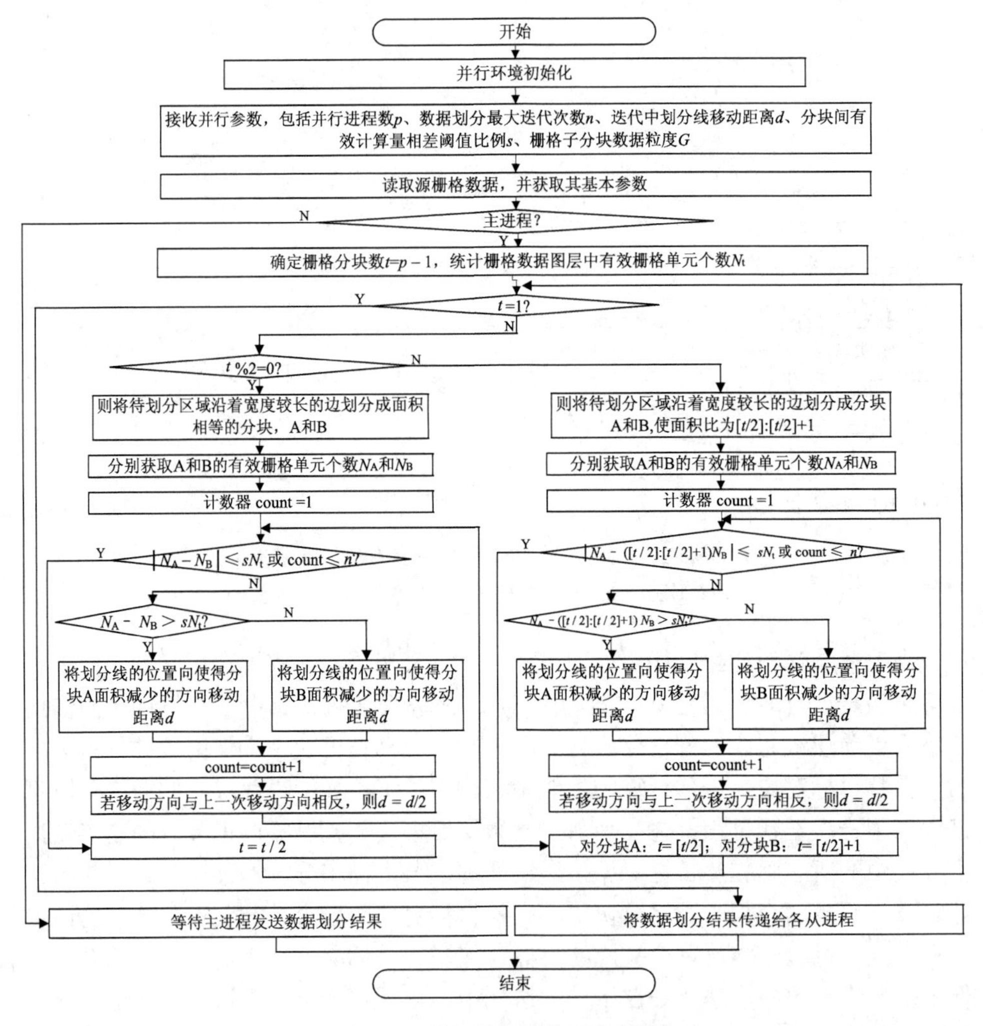

图 3.19　并行算法预处理流程图

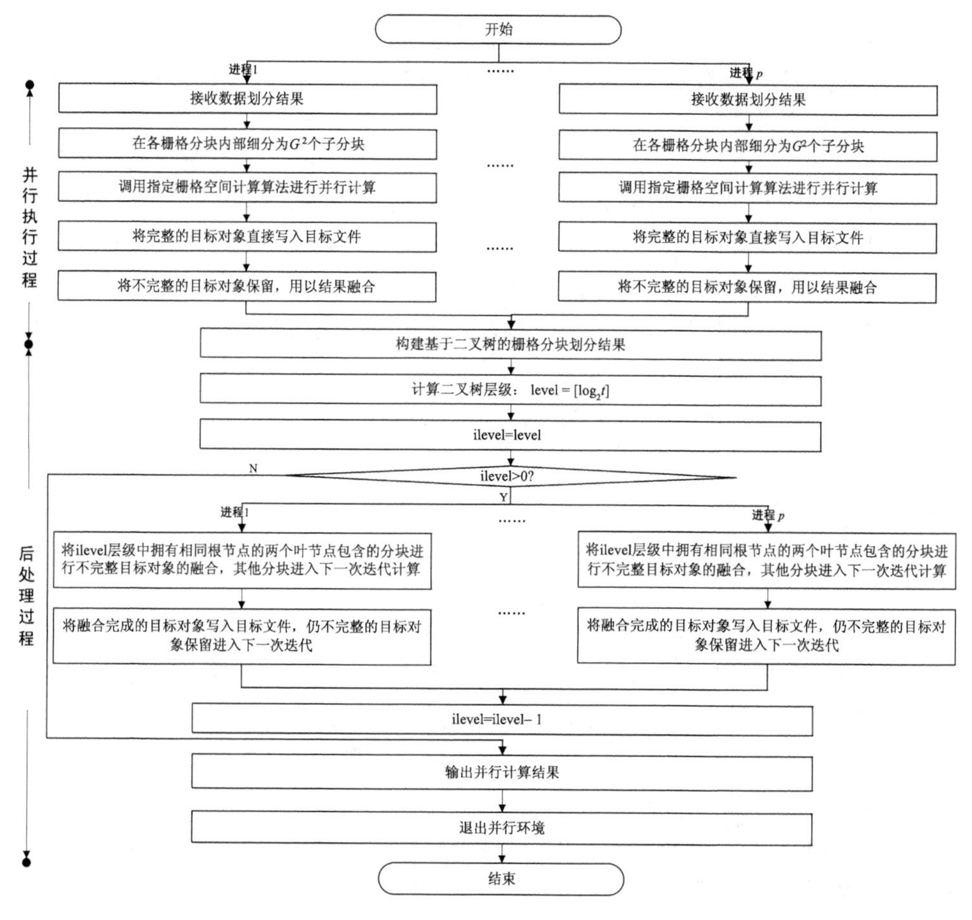

图 3.20　并行执行过程和后处理过程流程图

预处理过程指对源栅格数据的数据划分和任务分配；并行执行过程根据不同的计算规则对栅格分块执行并行计算，不同算法有着不同的并行执行过程；后处理过程针对处理结果中不完整的目标对象进行结果融合，以形成正确的计算结果。本书提出的数据划分方法作用于预处理过程；并行调度方法作用于并行执行过程；结果融合方法作用于后处理过程。采用标准 C++编程语言在 Linux 下开发，并在 MPI 环境下实现，矢量数据的读写操作通过 GDAL 实现。并行总体流程包含以下步骤。

步骤 1：并行环境初始化，接收并行参数，包括并行进程数 $p(p > 1)$、数据划分最大迭代次数 n、迭代中划分线移动距离 d、分块间有效计算量相差阈值比例 s、栅格子分块数据粒度 G。

步骤 2：读取源栅格数据，并获取其基本参数，包括栅格行个数、栅格列个数、栅格尺寸等。创建目标数据集，并初始化为空。

步骤 3：主进程将栅格数据集进行基于两阶段的数据划分。首先根据进程数执行基于改进启发式的划分方法，将源栅格数据划分成 $p-1$ 个栅格分块，从而完成数据划分。主进程通过消息传递将结果发送给各从进程。

步骤 4：各从进程接收从主进程传递的数据划分结果，并在负责的栅格分块内部继续划分成 G^2 个子分块。各从进程分别调用指定的栅格数据空间分析算法进行并行处理，并在并行处理中将各自栅格分块内部完整的目标对象直接写入目标文件；将不完整的目标对象保留，用以结果融合。

步骤 5：并行执行过程结束后根据数据划分的结果构建二叉树，并根据已构建的二叉树层级由低到高执行迭代计算，以解决目标对象不完整的问题。

步骤 6：输出并行计算的目标结果并退出并行环境。

3.2.6 实验与分析

3.2.6.1 实验算例

栅格数据多边形矢量化是典型的全局型栅格数据空间分析算法类型，具有计算复杂、密集的算法特征。栅格多边形矢量化是提取具有相同属性值的栅格集合的矢量边界及边界与边界之间的拓扑关系，并表示成由多个弧段组成的矢量边界线的过程。该算法的主要步骤包括：特征点提取、弧段生成、拓扑构建及多边形平滑，如图 3.21 所示。

(1) 特征点提取。在栅格数据的 2×2 窗口中，若存在不少于两种属性值，并且具有相同属性值的栅格单元空间上不相邻，则该窗口中心点为节点类型；若存在两种属性值，并且具有相同属性值的栅格单元是空间上的相邻关系，则该窗口中心点为中间点类型(图 3.21(a))。

(2) 弧段生成。弧段主要包括开放弧段和闭合弧段两种类型(图 3.21(b))。开放弧段的起点和终点均为节点类型，内部点是中间点类型；而闭合弧段则全部由中间点构成。

(3) 拓扑构建。对每条弧段寻找下一弧段，并以此构建弧段的两侧多边形，形成的多边形按照其弧段连接时的走向可分为顺时针和逆时针多边形(图 3.21(c))。顺时针多边形为外多边形，其边界构成多边形外环；逆时针多边形为内多边形，其边界构成多边形内环。

(4) 多边形平滑。矢量化后，在保证多边形拓扑关系完整的基础上对多边形包含的节点进行合理的删减(图 3.21(d))。

实验主要选取栅格数据多边形矢量化算法作为实验算例，并分别应用本书提出的两阶段数据划分方法、抓取式并行调度方法及基于二叉树的结果融合方法，以实现该算法的并行化。该算法并行计算的结果对象为相互独立、具有不同属性值的矢量多边形。在算法并行化过程中，各栅格分块接缝线处形成的结果多边形对象极易形成拓扑关系断裂、结果不完整的多边形；因此，在计算结果融合阶段，其目的是对上述拓扑不完整的多边形进行拓扑关系的重建。

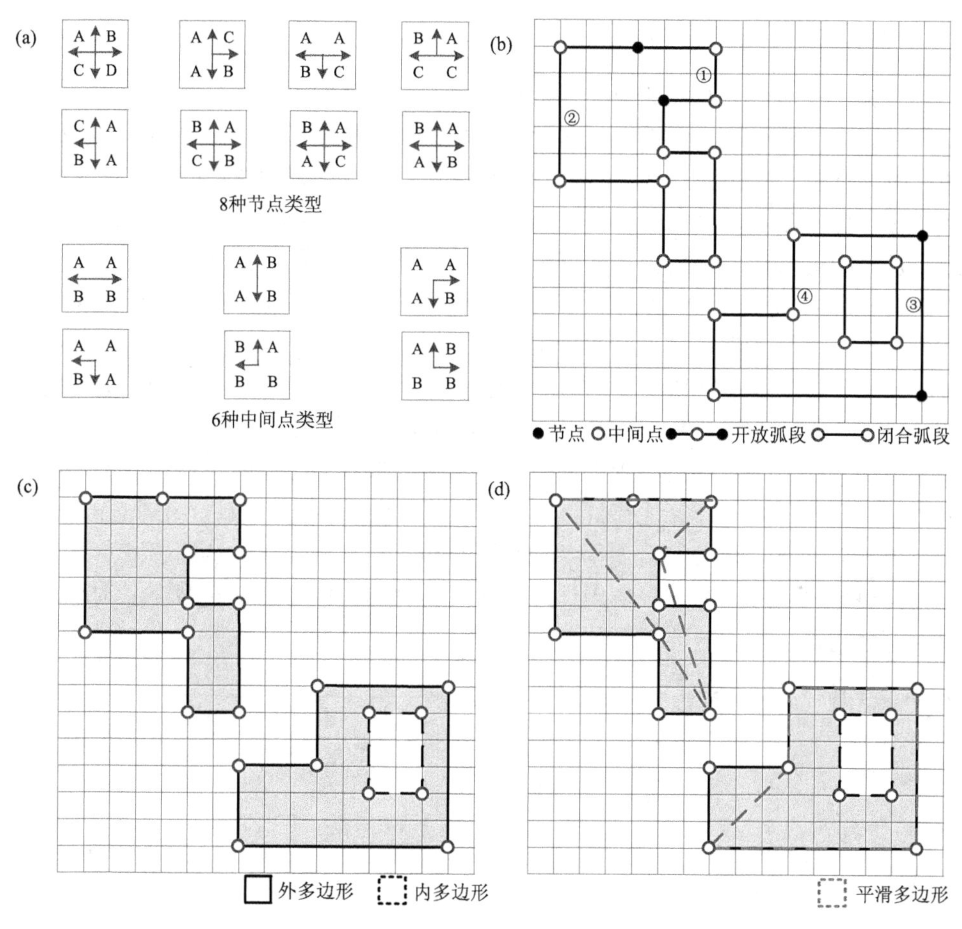

图 3.21　多边形矢量化算法基本流程

(a) 节点与中间点的可能类型；(b) 弧段生成过程；(c) 拓扑构建过程；(d) 多边形平滑过程

3.2.6.2　并行环境与实验数据

本实验采用 2.1.4.1 节的并行计算环境。此外，GEOS 的产品选择 GEOS 3.5.0。实验数据源为中国江苏苏南地区(包括南京、镇江、苏州、无锡、常州五市)土地利用现状数据。数据区域范围为东经 118.37°～121.33°，北纬 30.78°～32.62°；区域总面积为 27 872 km^2。数据格式为 GeoTIFF(*.tif)格式，数据大小为 36 271 栅

格行 × 56 305 栅格列、3.8 GB，分辨率为 5 m × 5 m。数据空间参考系为阿尔伯思圆锥等面积投影。该数据中包含的土地利用类型包括城镇用地，农村居民点、水浇地、旱地、有林地、灌木林、草地、水域等 14 个土地利用类别；数据中包含的有效栅格单元个数为 1 110 097 789 个。

3.2.6.3 并行效率分析

实验采用运行时间、加速比和负载均衡指数来评价算法的并行效率。其中，并行加速比可通过公式(2-7)计算得到，负载均衡指数可通过公式(2-8)计算所得。考虑到并行算法采用主从式并行模式，因此并行算法的最少进程数为 2；实验中改变并行进程数从 2 增加至 120，测试并行算法在不同进程数时的运行时间、加速比及对应的负载均衡指数。并行计算结果如图 3.22、图 3.23 及表 3.3 所示。

图 3.22 描述了多边形矢量化并行算法的运行时间和加速比。对实验结果作如下分析：①该算法串行执行时间为 1362.36 s。对于并行时间而言，当进程数为 2 时，此时算法内部串行执行，时间为 1384.64 s；由于并行进程开销带来的时间损耗，使得该时间略高于串行时间。②随着并行进程数的增加，运行时间迅速降低，加速比则逐渐增长，并与进程数成正比。当进程数等于 108 时，运行时间最少，为 146.65 s；此时并行算法获得最大加速比为 9.29。当进程数进一步增加时，各并行处理器计算负载失衡，使得并行环境变得不稳定、加速比逐渐下降。从上述测试结果可以看出，当测试所用计算单元数为 108，即计算资源被充分利用时，算法可获得最优并行效率。

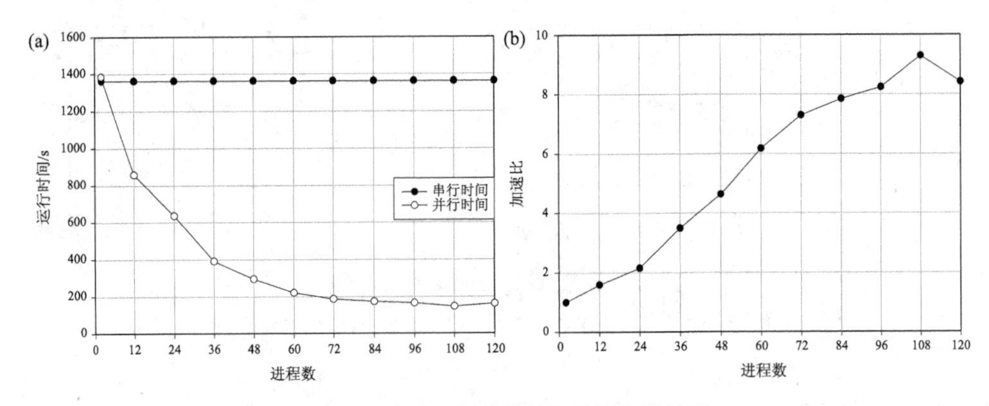

图 3.22　多边形矢量化并行算法实验结果

(a) 并行运行时间；(b) 加速比

图 3.23 描述了多边形矢量化并行算法在各进程数时的负载均衡指数。实验结果表明，随着进程数的逐渐增加，负载均衡指数呈现缓慢下降的趋势，从 0.46 下降至 0.29；在此过程中，负载均衡指数数值自始至终均低于 0.5。上述实验结果表

明了本书提出的并行方法可有效地实现并行各进程中的负载均衡，从而使得各进程计算时间差异较小。同时，负载均衡指数的缓慢变化趋势也表明了针对逐渐增长的进程数，本书提出的并行方法往往可以取得更加良好的负载性能。

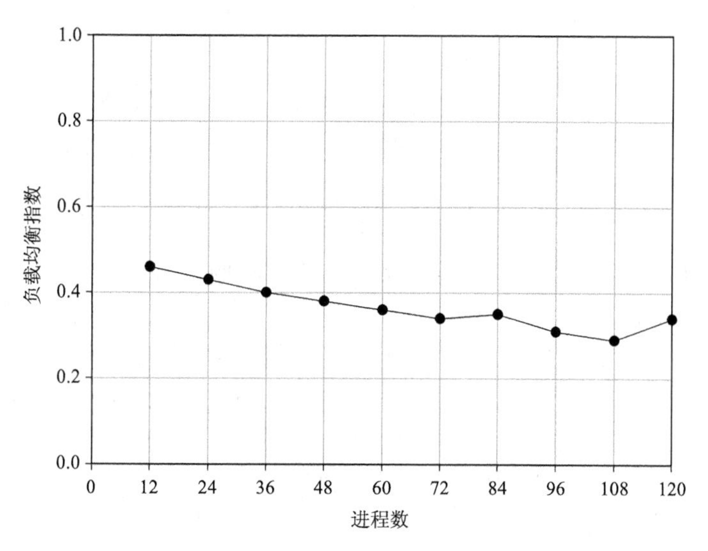

图 3.23　多边形矢量化并行算法负载均衡指数

此外，多边形矢量化并行算法总时间可进一步细分为数据划分时间、并行处理时间、结果融合时间和 I/O 时间。实验统计采用不同进程数时的并行算法各部分的运行时间，以进一步分析算法并行效率，实验结果如表 3.3 所示。①数据划

表 3.3　多边形矢量化并行算法运行时间的不同组成部分　（单位：s）

进程数	数据划分时间	并行处理时间	结果融合时间	I/O 时间	总时间
2	0.00	1359.06	0.00	25.58	1384.64
12	15.09	794.00	22.89	26.11	858.09
24	20.48	560.43	24.79	28.89	634.59
36	23.18	312.38	25.08	30.29	390.93
48	25.76	206.50	30.19	32.23	294.68
60	27.09	126.18	34.87	32.99	221.13
72	28.44	83.61	39.46	35.65	187.16
84	30.89	59.30	45.98	37.86	174.03
96	31.67	48.37	46.59	39.15	165.78
108	32.71	22.79	49.89	41.47	146.65
120	34.09	28.73	53.29	46.12	162.23

分过程是在并行计算时由主进程串行执行；随着进程数的增多，待划分的栅格分块数目逐渐增多，因此划分时间逐渐增加。②并行处理时间在总时间中占绝大比重；随着计算单元的增多，并行处理时间急剧降低，从而证明了本书并行方法可大大减少多边形矢量化的处理时间。③在本书数据划分方法中，源栅格数据被划分成与从进程数相同的栅格分块数。因此，随着进程数的增加，数据划分形成的栅格分块数目逐渐增多，从而增加了结果融合的次数及处理的复杂性，使得并行融合时间逐渐增加。此外，I/O 时间随着进程数的增加而缓慢增加。

3.2.6.4　不同数据划分方法对并行效率的影响

本书提出了一种两阶段数据划分方法，以估算栅格数据有效计算量，并实现各栅格分块的负载均衡。为了验证本书所提数据划分方法的有效性，将本书方法与传统数据划分方法的并行效率进行对比。传统数据方法中，选取格网划分方法和四叉树划分方法；并将其应用于多边形矢量化并行算法中。同时，考虑到采用传统数据划分方法实现的并行算法中不包含任务的并行调度；为了公平地对比并行效率，本书实现的并行算法中不采用抓取式并行调度方法，只采用对等式并行模式完成并行计算。实验从 2 至 120 改变进程数，并分别计算应用三种数据划分方法的多边形矢量化并行算法的运行时间和负载均衡指数，实验结果如图 3.24 所示。

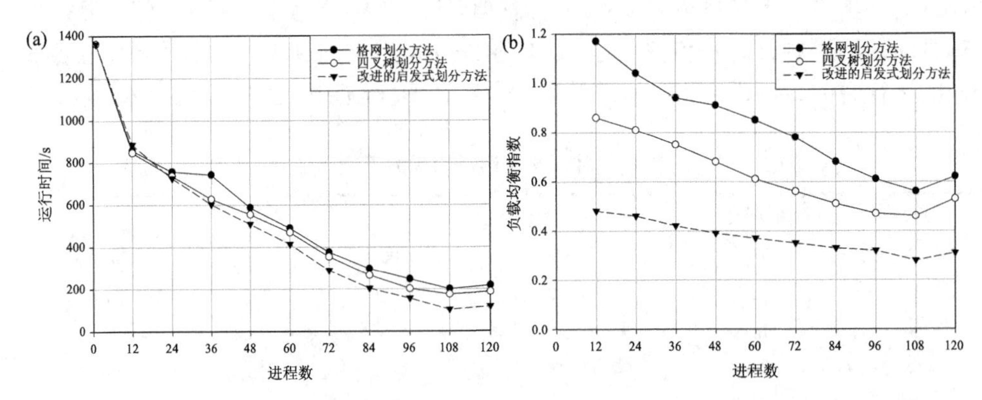

图 3.24　多边形矢量化并行算法应用不同数据划分方法的并行效率对比

(a) 不同数据划分方法的运行时间对比；(b) 不同数据划分方法的负载均衡指数对比

在实验结果中，针对应用格网划分方法、四叉树划分方法及本书所提两阶段数据划分方法的并行算法，其串行执行时间均为 1362.36 s；并行计算过程中的最少运行时间分别为 200.54 s、174.65 s 和 102.34 s。同时，三种数据划分方法的负载均衡指数分别从 1.17 下降至 0.56、从 0.86 下降至 0.46 和从 0.48 下降至 0.28。在传统的两种数据划分方法中，四叉树划分方法较格网划分方法能取得较好的并行效率。上述现象的原因在于格网划分方法仅考虑划分后的面积相同；而四叉树划分方法在此基础上对不同栅格分块采用不同深度的划分，因而其划分结果更加均衡。对比起来，本书提出的数据划分方法采用有效计算量代替空间范围面积作为数据均衡划分的依据，从而其并行运行时间更短；同时并行过程中的负载均衡指数数值更小、更稳定。上述结果表明了本书数据划分方法较传统方法可取得更好、更稳定的并行负载均衡性能。

3.2.6.5　不同并行调度方法对并行效率的影响

本书提出了一种抓取式并行调度方法，通过对各栅格分块继续划分子分块，实现并行计算过程中对计算任务的实时分配，从而进一步达到负载均衡。为了验证本书所提并行调度方法的有效性，将本书调度方法与传统并行调度方法的并行效率进行对比。传统并行调度方法中，选取传统静态调度方法和传统动态调度方法；并将其应用于多边形矢量化并行算法中。为了公平地进行比较，在应用不同调度方法的并行算法中，均采用本书提出的数据划分方法和结果融合策略。考虑到传统动态调度中，初始划分栅格分块数目对并行效率有显著影响，因此分别取其数目为从进程数的 2、4、8 和 16 倍。实验将传统不同并行调度方法分别应用于多边形矢量化并行处理过程，并比较不同方法对并行总时间、并行处理、结果融合及负载均衡指数的影响程度，实验结果如图 3.25 所示。

图 3.25(a) 描述了应用不同并行调度方法的并行算法的总运行时间。对实验结果分析如下：①采用传统静态调度方法与本书调度方法的并行算法的运行总时间均随进程数的增加而逐渐降低，并在最终趋于稳定。当进程数小于 12 时，考虑到静态调度算法使用的并行进程数多于本书并行算法，因而耗时较少；当进程数继续增加时，本书动态调度方法的优势得到体现，通过灵活的任务调度使得各进程耗时相对均衡，从而实现并行总时间的减少。②对于传统的动态调度方法，栅格分块数目对并行效率的影响较为明显。不同分块数对应的并行总时间均随着进程数的增加逐渐降低，当达到峰值后出现较为明显的回升；同时，当栅格分块数设置为进程数的 2 倍和 4 倍时的并行运行时间明显优于分块数设置为进程数 8 倍和 16 倍时的并行时间。相较于传统调度方法，本书提出的抓取式并行调度方法的并行总时间最少，这表明了本书方法可取得更好的并行效率。

图 3.25(b) 描述了应用不同并行调度方法时并行算法的并行处理时间。并行处理时间是并行总时间最主要的组成部分，也最能反映调度方法对计算密集部分的并行加速效率。传统静态调度方法在并行计算部分的时间变化呈现出先急剧降低后缓慢降低的趋势。传统动态调度方法中，当栅格分块数设置为进程数 2 倍和 4 倍的并行处理时间优于静态调度方法；且以倍数为 4 时的并行加速效率最高，但仍低于本书并行调度方法取得的并行加速效率。当栅格分块数继续增多时，随着

进程数的增加，并行进程之间的动态调度开销逐渐增大，使得增速减缓、运行时间减少不明显。相比较而言，本书提出的并行调度方法可实现对矢量化密集计算部分的稳定、持续的并行加速，从而并行时间最少。

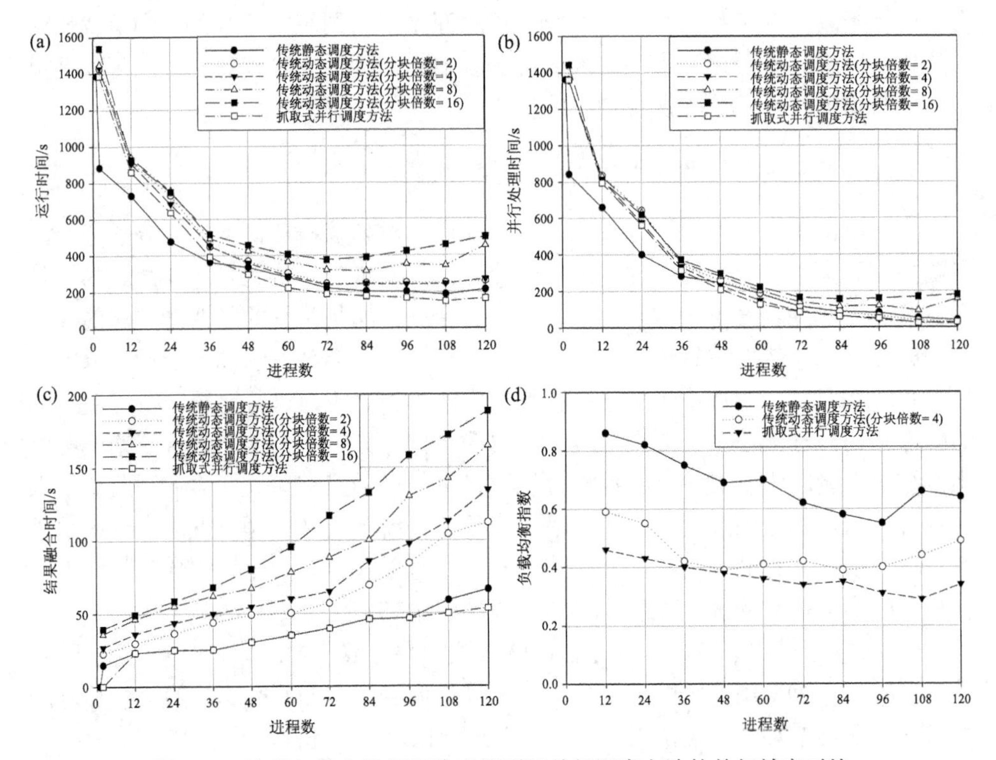

图 3.25　边形矢量化并行算法应用不同并行调度方法的并行效率对比

(a)不同调度方法的总时间对比；(b)不同调度方法的并行处理时间对比；(c)不同调度方法的结果融合时间对比；(d)不同调度方法的负载均衡指数对比

图 3.25(c)描述了应用不同并行调度方法时并行算法的结果融合时间。考虑到传统静态调度与本书调度方法中采用了相同的结果融合策略，且初始划分的栅格分块结果相同，因而两者结果融合时间几乎相同。传统动态划分方法对栅格分块之间的融合过程影响较大，主要表现在以下三个方面：①该方法主要通过将源栅格数据划分为进程数整数倍的栅格分块，从而实现循环调度；因而划分的栅格分块数目远多于其他并行调度方法。在该方法中，虽然采用与其他方法相同的结果融合策略，但其融合调度的次数及复杂度均大于其他方法，从而结果融合的耗时最长。②该方法通常将空间上邻近的栅格分块分发给不同进程进行并行处理，从而相同进程处理的多个栅格分块在空间上往往呈现出不相邻和断裂的情形，这增加了进程间通信的难度和信息量，从而增加了结果融合的复杂程度。③对于初始

分块数不同的并行处理过程，分块数越多的融合时间越长。当进程数较少时，不同初始分块数的并行融合时间差距较小；随着进程数的不断增多，初始分块数差距逐渐增大，使得融合时间差距逐渐增大。

图 3.25(d)描述了应用不同并行调度方法时并行算法在不同进程数时的负载均衡指数变化。从实验结果可以看出，三种并行调度方法的负载均衡指数数值均随着进程数的增加而逐渐减小。在进程数达到 108 后，过多的计算单元导致了并行环境中的资源竞争激烈，使得负载均衡指数数值逐渐增大，并变得不稳定。其中，传统静态调度方法的负载均衡指数数值最大且变化过程中抖动最为明显，这表明传统静态调度方法的并行处理过程中的负载最不均衡，且无法对每一种进程数均达到较为良好的负载均衡。本书提出的并行调度方法最大负载均衡指数不超过 0.46，明显优于其他两种方法，从而可实现更为良好的并行负载均衡。

综合上述结果分析可知，本书提出的抓取式并行调度方法较传统静态调度方法、动态调度方法可取得更好的并行效率和负载均衡指数；且本书方法对结果融合的影响最小。

3.2.6.6 数据粒度对并行效率的影响

在本书提出的抓取式并行调度方法中，初始划分的栅格分块数目等于从进程数目；但各栅格分块内部的子分块数据粒度并不确定，不同的数据粒度对并行调度过程的影响程度不同。实验分别设定数据粒度为 8、16、32、64、128 和 256，即将各栅格分块分别细分为 8、16、32、64、128 和 256 个子分块，并测试本书实现并行算法的运行时间，其实验结果如图 3.26 所示。

实验结果表明，数据粒度对并行算法运行时间有较为明显的影响。具体来说，对每种进程数，并行时间均随着数据粒度 G 的增加先逐渐减少后缓慢回升；同时，在数据粒度为 64 时并行时间最少。上述结果表明，存在一定的数据粒度阈值使得并行时间最少；在该状态下，并行调度开销、数据传输等带来的时间消耗与并行动态调度带来的并行加速能够达到相对平衡。因此，根据上述实验结果合理地设置并行过程中的数据粒度可使得计算效率进一步提高。然而，该数据粒度的阈值取值与节点计算能力有关，不同的并行环境中该阈值并不相同。本书仅定性地探讨了数据粒度对并行效率的影响，数据粒度与并行节点计算能力的定量关系还需后续的进一步研究。

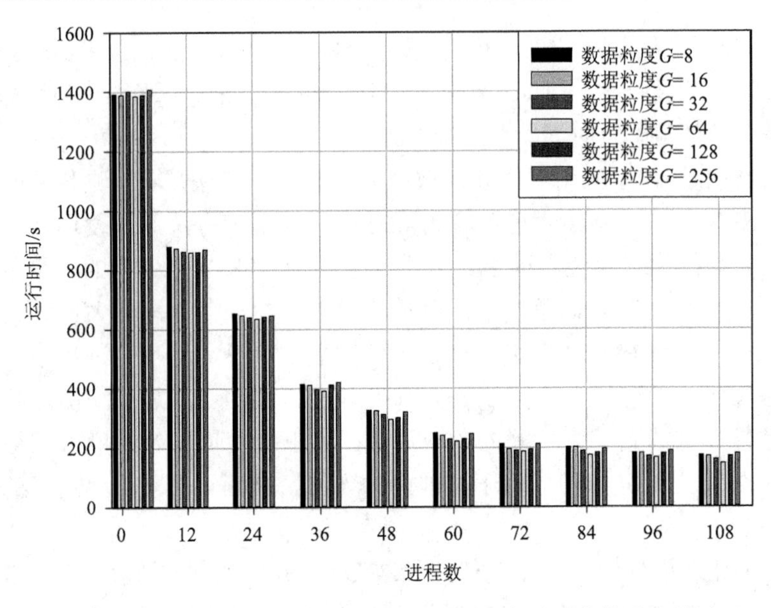

图 3.26　不同数据粒度对多边形矢量化并行算法效率的影响结果

3.3 本章小结

本章主要面向栅格数据空间分析提出了顾及有效计算量的负载均衡并行方法。传统的数据划分方法对栅格数据的划分结果粗略、未能顾及栅格有效计算量；同时，常用的并行调度方法极易引起并行阻塞、造成大量空闲进程处于等待状态。为了解决上述问题，本章针对局部型栅格空间分析类型，提出考虑栅格有效计算量的不规则数据划分方法和多粒度动态并行调度方法。其中，多计算粒度体现在并行处理过程和并行调度过程包含的数据粒度不同；此外，在并行调度过程中，同一节点不同时刻负责计算的数据粒度不同，同一时刻不同节点负责计算的数据粒度也不同，以动态地实现负载均衡。针对全局型栅格空间分析类型，本章设计了两阶段数据划分方法、抓取式并行调度方法和基于二叉树的高效结果融合策略。其中，多计算粒度体现在各节点内部的并行处理与节点之间的并行调度包含的计算粒度不同。在多节点并行计算集群上，分别以 *k*-means 遥感影像分类算法和栅格多边形矢量化算法为例，测试本书所提并行方法对于局部型和全局型栅格空间并行计算算法的适用性。实验结果表明，针对不同类型的栅格空间分析算法类型，本书提出的数据划分方法和并行调度方法较传统方法均能大大缩短算法的并行时间、取得更好的并行加速比和稳定的负载均衡。实现的 *k*-means 遥感影像分类并行算法在计算 6.9 GB 遥感影像数据时，可将运行时间从 2400.28 s 减少至 118.42 s，取得的最优加速比为 20.27，其负载均衡指数始终低于 0.7；实现的栅格多边形矢量化并行算法在计算 3.8 GB 的土地利用分类栅格数据时，可将运行时间从 1362.36 s 减少至 146.65 s，并取得 9.29 的最高加速比，其负载均衡指数低于 0.5。此外，本章在实验中探讨了数据划分粒度和并行调度粒度对算法并行效率的影响。

第4章　面向 CPU/GPU 混合架构的自适应负载均衡并行计算模型

在 CPU/GPU 混合异构的计算环境中，CPU 和 GPU 具备不同的架构特征和并行性能优势，如何有效地协同 CPU 和 GPU 计算单元，使其能适用于海量地理空间数据的处理与应用十分关键。本章在总结地理空间分析负载均衡并行技术通用特征的基础上，利用其代表性要素构建一种自适应负载均衡并行计算模型；通过深入研究 CPU 和 GPU 的计算特性，提出适应于 CPU/GPU 混合架构的负载均衡并行方法。

4.1　自适应负载均衡并行计算模型

4.1.1　总体架构

针对不同类型的地理空间分析算法，其采用的负载均衡并行方法的不同之处主要包含以下几个方面。①不同类型算法的输入数据与输出数据类型不同，可能为矢量多边形数据类型或栅格数据类型；②不同类型算法待处理数据的数据量不同，可能为小规模数据量、中等规模数据量或大规模数据量；③不同类型算法的计算规则不同，即对待处理数据的具体计算原理及计算方式不同；④不同类型算法包含的计算步骤数目不同，某些算法仅包含单一的计算步骤，而其他算法则可能包含多个计算步骤，且前一步骤的输出为后一步骤的输入；⑤不同类型算法所采用的并行方法的层面不同，主要表现为某些算法仅需数据划分方法即可实现并行过程中的负载均衡，而其他算法则需要数据划分方法、并行调度方法及结果融合方法的相互配合才可实现负载均衡；⑥在算法并行化过程中，不同计算步骤对应的数据/计算粒度可能不相同，数据划分、任务调度等不同并行阶段对应的粒度也可能不相同；⑦在面向多核 CPU、众核 GPU 混合架构的并行环境中，可能仅包含多核 CPU 或众核 GPU 的计算节点，也可能包含 CPU 与 GPU 计算节点的混合并行环境组合。针对不同的并行计算环境类型，采用的并行方法也不相同。

因此，在综合上述不同之处的基础上，本书进一步将地理空间分析负载均衡并行方法的设计与实现涉及的不同层面综合归纳为数据、算法、并行化方法、粒度和并行计算环境五个要素。此外，考虑到地理空间分析包含众多算法类型，如果均从上述五个方面进行负载均衡并行方法的设计与实现将十分耗时，因为实现一个并行算法往往需要 GIS 用户熟悉并行编程工具、并行算法库的使用，了解 CPU/GPU 混合异构并行计算环境的基本硬件架构特征，掌握并行计算软硬件环境的基本配置方法，并克服并行算法程序设计、代码开发上的困难。尽管不同算法类型包含众多不同之处，但在将算法类型细分后，不同的细分算法类型将具有相同的数据特征、算法原理特征和并行化特征，这为研发一种通用、有效的地理空间分析负载均衡并行模型提供了可能。本书即在探讨地理空间分析负载均衡并行方法异同之处的基础上，建立了面向 CPU/GPU 混合架构的自适应负载均衡并行计算模型(load-balanced parallel model，简称 LBPM)。具体来说，本书实现的并行计算模型构成要素包含数据(data)、算子(operator)、并行化方法(method)、粒度(granularity)和并行计算环境(environment)，可具体表达为

$$\mathrm{LBPM}(D, O, M, G, E) \tag{4-1}$$

其中，D 代表数据要素；O 代表算子要素；M 代表并行化方法要素；G 代表粒度要素；E 代表并行计算环境要素。LBPM 模型通过对数据类型、算子类型和并行计算环境类型进行归纳与分类，并作为可扩展接口提供给 GIS 开发用户，而将各自对应的并行化方法和计算粒度的技术实现进行隐藏与封装。这样，用户不必关心并行算法代码实现的技术细节，而只需关注于算子的串行计算原理，进而通过 LBPM 模型提供的规范化和统一化接口实现对 CPU/GPU 混合异构计算环境中不同地理数据类型和不同空间分析算法类型自适应地选取合适的并行化方法和计算粒度，从而基本实现大多数具有相同特征的地理空间分析串行算法的快速并行化，并达到并行计算过程中的有效动态负载均衡。

在本书设计的 LBPM 并行计算模型中，并行计算环境要素是该并行模型的基础与支撑，处于该模型的最底层，其功能在于提供并行计算所必需的硬件计算环境；数据与算子两个要素的功能在于分别确定待处理数据的数据类型及待处理算法的计算算子类型，处于 LBPM 模型的中间层；并行化方法要素和粒度要素的功能在于分别确定并行计算过程中的数据划分、并行任务调度等具体并行化方法，及不同并行阶段对应的计算粒度特征，处于 LBPM 并行模型的顶层，如图 4.1 所示。

4.1.1.1　数据要素

在 LBPM 并行模型中，数据要素主要指待处理的输入数据和输出数据。数据的内涵具体包括数据格式(D_1)、数据存储形式(D_2)、数据个数(D_3)、数据处理顺序(D_4)及数据量大小(D_5)。①数据格式包含矢量数据格式和栅格数据格式。常用

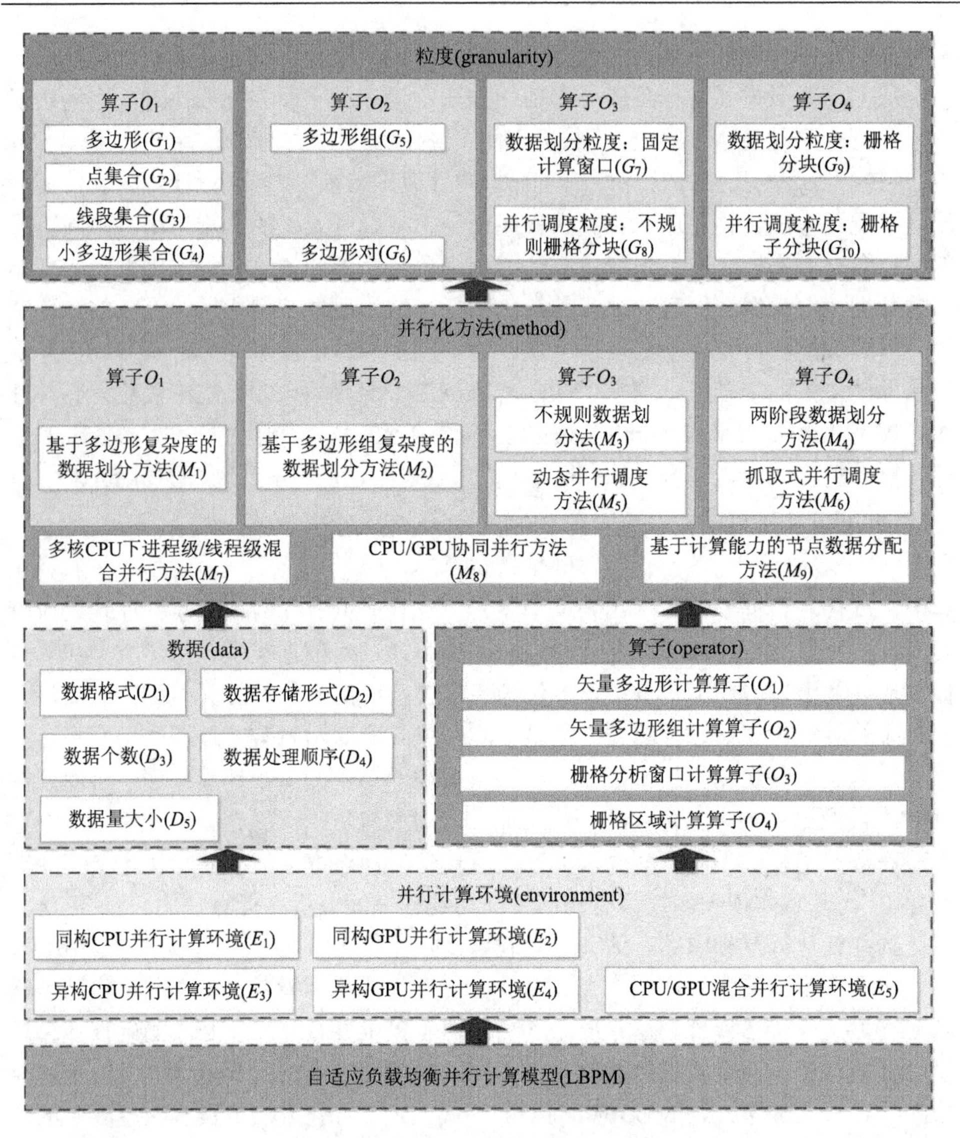

图 4.1　LBPM 并行计算模型总体架构

的矢量数据格式为 Esri Shapefile(*.shp)、MapInfo Tab(*.tab)、GML(*.gml)、AutoCAD(*.dxf)、MicroStation Design(*.dgn)、PostgreSQL/PostGIS 和 CNSDTF-VCT(GB/T 17798《地理空间数据交换格式》)；常用的栅格数据格式为 ERDAS Imagine(*.img)、GeoTIFF(*.tif)、ENVI(*.hdr)、Arc/Info ASCII Grid(*.asc)、CNSDTF-BMP/TIFF(GB/T 17798《地理空间数据交换格式》)和 CNSDTF-GRD(GB/T 17798《地理空间数据交换格式》)。②数据存储形式通常包括文件存储形式和空间数据库存储形式。传统的地理数据文件存储形式往往存储能力有限

（例如，ArcGIS 支持的 Esri Shapefile 文件格式支持的最大存储容量为 2 GB），从而文件形式只能存储小数据量的地理数据；针对大数据量的地理数据，通常选择空间数据库的存储形式，从而可以突破存储能力的限制。③数据个数是指输入的地理数据存储的文件个数或存储的数据库地址可能为单个，也可能为多个。④数据处理顺序是指当处理多个地理数据存储的文件或数据库地址时，需要决定不同数据的处理先后顺序。⑤数据量大小可分为小数据量和大数据量。其中，小数据量是指当待处理数据被划分完毕后，各计算节点负责处理的数据量均小于该计算节点的内存限制；大数据量数据指划分完毕后，能完全存储在各并行计算节点中的数据量。对于大数据量地理空间数据，在数据划分完毕后，各计算节点包含的数据量仍十分巨大，从而不能一次性处理完毕，需要分批进行处理。因此，当分配给某并行计算节点的数据量为 M、该计算节点的内存限制为 M_{limit} 时，若满足 $M > M_{\text{limit}}$，则需要将数据量 M 进一步细分为不同分批的数据。若数据粒度为多边形、多边形组或栅格固定分析窗口时，则在每个分批数据中，从数据量 M 中依次读取一个数据粒度，并累加其占用内存，使其恰好满足如下公式

$$\sum_{i=1}^{n} M_i^{\mathrm{G}} < M_{\text{limit}} \tag{4-2}$$

其中，M_i^{G} 为第 i 个数据粒度的内存占用量大小；n 为数据粒度的个数。这样，即可将该计算节点包含的数据量进一步分为多个不同的分批数据。若数据粒度为栅格分块，且占用内存大于 M_{limit} 时，则将该栅格分块进行进一步划分，形成若干细分的栅格分块，并使得细分后栅格分块的占用内存小于 M_{limit}，从而实现对任意数据量的空间数据的顺利处理。

4.1.1.2 算子要素

在本书中，算法可定义为包含若干计算规则的统一计算流程，算子可定义为不可分解的单一计算过程。针对不同的算法类型，其包含的计算规则不同；在同一算法中，也可能包含多个计算规则的处理步骤。从而，当某一算法包含单个算子时，算法即等同于算子；当某一算法包含多个算子时，该算法可概括为多个算子按照一定计算顺序形成的算子处理集合，且在这一过程中，前一个算子的输出为后一个算子的输入。本书通过分析地理空间分析算法的数据特征及计算特征，将大多数具有相同特征的算法包含的算子种类进一步分为矢量多边形计算算子（O_1）、矢量多边形组计算算子（O_2）、栅格分析窗口计算算子（O_3）和栅格区域计算算子（O_4）。具体来说，O_1 类型算子负责对源多边形数据集中的各独立多边形进行循环处理；O_2 类型算子负责对源多边形数据集中的相交多边形组或多边形对进行循环处理；O_3 类型算子负责对栅格数据中的各固定分析窗口内的栅格单元集合进

行循环处理；O_4类型算子负责对栅格数据图层中空间上相邻、具有相同属性值的栅格单元组成的不同栅格区域进行分别处理或联合处理，或对相关目标特征信息集合(如特征点信息、弧段信息、边界信息等)进行追踪、提取、识别、连接、统计和拓扑关系的构建等。应用上述不同算子类型的分类，即可基本将地理空间分析中多数具有相同数据特征和计算特征的算法概括为不同算子按照一定执行顺序排列的集合。针对包含多个算子的算法，各算子对应的计算数据与计算粒度均不相同，从而采用的并行方法也不尽相同。在本书提出的 LBPM 模型中，若待处理的算法仅包含单一算子，则该算法中算子即等同于算法；若待处理的算法包含多个算子，则需要首先将算法分解为多个算子，并针对不同算子采用不同相适应的并行化方法。因此，当待处理算法包含的算子个数为 n(n 为整数且 $n>1$)时，LBPM 模型可进一步表达为

$$\mathrm{LBPM}((D_1,O_1,M_1,G_1),(D_2,O_2,M_2,G_2),\cdots,(D_n,O_n,M_n,G_n),E) \tag{4-3}$$

4.1.1.3　并行化方法要素

在确定了并行过程中参与计算的数据、算子和并行计算环境后，即可自适应地确定对应的并行化方法，主要包括数据划分方法、并行调度方法和面向 CPU、GPU 混合异构计算环境的并行方法。在前文的研究中，已针对不同的数据类型与算子类型的组合提出了相适应的并行化方法。具体来说，若待处理的算子类型为矢量多边形计算算子，则对应的数据划分方法为基于多边形复杂度的数据划分方法(M_1)；若为矢量多边形组计算算子，则对应的数据划分方法为基于多边形组复杂度的数据划分方法(M_2)；若为栅格分析窗口计算算子，则对应的数据划分方法为不规则数据划分方法(M_3)，并行调度方法为动态并行调度方法(M_5)；若为栅格区域计算算子，则对应的数据划分方法为两阶段数据划分方法(M_4)，并行调度方法为抓取式并行调度方法(M_6)。同时，当计算环境中参与并行计算的节点仅包含多核 CPU 时，则采用多核 CPU 下进程级/线程级混合并行方法(M_7)；当计算环境中包含多核 CPU 和众核 GPU 时，则首先在多核 CPU 内采用进程级/线程级混合并行方法，其次在 CPU 与 GPU 间采用 CPU/GPU 协同并行方法(M_8)。此外，当计算环境中包含不同类型的计算节点时，则需要采用基于计算能力的节点数据分配方法(M_9)给具有不同计算能力的节点分配相适应的数据比例。上述三种方法的具体原理将在 4.1.2 节中详细阐述。

4.1.1.4　粒度要素

在 LBPM 并行计算模型中，粒度要素的内涵包括数据划分粒度和并行调度粒度。在不同类型算法并行化过程中，将算法分解成不同的算子后，不同的算子包

含不同的并行计算过程，从而需要针对不同算子的并行计算过程分别确定相适应的计算粒度。若算子的并行计算过程仅包含数据划分过程，则在执行并行计算前需要确定数据划分粒度；若算子的并行计算过程包含数据划分过程和并行调度过程，则在执行并行计算前不仅需要确定数据划分粒度，还需要确定并行调度过程中的调度粒度。具体来说，矢量多边形计算算子仅包含数据划分过程，则矢量多边形计算算子的数据粒度为多边形(G_1)或分解后的点集合(G_2)、线段集合(G_3)和微小多边形集合(G_4)，矢量多边形组计算算子的数据粒度为多边形组(G_5)或分解后的多边形对(G_6)。栅格数据空间分析并行处理包含数据划分过程和并行调度过程：栅格分析窗口计算算子的数据计算粒度为固定计算窗口包含的栅格单元(G_7)、并行调度粒度为不规则栅格分块(G_8)；栅格区域计算算子的数据划分粒度为栅格分块(G_9)、并行调度粒度为对各栅格分块进一步划分后的栅格子分块(G_{10})。

4.1.1.5　并行计算环境要素

在面向 CPU/GPU 混合架构的并行计算环境中，包含多种并行计算环境的组合；具体来说，即包括同构并行计算环境和异构并行计算环境。同构并行计算环境中各并行节点计算能力相同，主要包括同构 CPU 并行计算环境(E_1)和同构 GPU 并行计算环境(E_2)。异构并行计算环境中各并行节点能力不同，主要包括异构 CPU 并行计算环境(E_3)、异构 GPU 并行计算环境(E_4)和 CPU/GPU 混合并行计算环境(E_5)；特别地，CPU/GPU 混合异构并行环境可能进一步包含具有不同计算能力的 CPU 计算节点和 GPU 计算节点的多种组合形式。

在上述 CPU/GPU 混合异构的计算环境中，CPU 与 GPU 的计算模型和硬件架构均不相同，因而需要分别针对多核 CPU 和众核 GPU 的不同架构特征设计相适应的并行方法。此外，在混合异构的并行计算环境中，各并行节点的计算能力可能差异很大，若将不同并行节点视为具有同等计算能力，则同样容易引起数据倾斜，从而导致并行计算过程中的负载失衡。因此，具有高计算能力的并行节点应被分配更多的有效计算量，具有低计算能力的并行节点应承担较少的计算量。基于上述考虑，为了实现 LBPM 并行模型对 CPU/GPU 混合异构计算环境的良好适应性，本书进一步提出了适应 CPU/GPU 混合异构计算环境的并行方法，主要包括多核 CPU 下进程级/线程级混合并行方法、CPU/GPU 协同并行方法和基于计算能力的节点数据分配方法，上述方法的具体原理将在 4.1.2 节中详细阐述。

4.1.2 适应 CPU/GPU 混合异构计算环境的并行方法

4.1.2.1 多核 CPU 下进程级/线程级混合并行方法

在多核 CPU 并行计算模式中，进程级并行和线程级并行是两种流行的并行模式。进程级并行模式通过在并行过程中开辟若干并行进程、将计算任务划分成均衡计算量，并将各计算任务分配给各进程实现并行计算。线程级并行模式通过在单独并行进程中开辟若干线程，利用共享存储支持的多线程并行技术实现对算法效率的进一步提高。进程级并行模式具有可移植性、灵活性强、可靠性高等优点，在算法并行化过程中往往能实现算法的全局并行，对算法整体实现并行加速；线程级并行模式具有共享存储及轻量级并行粒度的特点，因而适合应用于算法中数据密集、计算重复度高的部分，从而实现算法的局部并行。

然而，在处理大规模的地理空间数据计算任务时，利用纯进程级或纯线程级并行模式均无法有效利用计算资源，从而实现的并行算法加速效率有限。具体来说，在纯进程级并行模式中，当完成数据划分后，各并行进程内部包含的计算任务量仍可能十分巨大；这样，在处理该任务时，进程级并行模式的实现粒度均较为粗略，容易造成进程内部并行处理时的阻塞与延缓。在纯线程级并行模式中，多线程并行技术通常只适用于对高度数据密集部分进行并行化，而对数据通信、消息传递、I/O 数据读写等部分则通常无法进行并行化；同时，多线程技术只能在一个并行进程内部实现局部并行，因此其可扩展性、加速效率均受到很大的限制。在多核 CPU 并行计算环境中，将进程级与线程级并行模式相结合，以充分利用两种并行模式的优势、提供进程间和进程内的两级并行，可进一步提高并行算法的运行效率。

1. 进程级/线程级混合并行模式

在进程级/线程级混合并行模式中，并行进程与多线程的特点不同，因而各自在并行计算过程中的任务分工不同。在该混合并行模式中，并行进程由于其全局并行的特点，适合用来负责 I/O 读写、消息通信、数据划分及任务调度；多线程由于其局部并行的特点，适合对计算密集部分进行并行处理。多线程并行计算中，各线程负责调用相同的计算规则对不同的数据进行处理；然而，不同的计算过程包含的计算规则不相同，并且待处理的数据粒度也不相同。因此，当待处理算法包含多个不同的计算步骤时，首先需要将该算法分解成不同的计算步骤；其次，确定不同步骤包含的计算规则；最终，确定各计算步骤中包含的最小数据粒度。因此，本书提出的进程级/线程级混合并行模式包含的主要步骤为：算法步骤分解、各步骤计算规则确定及各步骤中数据粒度的确定，如图 4.2 所示。

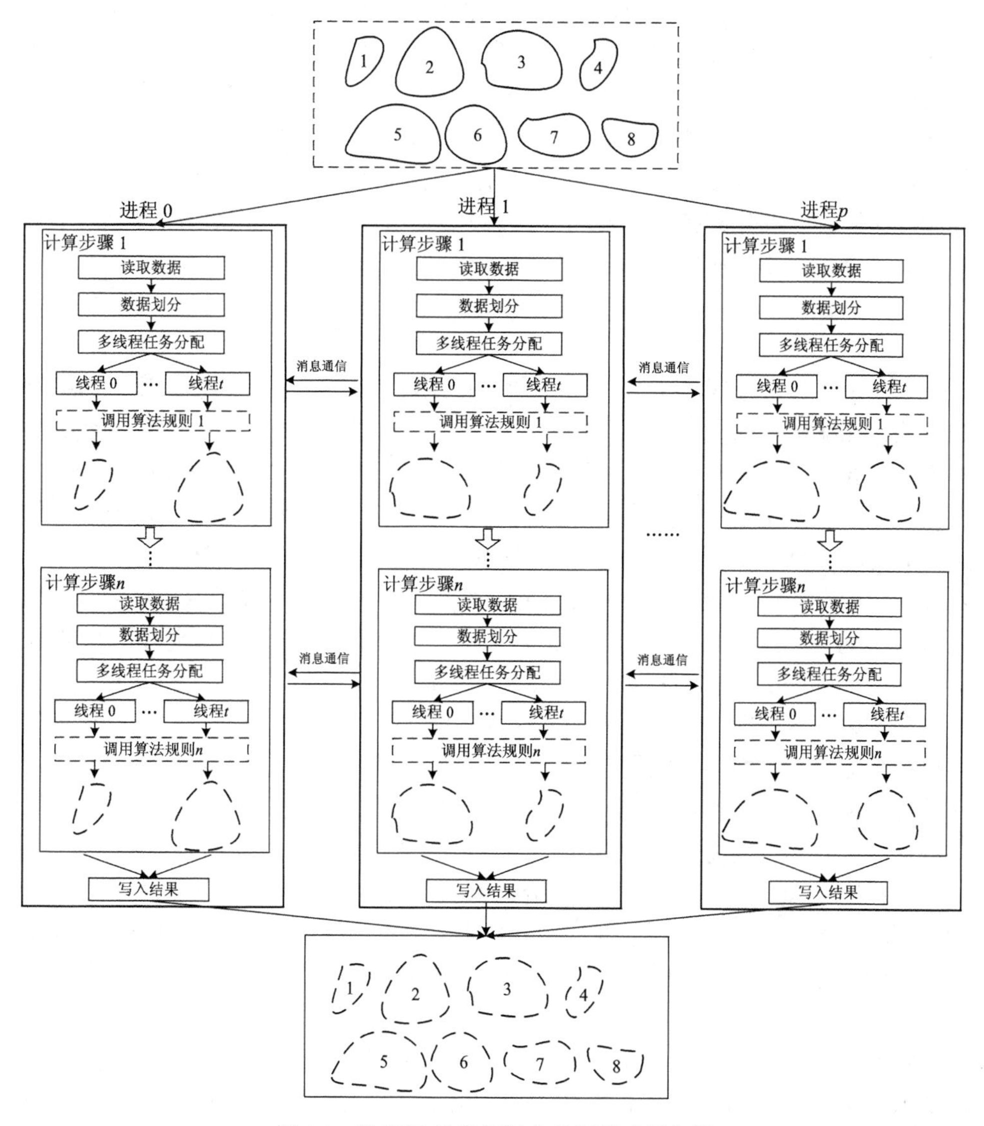

图 4.2 进程级/线程级混合并行模式示意图

具体来说，在数据密集型多边形空间分析算法中，其算法通常仅包含一个计算步骤，在此过程中，其数据粒度为单个多边形及复杂多边形分解后的计算单元。在计算密集型多边形空间分析算法中，其算法包含两个计算步骤：基于改进边界代数法的多边形栅格化和多边形相交结果计算。在基于改进边界代数法的多边形栅格化步骤中，一般多边形栅格化阶段的数据粒度为单个多边形及复杂多边形分解后的小多边形；基于游程编码的多边形 ID 提取阶段的数据粒度为单个栅格行。在多边形相交结果计算步骤中，其数据粒度为单个多边形组及复杂多边形组分解后的多边形对。在局部型栅格数据空间分析中，其算法仅包含一个计算步骤，在此过程中，其数据粒度为单个计算窗口包含的所有栅格单元。在全局型栅格数据空间分析中，其算法可能包含多个计算步骤，即多个并行处理步骤和结果融合步骤。在各并行处理步骤中，各计算进程内的数据粒度为各栅格分块，各进程间并行调度的粒度为细分的栅格子格网；在结果融合步骤中，其数据粒度为单个不完整目标对象在相邻分块中的不同组成部分。

2. *线程并行调度方法*

在矢量多边形空间分析并行方法中，本书提出了基于多边形复杂度的数据划分方法；在栅格数据空间分析并行方法中，本书提出了顾及有效计算量的数据划分方法。在完成上述对进程级的数据划分后，各进程包含的多边形复杂度或栅格有效计算量大致相当，可认为是一定数据粒度的集合；然而，各进程内部包含的数据之间计算复杂度仍存在一定差异。因此，在进程级/线程级混合并行模式中，对多线程的有效任务调度即成为提高并行效率的关键。在各进程中，对多线程的并行调度方法主要包括静态调度方法、动态调度方法和指导调度方法(guided scheduling method，简称 GSM)，如图 4.3 所示。

静态调度方法即是在进程内部执行多线程并行处理前将该进程内的待处理数据提前分配完毕，使得各线程负责处理相同数量的数据粒度计算单元(图 4.3(a))。在动态调度方法中，首先需要将进程内部待处理数据按照计算复杂度进行从小到大的排序，进而进行数据粒度的循环分配；在首轮分配中首先给各线程分配 G_d 个数据粒度，进而在并行处理过程中给处于空闲状态的线程持续分配 G_d 个数据粒度；循环执行上述过程直至该并行进程负责的数据被处理完毕(图 4.3(b))。在上述过程中，数值 G_d 即为动态调度过程中的调度粒度。若当前进程中待处理数据粒度数量为 n、开辟的线程数量为 t，则 G_d 的取值需满足 $1 \leqslant G_d \leqslant n/t$。当 $G_d = n/t$ 时，则该过程中的动态调度与静态调度过程相同。此外，在 G_d 的取值范围内，不同的取值将对并行效率产生不同的影响。具体来说，若 G_d 取值过大，则无法充分利用多线程灵活调度的性能优势；反之，若 G_d 取值过小，则过多的调度将引起额外的开销，并在其开销大于多线程并行带来的加速时将引起并行效率的降低。因此，调度粒度 G_d 的取值对进程级/线程级混合并行过程尤为重要。在指导调度方法中，首先需要将进程内部待处理数据按照计算复杂度进行从小到大的排序，并设置数据粒度调度的最大值 G_g，其取值满足 $1 < G_g < n/t$；在多线程并行过程中循环实现对不同数据粒度的循环分配(图 4.3(c))。具体来说，在首次对各线程的分

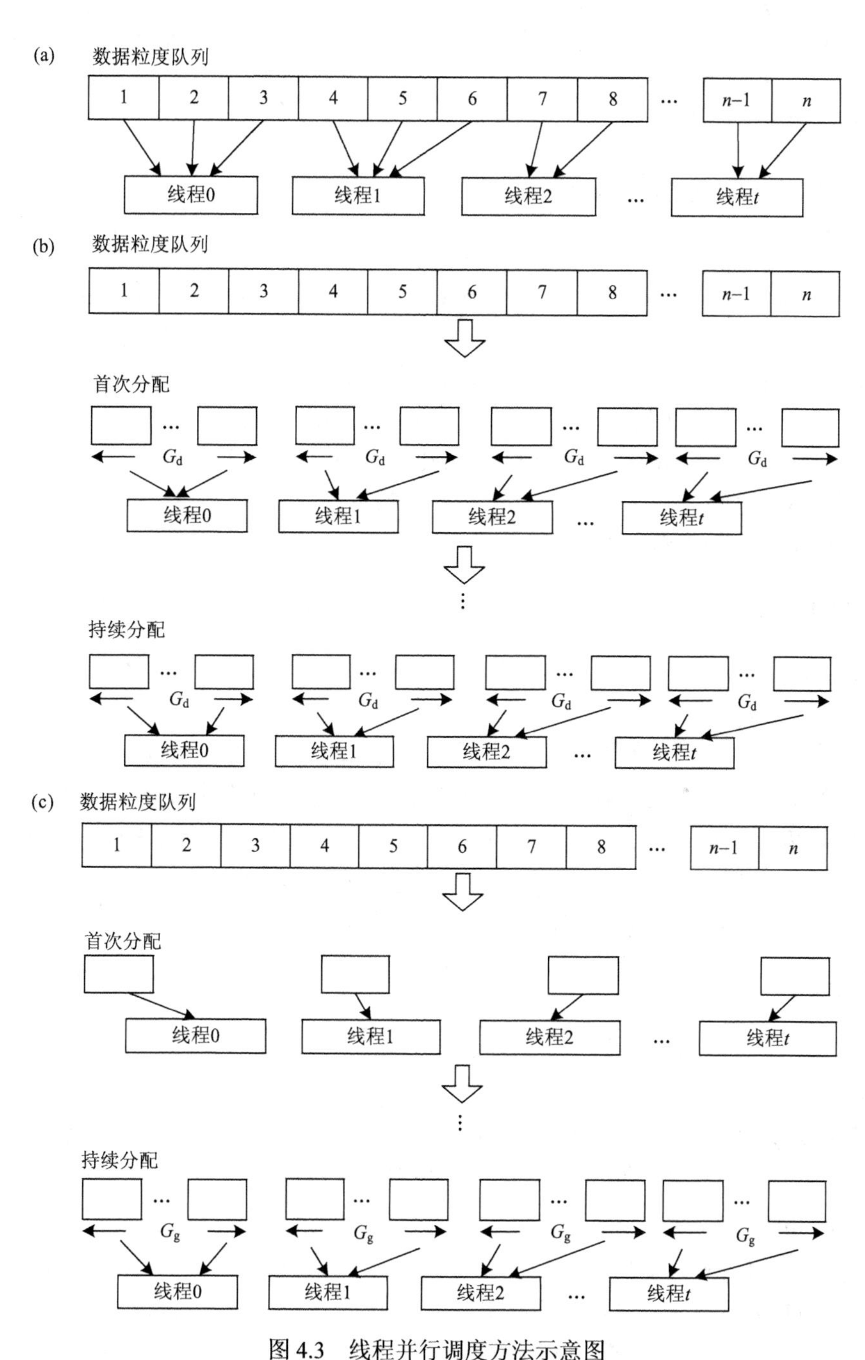

图 4.3　线程并行调度方法示意图

(a)静态调度方法；(b)动态调度方法；(c)指导调度方法

配中，各线程分别负责 1 个数据粒度；在后续的循环分配中，各线程负责的数据粒度数量依次加 1，直至达到设置的调度粒度最大值 G_g 为止。在该过程中，调度粒度 G_g 的取值同样对多线程并行过程产生影响；因而选择合适的调度粒度对多线程并行计算过程十分重要。

4.1.2.2　CPU/GPU 协同并行方法

传统的并行方法研究主要基于多核 CPU 并行环境设计，取得了一定的并行加速效率。但由于并行硬件环境及架构设计上的不同，很难将多核 CPU 环境下的并行方法直接应用到 GPU 环境中，因而需要根据 GPU 的架构特征重新设计面向众核 GPU 环境的并行方法。考虑到 GPU 环境包含两种形式，即不同 GPU 计算节点分布在同一 CPU 节点上和不同 GPU 计算节点分布在不同 CPU 节点上，本节提出的并行方法均基于分布在不同 CPU 节点的 GPU 并行环境进行研发，主要包括三个方面的方法创新与技术应用：GPU 多层级数据划分方法、GPU 内存优化使用方法和地理空间大数据流式并行处理方法。

1. GPU 多层级数据划分方法

在 GPU 算法并行化过程中，数据划分方法的优劣同样制约着 GPU 计算资源的利用效率。与多核 CPU 计算环境不同，GPU 并行环境中参与计算的核数众多、数据粒度较细，且包含不同层级的线程组织结构，因此，GPU 环境中的数据划分方法尤为重要。特别地，对于大规模的地理空间数据(即超过 GPU 计算环境的全局内存限制)，GPU 不可能将该数据一次性处理完，从而需要对大规模地理空间数据进行分批处理。本书在前文已研发的基于多边形复杂度和顾及栅格有效计算量的数据划分方法基础上，针对 GPU 的硬件架构特征和内存存储特征提出一种基于内存限制的 GPU 数据划分方法，其步骤主要包括数据预处理和 GPU 不同层级的数据划分。

数据预处理过程主要计算不同步骤中各数据粒度的占用内存(memory usage，简称 MU)。对于单个多边形，其占用内存主要由 X、Y 坐标数组及其属性值组成，因此多边形的占用内存 MU 可表示为

$$\mathrm{MU} = \mathrm{sizeof(PointX)} + \mathrm{sizeof(PointY)} + \mathrm{sizeof(AttributeValue)} \tag{4-4}$$

其中，PointX、PointY 分别为该多边形的 X、Y 坐标数组；AttributeValue 为多边形属性值。考虑到 GPU 对于单精度运算效率最高(Schulz, 2013)，因此三者的数据精度均设置为 float 型数值。结合多边形节点数目，可将公式(4-4)进一步表示为

$$\mathrm{MU} = (N_{\mathrm{PNN}} \times 2 + 1) \times \mathrm{sizeof(float)} \tag{4-5}$$

其中，N_{PNN} 为该多边形包含的节点数目；MU 即为单个多边形占用内存，单位为

字节(B)。对于单个栅格单元，其占用内存主要由其行列值坐标及其属性值组成，因此其 MU 可表示为

$$\mathrm{MU} = \mathrm{sizeof}(\mathrm{LocateX}) + \mathrm{sizeof}(\mathrm{LocateY}) + \mathrm{sizeof}(\mathrm{AttributeValue}) \tag{4-6}$$

其中，LocateX 为该栅格单元的栅格列坐标；LocateY 为该栅格单元的栅格行坐标；AttributeValue 为栅格单元属性值。考虑到上述栅格数值数量均为 1，则可将公式(4-6)进一步表示为

$$\mathrm{MU} = 3 \times \mathrm{sizeof}(\mathrm{float}) \tag{4-7}$$

其中，MU 即为该栅格单元占用内存，单位为字节(B)。因此，当并行计算过程中的数据粒度为多边形时，则该数据粒度占用内存可通过公式(4-5)计算所得；当数据粒度为多边形组时，则该数据粒度占用内存可通过如下公式计算

$$\mathrm{MU} = \sum_{i=1}^{m} \mathrm{MU}_i \tag{4-8}$$

其中，m 为该多边形组包含的多边形数量；MU_i 为第 i 个多边形的占用内存。当计算过程中的数据粒度为单个栅格单元时，则该数据粒度占用内存可通过公式(4-7)计算所得；当数据粒度为固定分析窗口时，则该数据粒度占用内存可通过如下公式计算所得

$$\mathrm{MU} = 3n \times \mathrm{sizeof}(\mathrm{float}) \tag{4-9}$$

其中，n 为该分析窗口包含的栅格单元个数。当数据粒度为单个栅格分块时，则将该栅格分块进一步划分成若干细分的栅格子格网，划分后的栅格子格网的占用内存仍可采用式(4-9)计算得到；细分的多个栅格子格网将作为 GPU 数据划分过程中的新数据粒度。在完成上述计算后，将各数据粒度按照其计算复杂度或有效计算量进行从小至大的排序，完成数据预处理过程。

当完成数据预处理后，即可按照 CUDA 中格网、线程块和线程的层级结构进行数据划分，如图 4.4 所示。

具体来说，当单个 GPU 的内存限制为 $\mathrm{MU}_{\mathrm{limit}}$ 时，线程格网中一次性可处理的数据粒度的数量应满足

$$\sum_{i=1}^{N_{\max}} \mathrm{MU}_i < \mathrm{MU}_{\mathrm{limit}} - \mathrm{MU}_{\mathrm{gpuresult}} \tag{4-10}$$

其中，$\mathrm{MU}_{\mathrm{gpuresult}}$ 为 GPU 并行计算结果所占内存；$N_{\max}$ 为最大数据粒度数目。从数据粒度队列首端依次取出一个待处理数据粒度，并进行占用内存 MU 的累加，直至满足公式(4-10)为止。这样，即将源数据划分成若干批次，每批处理数据包含的数据粒度计算复杂度或有效计算量逐渐增加，但占用内存总数均小于 GPU 内存。这样，可保证在每批处理中数据计算复杂程度差异不会过大，即完成了对

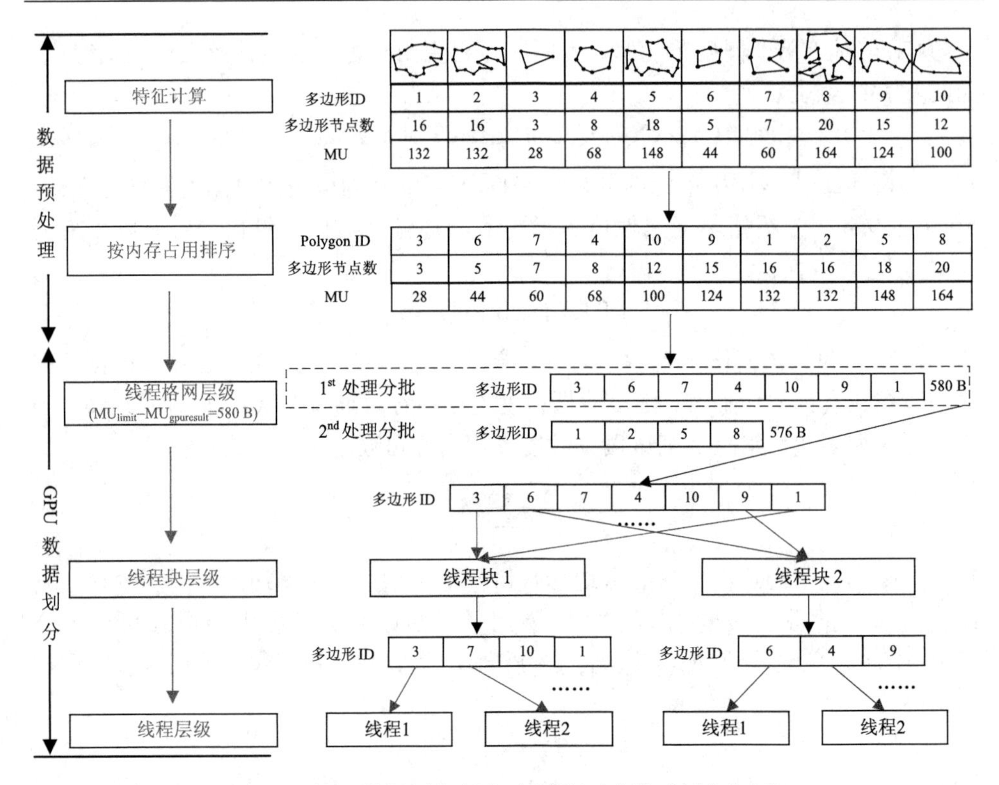

图 4.4　GPU 数据划分方法示意图(以多边形划分为例)

格网层级的数据划分。此外，在每批处理的数据中，线程格网中包含按计算复杂度或有效计算量升序排列的待处理数据粒度队列。每次从队列首端和末端各取一个数据粒度分配给一个线程块处理，直至数据粒度分配完毕，这样，即完成了对线程块层级的划分。在各线程块内部，采用循环分配的方式将待处理数据粒度依次分配给不同的 GPU 线程进行并行处理：首次给各线程分配一个数据粒度进行处理；当有线程处理完毕后，则继续分给其一个数据粒度进行处理，重复上述过程直至该线程块中数据处理完毕，即完成了对线程层级的划分。

2. GPU 内存优化使用方法

GPU 的存储形式多样，对 GPU 内存合理的优化使用将极大地影响数据存取速率，进而影响并行计算效率(Yang et al., 2008; Hou et al., 2011)。本书根据不同算法特征提出一种 GPU 内存优化使用方法，以充分利用 GPU 的计算资源，主要包括内存存储方法和缓存优化方法。

GPU 中应当存储的信息通常包括待处理数据粒度的空间位置信息、属性信息及 GPU 并行计算结果。当待处理算法类型为多边形空间分析时，其空间位置信息

为多边形的 X、Y 坐标；当待处理算法类型为栅格数据空间分析时，其空间位置信息为栅格行列坐标值。在 GPU 存储的所有信息中，数据粒度的空间位置信息及 GPU 并行计算结果所需存储空间常常较大，从而适合在 GPU 全局内存中存储。此外，属性信息的存储内存大小较为固定(当存储数值精度为 float 型时，内存大小为 4 B)，且属性值信息通常在并行计算过程中被线程反复调用，从而适合在共享内存中存储。考虑到共享内存容量较小，无法存储所有数据粒度属性值(如 NVIDIA Tesla k20m 类型 GPU，其共享内存为 48 KB，最多存储 12 288 个属性值)；且当多个线程对共享内存同一位置读取数据时，会发生访问冲突，影响并行计算执行性能。因此在 GPU 并行计算过程中，在共享内存中给各线程分配唯一的存储地址，利用该空间先后存储不同数据粒度对应的属性值，如图 4.5(a)所示。当线程对负责的数据粒度进行并行处理时，先从全局内存中将该数据粒度对应的属性信息读入共享内存中；这样，在并行计算过程中即可以快速读取属性值，从而加快数据存取速度。各线程执行过程中产生的临时变量及数据存储在寄存器和局部内存中。由于纹理内存和常量内存的数据只读特性及其包含的存储容量较小，因此不作使用。

此外，提高 GPU 中的缓存局部性能进一步提高数据读取速率(Daga, Scogland and Feng, 2011; Mu et al., 2014)；缓存局部性通常包含时间局部性和空间局部性(Sugimoto, Ino and Hagihara, 2014)。在 GPU 包含的缓存类型中，L2 缓存存储着从全局内存最近读取的数据，以便下次可以直接提取该数据。各线程在并行计算过程中需要反复读取数据粒度的空间位置信息，为了提高数据读取速率，应保证各线程处理的空间信息被完整保留在 L2 缓存中。针对数据密集型多边形空间分析算法类型，其数据粒度为单个多边形；考虑到多边形存储尺寸复杂、差异较大，从而需要将节点个数较多的复杂多边形分解成若干小多边形，以满足 L2 缓存尺寸。分解后的新多边形节点个数 Node_s 根据 L2 缓存尺寸及设定的线程数目确定，需满足如下公式

$$\text{Node}_\text{s}=\begin{cases}\dfrac{M_\text{cache}}{2\times N_\text{t}\times \text{sizeof(float)}}, & N_\text{t}<N_\text{tpp}\times N_\text{p}\\[2ex] \dfrac{M_\text{cache}}{2\times N_\text{tpp}\times N_\text{p}\times \text{sizeof(float)}}, & N_\text{t}\geqslant N_\text{tpp}\times N_\text{p}\end{cases} \tag{4-11}$$

其中，M_cache 为 GPU 中 L2 缓存的存储尺寸限制；N_t 为设定的 GPU 线程总数目；N_tpp 为每个 GPU 流处理器允许开辟的最大线程数；N_p 为最大流处理器数目。根据公式(4-11)确定的新多边形节点数对复杂多边形进行分解，使得分解后的小多边形节点能完整保存在 L2 缓存中，从而提高算法计算效率，如图 4.5(b)所示。针对计算密集型多边形空间分析算法类型，多边形栅格化步骤中的数据粒度为单个

多边形，同样可按公式(4-11)进行复杂多边形的分解；多边形相交计算步骤中的数据粒度为多边形组或多边形对：对于小于 L2 缓存的数据粒度则从 L2 缓存进行读取，而对于大于 L2 缓存的数据粒度则从全局内存进行读取。针对局部型栅格数据空间分析算法类型，其数据粒度为单个栅格单元或单个分析窗口包含的栅格单元，其栅格单元个数一般均较少，因而可直接存放在 L2 缓存中。针对全局型栅格数据空间分析算法类型，对于小于 L2 缓存的栅格子格网则从 L2 缓存进行读取，而对于大于 L2 缓存的栅格子格网则从全局内存中读取。

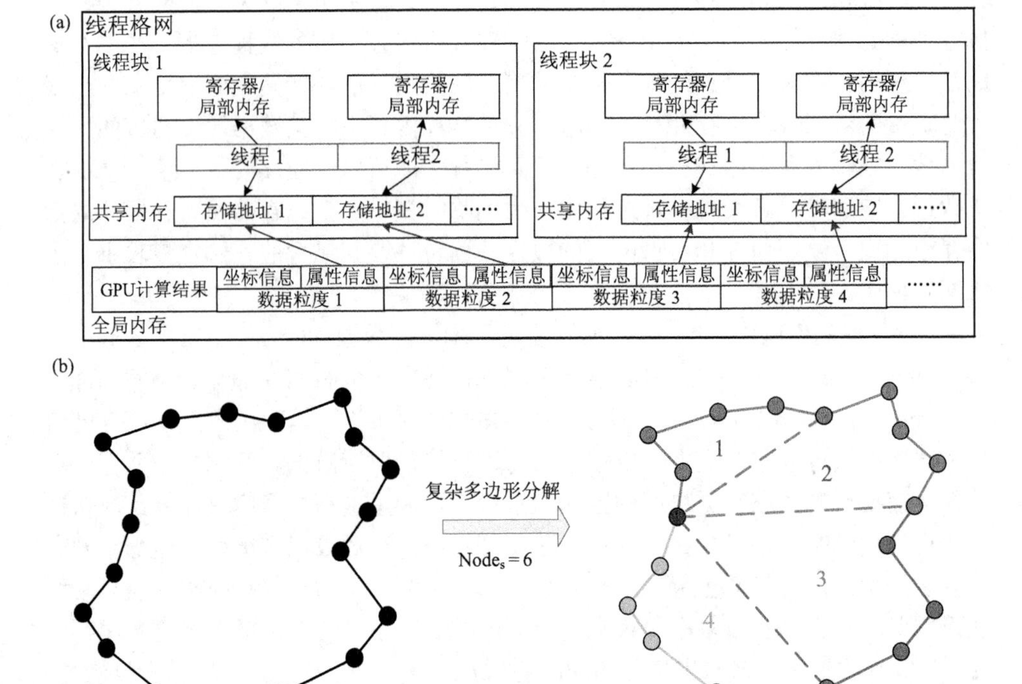

图 4.5　GPU 内存优化使用方法示意图

3. 地理空间大数据流式并行处理方法

在利用 GPU 进行矢量多边形空间分析或栅格数据空间分析时，若该算法类型仅包含一个计算步骤，则一般执行过程可概括为数据划分、数据读取、数据处理和并行计算结果写入；若该算法包含多个计算步骤，则在每个计算步骤中均包含上述一般执行过程。在采用多核 CPU 并行过程中，数据处理由各进程并行执行，其他步骤串行执行。在采用 GPU 并行过程中，源数据被分批处理，因此需要多次执行数据读入、数据传递、数据并行处理、结果写入等操作。然而，在 GPU 执行数据并行处理过程中，CPU 一直处于闲置状态，这严重浪费了 CPU 节点的计算资源。为了解决这一问题，本书提出一种地理空间大数据流式并行处理方法，以充分地利用并行环境中的 CPU、GPU 计算资源。考虑到并行计算过程中可能参与的多核 CPU 节点数量与 GPU 节点数量不同，本书以单个 CPU 节点及 GPU 节点为例，说明本书提出的地理空间大数据流式并行处理方法的基本过程。

在处理大规模地理空间数据时，由于受到 GPU 存储内存的限制，常常不能实现对源数据的一次性处理，因而需要对源数据进行分批处理。在按照上述 GPU 数据划分方法对源数据进行划分后，即可形成多个分批数据；本书提出的方法即是对上述分批数据进行并行处理。在该并行方法中，GPU 端主要负责数据的并行处理；CPU 端负责数据读写、消息通信及对任务处理的调度，如图 4.6 所示。

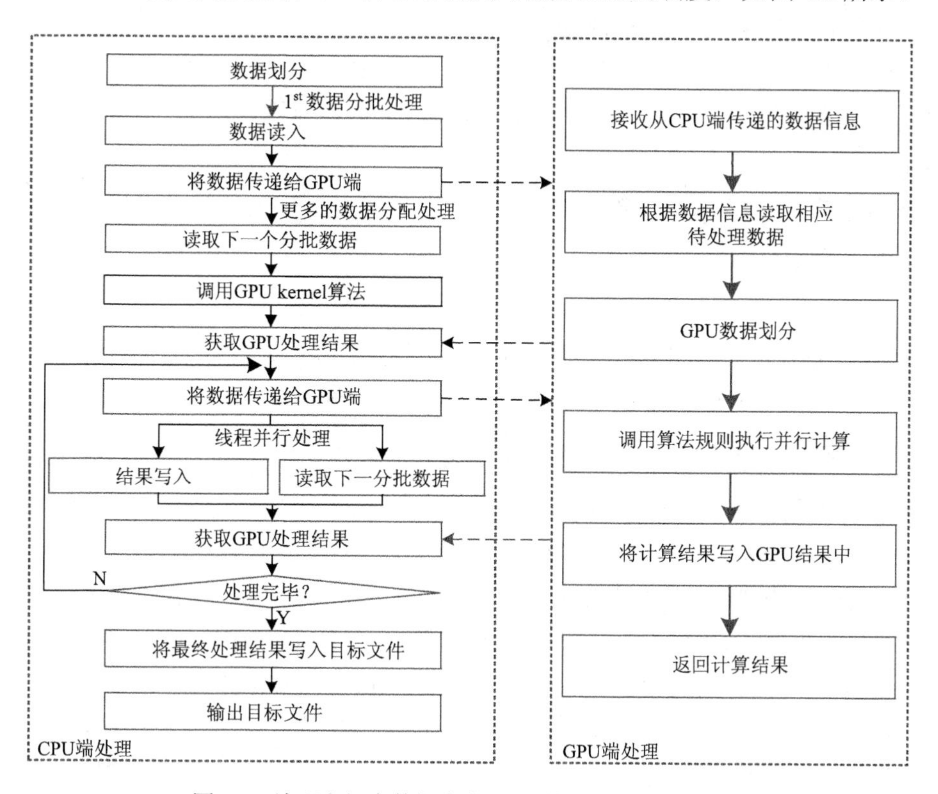

图 4.6　地理空间大数据流式 GPU 并行处理方法示意图

GPU 端的执行过程包括如下步骤：①接收 CPU 端传递的数据信息，并根据上述信息读取相应的待处理数据；②将获取的数据按照前文所提 GPU 数据划分方法依次分配给本 GPU 端内的各线程块及线程；③各线程分别调用算法规则对各数据粒度执行并行处理；④将计算结果写入 GPU 并行计算结果，并将结果返回 CPU

端，则完成 GPU 端的执行过程。CPU 端的调度包括首次执行调度和循环执行调度。具体来说，首次执行调度过程包括如下步骤：①根据 GPU 数据划分结果确定 GPU 端分批处理次数；②读取第一批数据并传递给 GPU 端进行处理，在 GPU 端并行执行过程中读取第二批待处理数据，然后接收 GPU 端处理结果。循环执行调度过程包括如下步骤：①将已读取的分批数据传递给 GPU 端；②开辟两个线程，同时写入上一次 GPU 端处理结果和读取下一批待处理数据；③接收 GPU 端处理结果；④重复步骤①至③，直至分批数据处理完毕。该方法使得 CPU 端在 GPU 端并行处理过程中完成对下一批待处理分批数据的读入和上一次 GPU 端处理结果的写入，使得 CPU 端的数据读写和 GPU 端的并行处理同步执行。上述并行过程形同流水一般，可突破 GPU 节点内存对大规模地理空间数据处理的限制，从而实现对多个分批数据的不间断流式并行处理。

对于多核 CPU 环境下的串行执行算法，设数据读取时间为 T_{r}，数据处理时间为 T_{p}，结果写入时间为 T_{w}，则串行算法的执行总时间可表达为

$$T_{\mathrm{s}} = T_{\mathrm{r}} + T_{\mathrm{p}} + T_{\mathrm{w}} \tag{4-12}$$

对于多核 CPU 并行处理，数据划分时间为 T_{d}，计算时间为 $T_{\mathrm{p}}^{\mathrm{cpu}}$，则并行执行总时间 T_{cpu} 可表达为

$$T_{\mathrm{cpu}} = T_{\mathrm{d}} + T_{\mathrm{r}} + T_{\mathrm{p}}^{\mathrm{cpu}} + T_{\mathrm{w}} \tag{4-13}$$

对于 GPU 并行处理，GPU 计算时间为 $T_{\mathrm{p}}^{\mathrm{gpu}}$，则并行执行总时间 T_{gpu} 可表达为

$$T_{\mathrm{gpu}} = T_{\mathrm{d}} + T_{\mathrm{r}}^{\mathrm{gpu}} + T_{\mathrm{p}}^{\mathrm{gpu}} + T_{\mathrm{w}}^{\mathrm{gpu}} \tag{4-14}$$

其中，$T_{\mathrm{p}}^{\mathrm{gpu}}$ 包含数据传递和 GPU 端并行处理时间；$T_{\mathrm{r}}^{\mathrm{gpu}}$ 为第一个分批数据读入时间；$T_{\mathrm{w}}^{\mathrm{gpu}}$ 为最后一个 GPU 端处理结果写入时间。这样，上述方法即可隐藏绝大多数的数据读入和结果写入时间，从而可进一步缩短算法处理时间。

上述过程描述了在并行计算环境包含单个 CPU 节点及单个 GPU 节点时的流式并行处理过程。考虑到并行计算环境及空间分析算法类型可能包含不同的情形，则在不同情形下的流式并行处理过程可认为是上述过程的循环执行，如图 4.7 所示。具体来说，当待处理的空间分析算法包含多个计算步骤时，其并行处理过程可理解为对各计算步骤依次执行上述流式并行处理过程。当计算步骤个数为 n 时，则并行过程中包含 n 次数据划分、数据读取、数据处理和并行计算结果写入过程的循环执行，如图 4.7(a)所示。当并行环境中包含多个 CPU 节点及多个 GPU 节点时，其流式并行处理过程可理解为多个 CPU 节点分别对各自负责的 GPU 节点进行上述流式并行处理，如图 4.7(b)所示。这样，本书提出的地理空间大数据流式并行处理方法可应用于不同情形下的 CPU/GPU 协同并行处理，从而具有较好的适用性和可扩展性。

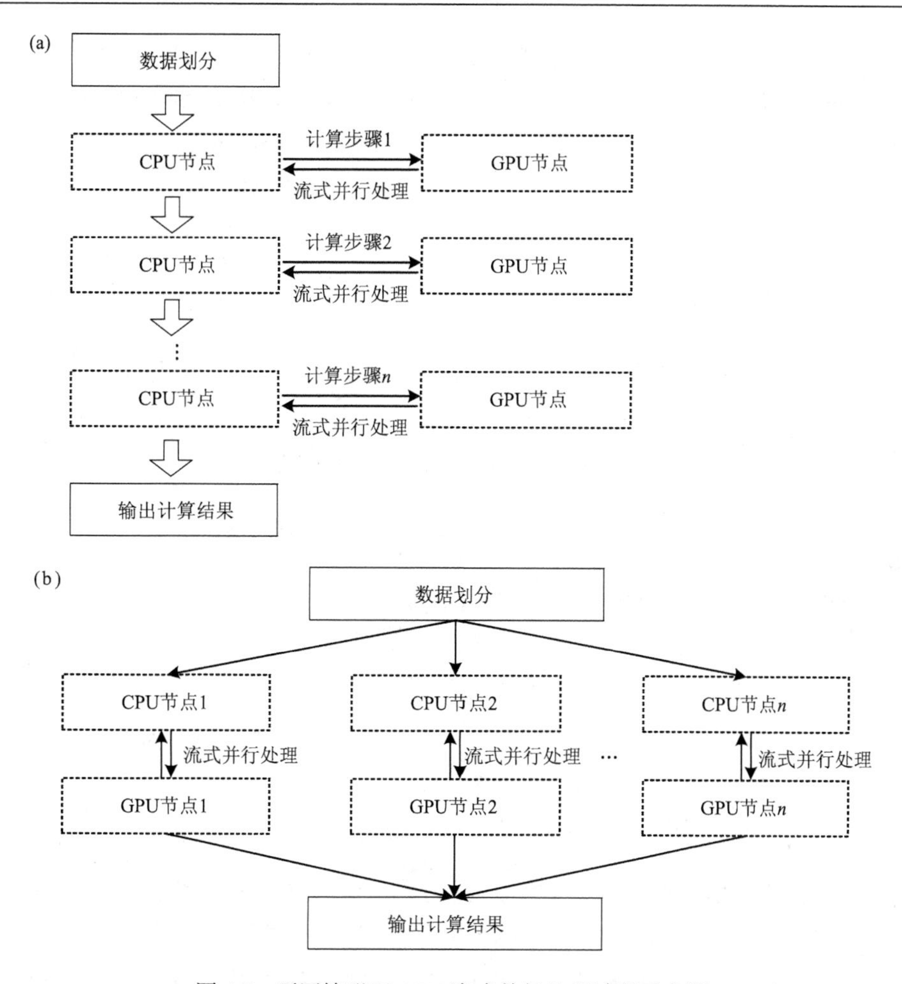

图 4.7　不同情形下 GPU 流式并行处理过程示意图

(a)空间分析算法包含多个计算步骤的情形；(b)并行环境中包含多个 CPU 节点及多个 GPU 节点的情形

4.1.2.3　基于计算能力的节点数据分配方法

基于计算能力的节点数据分配方法主要通过对并行节点计算能力的定量化，以确定各并行节点数据量的分配比例；而对待处理矢量数据包含的总体计算复杂度和栅格数据包含的总体有效计算量仍采用前文提出的方法进行计算。具体来说，针对 CPU 并行节点，其单个节点的计算能力 CC^{CPU} 可表达为

$$CC^{CPU} = NC \times CS \tag{4-15}$$

其中，NC 为该 CPU 并行节点包含的 CPU 核数；CS 为该节点的 CPU 时钟频率，其单位为赫兹(Hz)。针对 GPU 并行节点，其单个节点的计算能力 CC^{GPU} 可表达为

$$CC^{GPU} = NCA \times GCS \tag{4-16}$$

其中，NCA 为该 GPU 并行节点包含的 CUDA 流处理器核数；GCS 为该节点的 GPU 时钟频率，其单位为赫兹(Hz)。针对某异构并行计算环境，若其包含 m 个 CPU 并行节点和 n 个 GPU 并行节点，则该异构环境的总体计算能力 CC_{total} 可表达为

$$CC_{total} = \sum_{i=1}^{m} CC_i^{CPU} + \sum_{j=1}^{n} CC_j^{GPU} \tag{4-17}$$

其中，CC_i^{CPU} 为第 i 个 CPU 节点的计算能力；CC_j^{GPU} 为第 j 个 GPU 节点的计算能力。在利用前文所述的数据划分方法计算输入数据包含的总体计算复杂度或有效计算量后，第 i 个 CPU 节点应分配的数据比例可表达为

$$ratio_i^{CPU} = \frac{CC_i^{CPU}}{CC_{total}} \tag{4-18}$$

第 j 个 GPU 节点应分配的数据比例可表达为

$$ratio_j^{GPU} = \frac{CC_j^{GPU}}{CC_{total}} \tag{4-19}$$

这样，即完成了异构并行计算环境下的基于计算能力的数据分配过程。

4.1.3 串行算法快速并行化方法

地理空间分析的基本过程可概括为若干算子的不同排列组合在指定并行计算环境下的统一计算流程，且不同地理空间分析过程包含的算子个数、类型和计算规则不尽相同。对于同一类型、不同计算规则的算子，在串行计算层面，其具体计算过程和问题求解步骤不同；在并行计算层面，其采用的并行化方法和计算粒度基本相同。基于上述考虑，LBPM 模型将并行化方法和计算粒度的具体技术实现细节进行封装与隐藏，而将数据特征参数、算子串行计算规则和并行计算环境特征参数进行标准化与统一化，并以调用函数的形式作为通用接口提供给 GIS 开发用户，以接收用户输入对应的计算参数。通过上述通用接口，可实现模型对于不同数据类型、不同串行计算规则和不同并行计算环境的快速接入，使得用户不必关注并行算法的具体编程技术实现，以满足多数具有相同特征的串行算法的快速并行化。因此，本书主要从并行计算环境接口、数据接口和算子接口三个方面进行模型接口的设计与实现。

数据接口和并行计算环境接口主要用于接收用户输入的特征参数并对参数进行分析与评价，且不同的算子类型对应的接口类型相同。具体来说，本书设计的数据接口的输入为单个或多个待处理数据的存储地址，该接口的输出为根据输入

参数分析所得的数据格式、数据存储形式、数据量大小、数据个数等基本信息。并行计算环境接口的输入为参与并行计算过程的 CPU 节点个数及类型和 GPU 节点个数及类型，该接口的输出为根据参数自适应选择的并行方法和各计算节点对应的数据分配比例。若仅有 CPU 节点参与并行计算，则输出多核 CPU 下进程级/线程级混合并行方法；若有 CPU 节点和 GPU 节点共同参与并行计算，则输出多核 CPU 下进程级/线程级混合并行方法和 CPU/GPU 协同并行方法。

模型的算子接口主要用于接收串行算法的计算规则。考虑到不同的算子类型对应接口的输入和输出均不相同，本书针对四种细分算子类型分别设计其对应的算子接口，如图 4.8 所示。具体来说，①对于矢量多边形计算算子，该类型算子的核心操作是对不同多边形按照计算规则进行循环处理，因而该算子接口的输入为多边形计算规则，输出为 M_1 类型并行化方法和包含 G_1、G_2、G_3 和 G_4 的计算粒度；同时，该接口包含计算规则的输入数据类型为所有多边形要素及对应的多边形属性值，输出数据类型为计算结果多边形或计算结果栅格图层，该接口示意图如图 4.8(a)所示。②对于矢量多边形组计算算子，该类型算子的核心操作为对不同相交多边形组按照计算规则进行分别处理，因而该算子接口的输入为多边形组或多边形对的计算规则，输出为 M_2 类型并行化方法和包含 G_5 和 G_6 的计算粒度；同时，该接口包含计算规则的输入数据类型为源数据集中的所有相交多边形组，其输出数据类型为计算结果多边形，该接口示意图如图 4.8(b)所示。③对于栅格分析窗口计算算子，该类型算子的核心操作为循环对固定分析窗口内的栅格单元进行处理，因而该算子接口的输入为单个分析窗口栅格单元的计算规则，输出为包含 M_3 和 M_5 类型的并行化方法和包含 G_7 和 G_8 的计算粒度；同时，该接口包含计算规则的输入数据类型为各固定分析窗口内的栅格单元集合，输出数据类型为所有栅格单元的计算值，该接口示意图如图 4.8(c)所示。④对于栅格区域计算算子，该类型算子的核心操作为对栅格图层内空间上相邻且具有相同属性值的栅格单元组成的不同栅格区域进行分别处理或联合处理，或对相关目标特征信息集合(如特征点信息、边界信息等)进行追踪、提取、识别、连接、统计和拓扑关系的构建等，因而该算子接口的输入为对不同栅格区域或目标特征信息的计算规则，输出为包含 M_4 和 M_6 类型的并行化方法和包含 G_9 和 G_{10} 的计算粒度；同时，该接口包含计算规则的输入数据类型为已搜索完成的具有相同属性值的不同栅格区域和存储相关目标特征信息集合的内存数组，其输出数据类型为对上述输入数据的计算结果，该接口示意图如图 4.8(d)所示。考虑到 CPU 和 GPU 的计算模型不同，CPU 和 GPU 对应的接口规范也不同，因此，当仅在 CPU 上进行并行计算时，需要通过算子接口接收采用 C/C++编程语言编写的计算规则实现代码，当在 CPU 和 GPU 上进行协同并行计算时，还需要接收采用 C 编程语言编程、基于 CUDA 模型的计算规则实现代码。

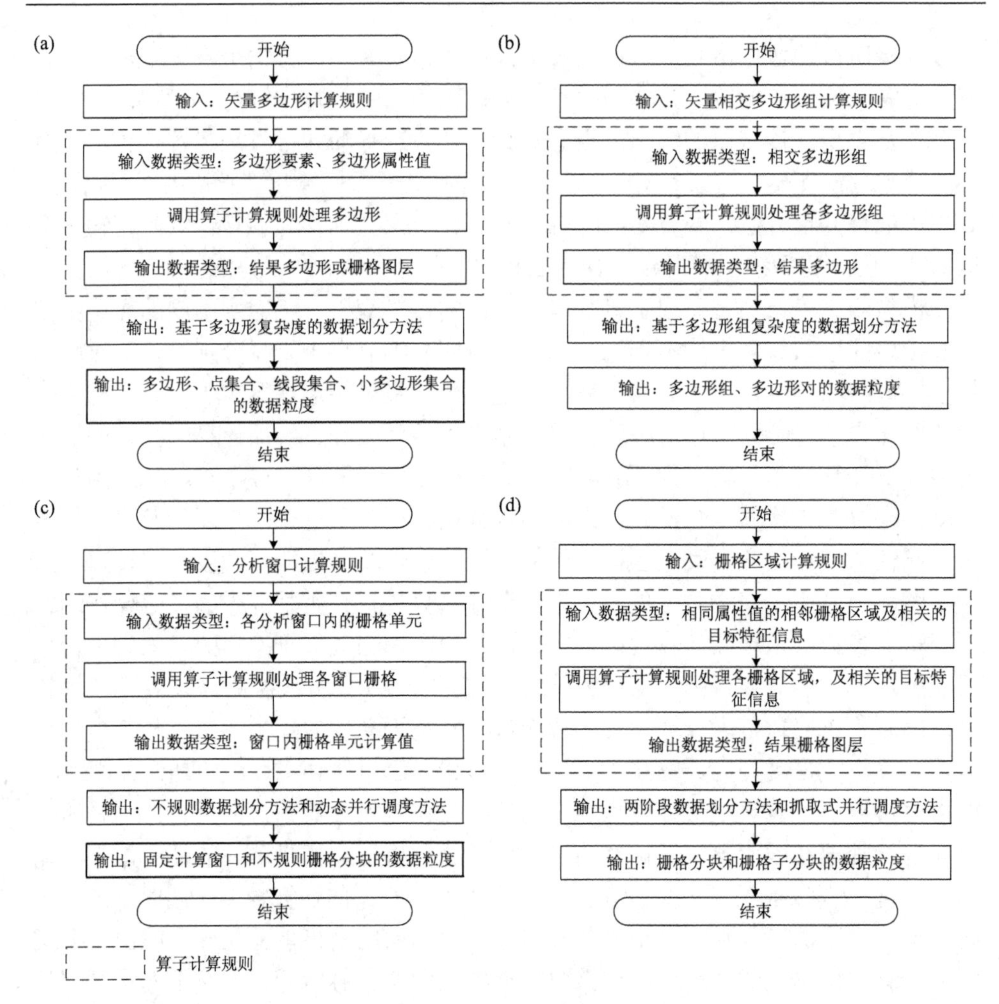

图 4.8　LBPM 并行模型不同算子接口示例

(a) O_1 算子接口；(b) O_2 算子接口；(c) O_3 算子接口；(d) O_4 算子接口

通过应用上述接口，即可实现不同地理空间分析串行算法的快速并行化，如图 4.9 所示。具体来说，当串行算法仅包含一个算子时，通过数据接口接收待处理的地理空间数据，通过并行计算环境接口接收算法运行依托的并行环境参数，通过算子接口接收算子的计算规则。在完成上述接口输入后，即可采用数据接口输出的数据信息、并行计算环境接口输出的并行方法和数据分配比例及算子接口输出的并行方法和计算粒度对输入数据和输入算子包含的计算规则实现快速并行化，如图 4.9(a)所示。当串行算法包含多个算子时，通过数据接口接收待处理的地理空间数据，通过并行计算环境接口接收算法运行的并行环境参数，通过算子接口分别接收不同算子的计算规则。在完成上述接口输入后，首先根据算子接口输入的算子顺序构成相互连接的统一计算过程；其次，检查不同算子包含计算规则的逻辑性是否合理，即不同算子之间必须满足上一算子计算规则的输出数据类型为下一算子计算规则的输入数据类型；最后，采用数据接口输出的数据信息、并行计算环境接口输出的并行方法和数据分配比例及不同算子接口输出的并行方法和计算粒度对不同算子包含的计算规则分别实现快速并行化，即实现了对不同算子组成的统一计算过程的快速并行化，如图4.9(b)所示。

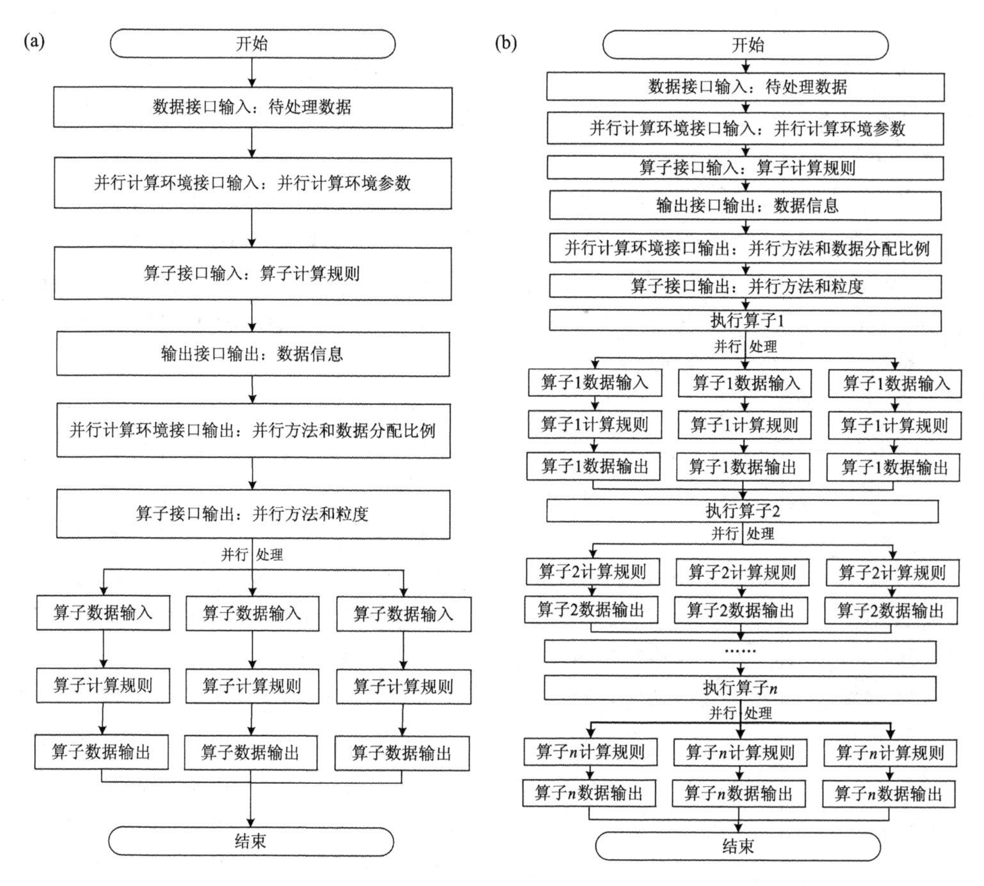

图4.9　串行算法快速并行化方法示例

(a)仅包含单个算子的串行算法的快速并行化；(b)包含多个算子的串行算法的快速并行化

通过上述接口，同样可实现对自定义地理空间分析过程的快速并行化。通过模型提供的算子接口、数据接口和并行计算环境接口输入用户自定义的串行计算规则、该规则对应的数据类型和计算所依赖的并行环境，即可将该自定义算子进行快速并行化，并将实现的并行算法快速接入LBPM并行计算模型。若自定义多个算子，则首先分别输入各算子对应的串行计算规则和数据类型，其次确定各自定义算子的执行顺序，即可同样实现由多个算子组成的统一计算过程的快速并行化。在完成上述过程后，即可调用已实现的并行算法执行对输入数据的空间分析操作。

4.1.4 自适应负载均衡方法

4.1.4.1 方法设计

本书针对 LBPM 并行计算模型设计了一种自适应策略，其自适应机制主要表现在能够根据用户输入的数据类型、算子类型、并行计算环境类型自适应地选择相应的负载均衡并行方法，具体包括以下三个方面。

首先，LBPM 并行计算模型在数据输入后自动分析待处理地理空间数据的数据格式、个数、存储形式和数据量等基本信息。若待处理数据量小于计算节点内存量，则直接分配给不同计算节点进行并行处理；若待处理数据量大于节点内存，则在分配给不同计算节点后，继续将该数据根据计算节点的内存限制划分成不同的分批数据，并对各分批数据进行顺序处理。

其次，LBPM 并行计算模型根据待处理的数据类型和算子类型自动地选择相适应的并行化方法与计算粒度。具体来说，当待处理算法包含的数据类型为矢量多边形、算子类型为 O_1 时，则相应地选择基于多边形复杂度的并行化方法，其对应的计算粒度类型为 G_1、G_2、G_3 或 G_4；当数据类型为矢量多边形组、算子类型为 O_2 时，则相应地选择基于多边形组复杂度的并行化方法，其对应的计算粒度类型为 G_5 或 G_6；当数据类型为栅格数据图层、算子类型为 O_3 时，则相应地选择不规则数据划分方法和动态并行调度方法，其对应的计算粒度类型为 G_7、并行调度粒度类型为 G_8；当数据类型为栅格数据图层、算子类型为 O_4 时，则对相应地选择顾及有效计算量的两阶段数据方法和抓取式并行调度方法，其对应的计算粒度类型为 G_9、并行调度粒度类型为 G_{10}。此外，对于包含单一算子的算法，则 LBPM 模型直接根据上述规则选择对应的并行方法；对于包含多个算子的算法，则 LBPM 模型首先对不同算子选择对应的并行方法，进而根据不同算子的顺序确定所选择的并行方法的执行顺序。

最后，LBPM 模型根据设定的并行计算环境自适应地选择匹配的并行方法及计算节点数据分配比例。在并行计算开始前，LBPM 模型自动地分析所处的并行计算环境，主要包含计算节点的类型、各类型计算节点的型号、内存量、数量、时钟频率等。当用户输入参与并行计算的节点后，若仅包含多核 CPU 节点，则采用进程级/线程级混合并行方法实现算法的并行化；若并行计算环境包含 GPU 节点，则在 CPU 节点内部采用进程级/线程级混合并行方法，同时在 CPU 节点与

GPU 节点之间采用 CPU/GPU 协同并行方法，以实现算法的并行化。同时，当并行计算环境仅包含相同类型的计算节点时，则不同计算节点的数据分配比例相同；当并行计算环境包含多种类型的计算节点时，则需首先计算不同计算节点的计算能力，并根据上述计算能力自动确定不同节点的数据分配比例。此外，当计算环境中包含多类型的计算节点时，则自动选取高配的 CPU 和 GPU 计算节点参与运算。

4.1.4.2　实现流程

本书提出的自适应负载均衡方法的实现不涉及具体算子的细节，而默认算子已按照给定的算子接口实现完整的封装，从而在并行计算过程中只要调用指定算子即可。该方法实现的关键在于通过对用户输入或指定的必要数据特征参数、算子特征参数及并行计算环境参数进行分析，进而能够自适应地选择负载均衡的并行方法及粒度，从而完成并行计算。具体实现流程总分为以下步骤(图 4.10)。

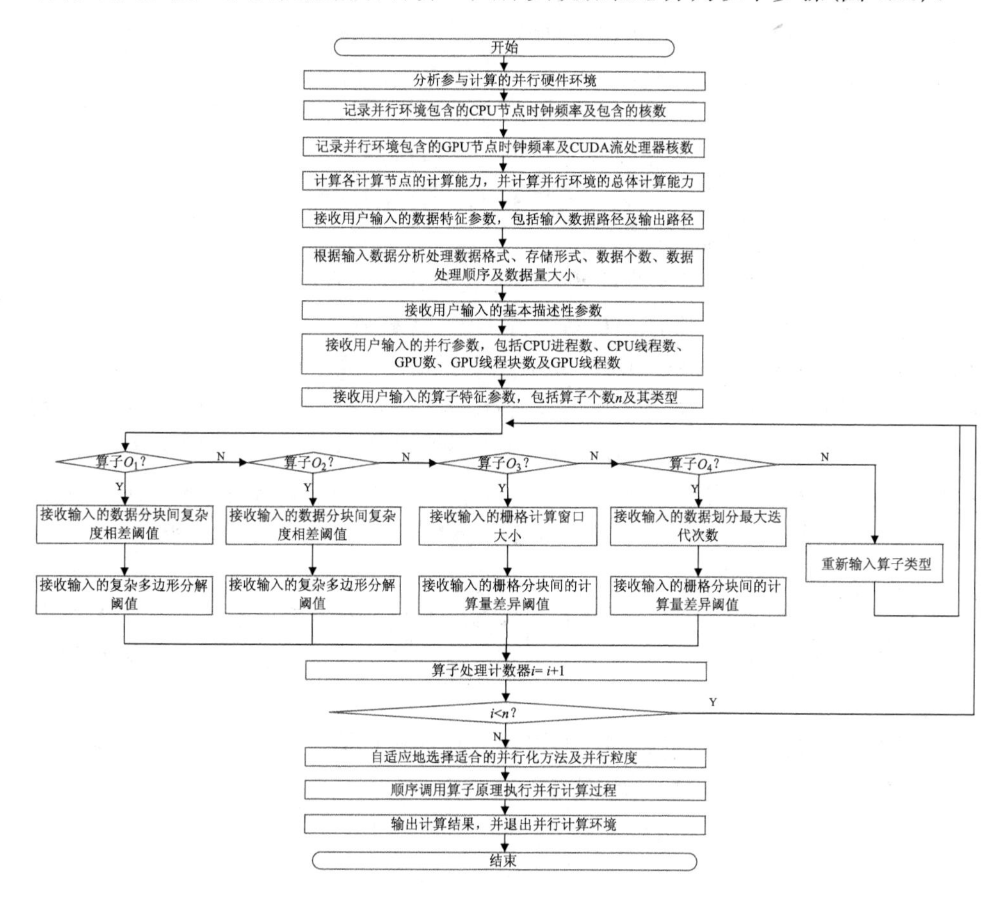

图 4.10　LBPM 并行计算模型实现流程图

步骤 1：首先，自动分析参与计算的并行硬件环境。若并行环境中包含 CPU 计算节点，则分别记录各 CPU 节点的型号、时钟频率及其包含的核数；若并行环境中包含 GPU 计算节点，则分别记录各 GPU 节点的型号、时钟频率及其包含的 CUDA 流处理器核数。通过上述参数，分别根据公式(4-15)及公式(4-16)计算各计算节点的计算能力，并根据公式(4-17)计算并行环境包含的总体计算能力。

步骤 2：接收模型数据接口输入的数据特征参数，包括输入数据文件路径与输出数据文件路径。根据输入数据自动地分析待处理数据的格式、存储形式、数据个数、数据处理顺序及数据量大小等基本信息。

步骤 3：接收用户输入的基本参数，包括算子执行必需，并且与并行化无关的基本描述性参数。

步骤 4：接收模型算子接口输入的算子特征参数，包括算子的个数及其类型，进而对各算子类型分别记录其负载均衡参数。若算子类型为 O_1 或 O_2，需要用户输入数据分块间复杂度相差阈值和复杂多边形分解阈值；若算子类型为 O_3，则需接收用户输入的栅格计算窗口大小及栅格分块间的计算量差异阈值；若算子类型为 O_4，则需接收输入的数据划分最大迭代次数和栅格分块间有效计算量差异阈值。完成上述过程后，即完成了对单个算子的参数分析。若存在多个算子，则算子接收参数输入的顺序即为多个算子的并行执行顺序；重复上述过程，以完成不同算子的参数分析。此外，还需对不同算子进行逻辑性检查，即保证上一算子的数据输出为下一算子的数据输入。

步骤 5：接收模型并行计算环境接口输入的并行计算参数，包括 CPU 进程数、CPU 线程数、GPU 数、GPU 线程块数及 GPU 线程数。当 GPU 参数为 0 时，则自适应地执行多核 CPU 并行计算。其中，若 CPU 进程数为 0，则执行线程级 CPU 并行计算；若 CPU 线程数为 0，则执行线程级 CPU 并行计算。当 GPU 参数不为 0 时，则执行 CPU/GPU 协同并行计算。若并行计算环境中仅包含相同类型的计算节点，则不同节点的数据分配比例相同；否则，需要给不同节点分配相适应的数据比例。当并行计算环境中包含多类型的 CPU、GPU 计算节点时，则优先选取高配的节点参与并行计算。

步骤 6：根据确定的并行环境硬件参数、数据特征参数及算子特征参数自适应地选择并行化方法及对应的计算粒度，并顺序调用算子计算规则执行完整的并行计算过程。

步骤 7：输出并行计算结果，并退出并行计算环境。通过执行上述步骤，即实现了本书设计的自适应负载均衡方法。

4.2　实验与分析

4.2.1　实验设计

为了验证本书所提多核 CPU 下进程级/线程级混合并行方法的有效性，实验以 *k*-means 分类算法为例，分别实现其在多核 CPU 环境下的进程级并行算法、线程级并行算法和进程级/线程级混合并行方法，并利用自适应负载均衡并行计算平台进行测试。实验数据选择 3.1 节中的遥感影像，其数据量为 6.9 GB、栅格行列数为 45 001 行 × 50 401 列；在该实验中，仅选择包含 9 个计算节点的 IBM 并行集群进行测试。实验从三个方面验证本书所提并行方法的有效性：首先探讨进程数与线程数的不同配置对并行效率的影响，其次将进程级/线程级混合并行方法与进程级并行方法和线程级并行方法进行效率对比，最后研究不同线程调度方法对并行效率的影响。

为了验证本书所提 CPU/GPU 协同并行方法的有效性，实验以多边形栅格化算法为例，分别实现其 GPU 下的并行算法、多核 CPU 下的进程级并行算法和进程级/线程级混合并行算法，并测试并行效率。考虑到 CPU/GPU 协同并行方法是基于地理空间大数据设计，因而将 2.1 节中的矢量多边形数据 1（数据量为 5.5 GB、多边形数为 12 126 100）进行手动复制、移动，从而形成本实验中代表大数据量的测试数据（数据量为 55 GB、多边形数为 121 261 000），其生成方式如图 4.11 所示。本实验环境中，选择包含 2 个搭载在 HP Z620 工作站的 GPU 计算节点进行测试。实验从两个方面进行验证：首先探讨 GPU 线程块数与线程数配置对并行效率的影响，其次比较 GPU 并行算法与 CPU 进程级并行算法和混合并行算法的并行效率。

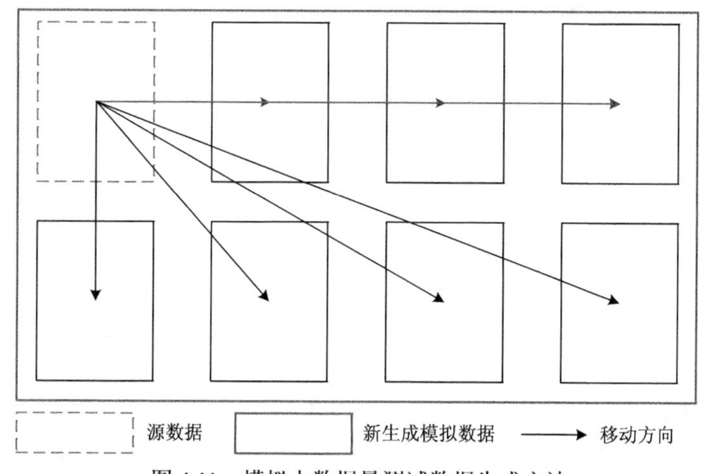

图 4.11　模拟大数据量测试数据生成方法

4.2.2 多核 CPU 下进程级/线程级混合并行方法验证

4.2.2.1 CPU 多核环境下进程数与线程数配置对运行时间的影响

在基于 *k*-means 的遥感影像分类混合并行算法中，不同的进程与线程数代表着分配不同的计算资源；在该实验中，以“(进程数，线程数)”代表进程数与线程数的不同配置组合。实验改变进程数从 2 至 120，并设置并行算法中各进程开辟的线程数分别为 2、4、6 和 12，从而计算各配置情形下并行算法执行小规模数据集的运行时间，其计算结果如表 4.1 所示。

表 4.1　不同进程数与线程数配置对并行计算运行时间影响测试结果　(单位：s)

进程数	线程数 =2	线程数 =4	线程数 =6	线程数 =12
2	1835.65	983.54	765.54	385.32
6	805.34	417.23	303.34	112.34
12	437.45	213.43	126.05	72.41
18	307.45	133.98	97.54	45.48
24	224.43	105.34	81.86	51.56
30	178.54	93.65	70.87	63.24
36	147.45	87.54	52.34	76.65
42	124.34	76.54	56.54	85.76
48	114.56	64.45	67.76	98.87
54	107.76	56.54	75.48	117.98
60	101.54	68.45	86.09	128.98
66	95.54	77.65	94.28	137.87
72	91.37	85.65	108.34	145.34
78	87.87	94.23	123.45	154.09
84	81.43	101.45	137.34	163.56
90	75.35	118.45	146.54	176.84
96	71.87	127.45	158.87	185.87
102	66.54	143.47	167.65	197.87
108	61.76	157.87	177.87	208.08
114	68.65	169.54	184.57	217.45
120	77.34	176.48	194.56	225.58

对上述实验结果的分析如下。①随着进程数的不断增加，不同配置的并行算法均能有效降低算法运行时间。具体来说，当各并行进程开辟的线程数分别为 2、

4、6 和 12 时，对应并行算法获得的最优运行时间分别为 61.76 s、56.54 s、52.34 s 和 45.48 s。针对不同配置的并行算法，其并行时间分别在配置为(108, 2)、(54, 4)、(36, 6)和(18, 12)时达到最优。在实验采用的并行计算环境中，可开辟的最多计算单元数为 216；因此，上述实验结果表明在混合并行算法中，当计算资源数被充分利用时，并行算法可取得最优的计算效率。此外，当并行算法达到最优运行时间后，继续开辟更多的计算单元将增加并行环境中的资源竞争，从而使得算法运行时间逐渐反弹、计算效率降低。同时，各进程开辟越多线程的并行算法，其运行时间反弹的幅度越大，这表明开辟线程数越多的并行算法内部的计算环境越容易失衡。②在实验结果中，在计算资源充足的情形下，针对相同的进程数，当各并行进程内部开辟的线程数逐渐增多时，其对应的运行时间也逐渐减少。例如，当进程数为 6 时，各进程开辟的线程数为 2、4、6 和 12 时的运行时间分别为 805.34 s、417.23 s、303.34 s 和 112.34 s；当进程数为 12 时，各进程开辟的线程数为 2、4、6 和 12 时的运行时间分别为 437.45 s、213.43 s、126.05 s 和 72.41 s；当进程数为 18 时，各进程开辟的线程数为 2、4、6 和 12 时的运行时间分别为 307.45 s、133.98 s、97.54 s 和 45.48 s。上述结果表明当计算资源充足时，开辟更多的线程可更充分地利用多线程并行技术轻量级、灵活的调度机制，以实现并行效率的进一步提升。③当并行算法使用的计算单元数相同时，不同进程数、线程数配置将导致不同的计算效率。例如，当使用的计算单元数为 72 时，配置为(36, 2)、(18, 4)、(12, 6)和(6, 12)时的运行时间分别为 147.45 s、133.98 s、126.05 s 和 112.34 s；当使用的计算单元数为 144 时，配置为(72, 2)、(36, 4)、(24, 6)和(12, 12)时的运行时间分别为 91.37 s、87.54 s、81.86 s 和 72.41 s；当使用的计算单元数为 216 时，配置为(108, 2)、(54, 4)、(36, 6)和(18, 12)时的运行时间分别为 61.76 s、56.54 s、52.34 s 和 45.48 s。上述实验结果表明，对于相同的计算资源，开辟更多的线程能获得更高的算法并行加速。

4.2.2.2　与进程级并行方法、线程级并行方法效率对比

实验分别采用进程级并行方法、线程级并行方法和混合并行方法实现基于 *k*-means 的分类算法。在三种并行算法中，开辟的进程和线程均被视为同等的计算单元；改变计算单元数从 2 至 216，分别测试三种算法的并行计算时间及对应的加速比，结果如图 4.12 所示。其中，线程级并行方法对不同线程的调度采用静态调度方法。

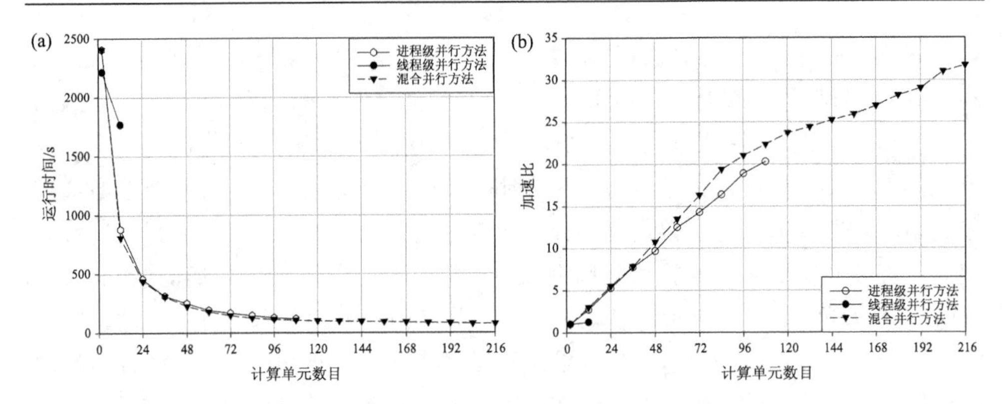

图 4.12 不同并行方法的并行效率对比图

(a)不同并行方法的运行时间对比；(b)不同并行方法的加速比对比

在以上实验结果中，线程级并行方法对算法运行时间的减少幅度不大，能将运行时间从 2404.28 s 减少至 1764.89 s，取得的最大并行加速比为 1.25。考虑到线程级并行方法只能在单 CPU 节点内完成运算，从而其能开辟的计算单元数最大为 12；因此，该方法对并行任务的加速效果有限，这也表明多线程并行技术并不能作为主要的并行加速方法。针对进程级并行方法，其能开辟的最大进程数为 108，能将运行时间从 2404.28 s 减少至 118.42 s，取得的最大并行加速比为 20.27，并且继续增多进程数并不能进一步提高算法并行效率。对比起来，混合并行方法可以更充分地利用并行计算资源，通过在各并行进程内部额外开辟多个线程，可充分利用多线程并行技术优势，从而使得其最多能开辟 216 个计算单元，能够突破最大进程数的限制。具体来说，混合并行方法可将运行时间从 2404.28 s 减少至 75.76 s，并取得 31.74 的最优加速比，从而较进程级并行方法和线程级并行方法可获得更好的并行加速。

此外，实验根据公式(2-8)计算采用不同方法的并行算法在不同进程数时的负载均衡性能指数，计算结果如图 4.13 所示。实验结果表明，线程级并行方法中各计算单元间的任务负载较为不均衡，其负载均衡指数较大，为 4.78；这进一步表明了仅采用多线程并行的方法对算法的加速效率有限，其内部计算单元之间的负载难以达到均衡。此外，进程级并行方法的负载均衡指数较小，且随着进程数的增加逐渐降低，从 0.69 降低至 0.29。这表明进程级并行方法较线程级并行方法可取得更为良好、稳定的负载均衡性能。对比起来，混合并行方法可将负载均衡指数从 0.63 降低至 0.04，从而取得了较上述两种并行方法更为良好的负载均衡性能。特别地，该方法可以突破并行环境允许开辟的最大进程数的限制：当计算单元数增大至 108 后，其负载均衡指数可进一步降低，从而进一步验证了该方法的有效性。

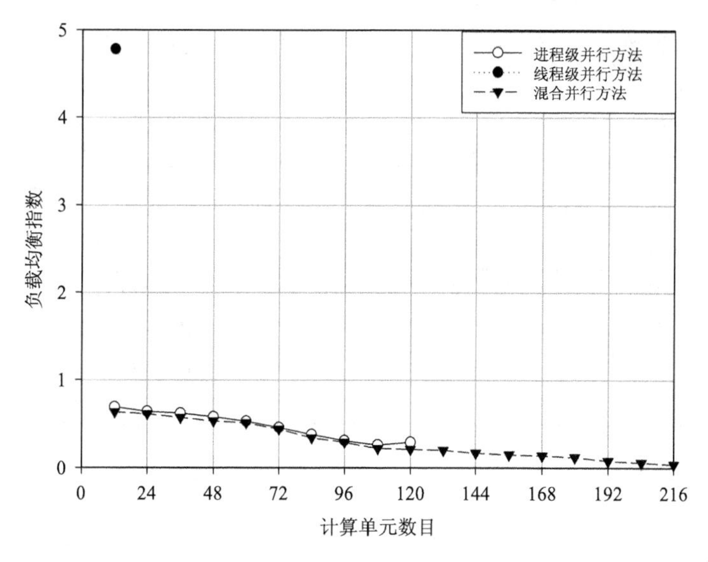

图 4.13　不同并行方法的负载均衡性能指数对比图

4.2.2.3　不同线程调度方法的运行时间比较

在混合并行方法中，在各进程内部开辟若干线程并通过对多线程的灵活调度实现并行加速。在动态调度和指导调度方法中，不同的调度粒度 G 也将带来不同的并行加速；调度粒度 G 指在每次调度过程中给各线程分配 G 个数据粒度进行处理。实验在 k-means 混合并行算法中设置进程数为 2，在各进程内部分别开辟 2、4、6 和 12 个线程，并分别采用静态调度方法、动态调度方法和指导调度方法实现对多线程的并行调度。特别地，在动态调度方法和指导调度方法中，分别设置调度粒度为 1000、5000、10000、15000 和 20000，测试并行算法的计算时间，结果如表 4.2 所示。

从实验结果可以看出，针对不同的线程数设置，动态调度方法和指导调度方法均能取得较静态调度方法更少的运行时间；且开辟的线程数越多，较静态调度方法的计算时间提升更为明显。在动态调度方法和指导调度方法中，调度粒度对运行时间有着较为明显的影响，具体表现如下。针对动态调度方法，随着数据粒度 G 的逐渐增加，其对应的运行时间呈现先减少后逐渐增加的现象；这表明存在一定的调度粒度阈值使得动态调度方法能达到最佳性能。针对指导调度方法，随着数据粒度的逐渐增加，其运行时间逐渐增加；且当数据粒度较小时(G = 1000 和 G = 5000)，其运行时间均优于动态调度方法，而对于较大的数据粒度(G = 10000、G = 15000 和 G = 20000)，其运行时间则多于动态调度方法。上述结果表明，动态调度方法和指导调度方法均能取得优于静态调度方法的并行加速效果；

但两者在不同的数据粒度时其性能各有优劣，从而为选择合适的调度方法提供了一定的指导意义。

表 4.2　不同线程调度方法对运行时间影响测试结果　（单位：s）

线程数	SSM	$G=1000$		$G=5000$		$G=10000$		$G=15000$		$G=20000$	
		DSM	GSM	DSM	GSM	DSM	GSM	DSM	GSM	DSM	GSM
2	2214.07	2135.46	2104.28	2116.34	2116.54	2085.34	2197.54	2095.52	2203.24	2104.23	2208.53
4	2075.34	1933.54	1879.43	1904.17	1895.49	1885.34	1996.37	1925.43	2001.34	1964.23	2011.74
6	1964.34	1857.38	1749.03	1805.46	1785.36	1785.27	1895.36	1795.23	1904.04	1822.05	1915.53
12	1764.89	1658.94	1599.54	1625.06	1633.45	1606.23	1687.39	1665.34	1694.34	1684.26	1714.84

4.2.3 CPU/GPU 协同并行方法验证

4.2.3.1 GPU 线程块数与线程数配置对运行时间的影响

在 GPU 中，各线程块包含的线程数(threads per block，简称 TPB)及线程块数目的改变代表着不同的计算资源配置；不同的资源配置将对并行计算效率产生不同程度的影响。为了充分利用计算资源，在并行配置时指定的线程块数应为 GPU 流处理器的倍数，即 TPB 数应设置为 32 的倍数(Li et al., 2013; Christian, 2013)。实验分别改变 TPB 数及线程块数，指定多边形栅格化算法中的目标栅格尺寸为 10 m × 10 m，并测试并行算法执行大规模数据集的运行时间和加速比，结果如图 4.14 所示。其中，GPU 并行算法的加速比等于 GPU 并行时间与 CPU 串行时间的比值。对实验结果的分析如下。①CPU 串行算法总时间为 25.43 h。对于 GPU 并行，各曲线的变化趋势相似：运行时间随着线程块数的成倍增加先减少后逐渐回升，最少时间分别为 0.73 h(TPB = 128)、0.69 h(TPB = 256)、0.86 h(TPB = 512)和 1.10 h(TPB = 1024)；GPU 并行加速比先线性上升后逐渐下降，最大加速比分别为 34.79(TPB = 128)，36.91(TPB = 256)，29.73(TPB = 512)和 23.08(TPB = 1024)。这表明利用 GPU 实现并行加速可大大缩短大规模多边形栅格化的处理时间、提高计算效率。②当 TPB 数分别为 128、256、512 和 1024 时，算法达到最优并行效率的线程块数分别为 182、104、52 和 26。上述结果表明，当设置的线程总数近似等于 GPU 环境中允许开辟的最大线程数(即等于 TPB 数与 GPU 流处理器数的乘积)时，GPU 计算资源得到充分利用，从而使得计算效率最高；此后继续增加线程数则容易引起 GPU 并行环境中的资源竞争、访问冲突，使得并行效率迅速降低，这表明当计算性能达到峰值时，继续增加计算资源并不能进一步提高运算效率。③当 GPU 线程总数相同时，TPB 数与线程块数的配置不同，并行效率也不同。以“(TPB 数，线程块数)= 加速比”表示不同线程配置组合及对应的并行加速比。则当 GPU 线程总数为 13 312 时，(128, 104)= 16.86，(256, 52)= 18.57，(512, 26)= 14.57，(1024, 13)= 14.06；当 GPU 线程总数为 19 968 时，(128, 156)= 29.24，(256, 78)= 31.14，(512, 39)= 20.34 等。这些结果均表现出较为一致的规律，即当 TPB 数为 256 时 GPU 并行算法取得的加速比最大。该加速比略大于 TPB 数为 128 时的加速比，原因可能在于增加了线程块内的 warp 个数，从而加快了多线程的并行调度，并进一步提高了计算性能。此外，该加速比明显大于 TPB 数为 512 和 1024 时的加速比，原因在于线程块内过多的线程数增加了对 GPU 内有限内存及缓存资源的竞争，使得并行计算效率明显降低。

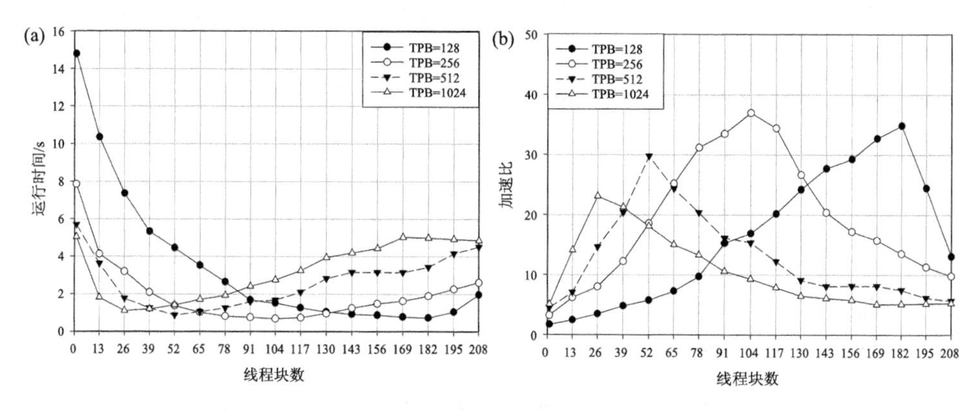

图 4.14　多边形栅格化 GPU 并行算法运行时间和加速比

多边形栅格化 GPU 并行时间可进一步划分为数据划分时间、I/O 时间、并行计算时间和数据传输时间，如表 4.3 所示。在线程块数增加过程中，由于数据划

表 4.3　多边形栅格化 GPU 并行算法不同时间组成部分　(单位：h)

	TPB 数×数据块数	数据划分	I/O	并行计算	数据传输	总时间	加速比
串行计算	—	—	0.86	24.57	—	25.43	1.00
GPU 并行计算	256 × 1	0.13	0.23	7.37	0.12	7.85	3.24
	256 × 13	0.12	0.24	3.64	0.12	4.12	6.17
	256 × 26	0.14	0.21	2.73	0.11	3.19	7.98
	256 × 39	0.13	0.22	1.60	0.13	2.08	12.21
	256 × 52	0.15	0.24	0.84	0.14	1.37	18.57
	256 × 65	0.14	0.21	0.54	0.12	1.01	25.17
	256 × 78	0.12	0.23	0.35	0.12	0.82	31.14
	256 × 91	0.13	0.22	0.30	0.11	0.76	33.44
	256 × 104	0.13	0.21	0.22	0.13	0.69	36.91

分、I/O 和数据传输时间与数据源密切相关，因此对于相同的多边形源数据，以上三者时间均变化不大；同时 GPU 并行的 I/O 耗时小于算法串行 I/O 时间，这表明本书设计的地理空间大数据流式并行方法可有效隐藏数据读写时间，从而进一步减少并行算法的总体计算时间。此外，并行计算时间急剧减少，最少计算时间为 0.22 h，进一步体现了 GPU 并行的有效性。

4.2.3.2　负载均衡性能分析

考虑到在采用 CPU/GPU 协同并行方法中，GPU 的计算性能与 CPU 差别较大，因而为了验证本书提出的 CPU/GPU 协同并行方法的负载均衡性能，将 GPU 中包含的各线程块作为并行计算过程中的基本计算单元。因此，本实验中负载均衡性能指数的定义为：首先计算各 GPU 中线程块最长耗时与最短耗时的比值，其次计算所有参与计算的 GPU 的平均比值与 1 的差值。负载均衡指数的计算公式可表达如下

$$\text{Load balancing} = \frac{1}{N_{\text{gpu}}}\sum_{i=1}^{N_{\text{gpu}}}\frac{\max\limits_{j\leqslant N_{\text{b}}}\{T_j\}}{\min\limits_{j\leqslant N_{\text{b}}}\{T_j\}} - 1 \tag{4-20}$$

其中，N_{gpu} 为参与计算的 GPU 个数；N_{b} 为各 GPU 中开辟的线程块数；T_j 为第 i 个 GPU 中第 j 个线程块的运行时间；$\max\limits_{j\leqslant N_{\text{b}}}\{T_j\}$ 与 $\min\limits_{j\leqslant N_{\text{b}}}\{T_j\}$ 分别为各 GPU 中线程块的最长耗时和最短耗时。当负载均衡指数越趋近于 0 时，表明并行计算过程中的任务负载越均衡。实验设置 TPB 数为 256，并改变线程块数从 13 至 117，测试 GPU 并行算法对应的负载均衡指数，计算结果如图 4.15 所示。

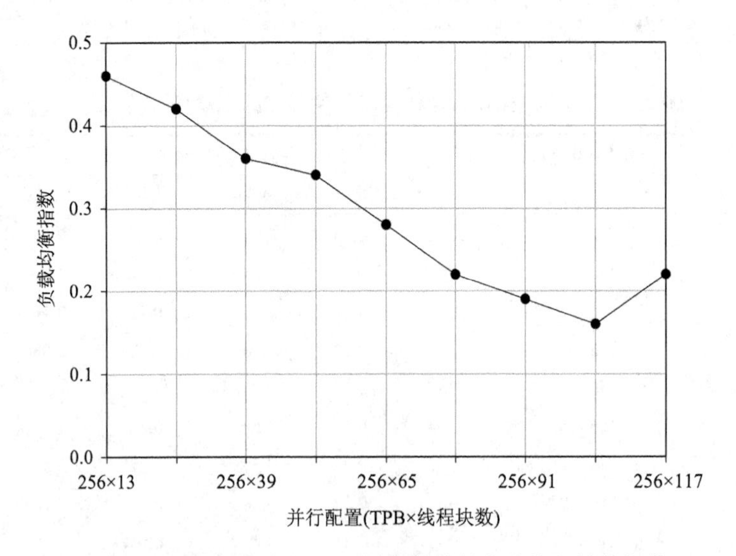

图 4.15　多边形栅格化 GPU 并行算法的负载均衡性能指数

实验结果表明，本书设计的 GPU 并行算法取得了良好的负载均衡指数。具体来说，并行算法的最大负载均衡指数不超过 0.5；当并行环境中开辟的线程块数从 13 增长至 104 时，其对应的负载均衡指数稳定地从 0.46 减少至 0.16；当线程块数进一步增加时，并行环境中的计算单元超过了允许开辟的最大线程数，因而加剧了线程之间的计算资源竞争，从而使得并行计算环境变得不稳定，引起了负载均衡指数的逐渐回升。

4.2.3.3　与 CPU 并行方法效率对比

为了进一步比较 GPU 并行的加速效率，在多核 CPU 环境下分别实现多边形栅格化的进程级并行算法和进程级/线程级混合并行算法，并与 GPU 并行算法的并行效率进行对比。实验分别在 1 个和 9 个高配 CPU 计算节点上测试进程级并行算法和混合并行算法的运行时间和加速比。在进程级并行算法中，在 1 个 CPU 计算节点上分别开辟 1、2、6 和 12 个并行进程，在 9 个 CPU 计算节点上分别开辟 36、64 和 108 个并行进程；在该算法中，计算单元即为并行进程。在混合并行算法中，在 1 个 CPU 计算节点上分别开辟 1、2、6 和 12 个计算单元，在 9 个 CPU 计算节点上分别开辟 36、64、108 和 216 个计算单元；在该算法中，计算单元为进程与线程的组合。将上述计算所得的并行效率与 GPU 算法的并行效率进行对比，其结果分别如表 4.4、图 4.16 所示。

在表 4.4 中，对于 CPU 并行算法，计算单元数为 1 的并行实现与串行实现耗时相当。随着计算资源的增多，进程级并行算法与混合并行算法的运行时间逐渐减少；相比较而言，混合并行算法更能发挥轻量级线程对计算密集型算法的加速优势，使得其运行时间减少更为明显。当使用 108 个计算单元时，进程级并行算法运行时间最少，为 1.31 h；当使用 216 个计算单元时，混合并行算法运行时间最少，为 1.13 h，但仍低于 GPU 并行算法的并行执行时间(0.69 h)。

表 4.4　GPU 并行算法与进程级并行算法、混合并行算法计算时间对比结果　(单位：h)

	GPU	多核 CPU 下参与计算的计算单元数目							
		1 个计算节点				9 个计算节点			
		1	2	6	12	36	64	108	216
串行计算	—	25.43	—	—	—	—	—	—	—
GPU 并行	0.69	—	—	—	—	—	—	—	—
CPU 进程级并行	—	25.46	11.94	7.61	4.48	1.73	1.52	1.31	—
CPU 混合并行	—	25.46	7.80	3.31	2.55	1.64	1.44	1.22	1.13

在图 4.16 中，CPU 算法并行加速比逐渐增大，且加速比最大为 19.47(进程级并行算法)、22.46(混合并行算法)，均低于 GPU 并行算法的并行加速比 36.91。这表明在本实验并行环境中，单 GPU 并行可取得较 CPU 并行(9 个并行节点)更高的计算效率，从而验证了众核 GPU 较多核 CPU 能取得更加良好的并行加速效果。

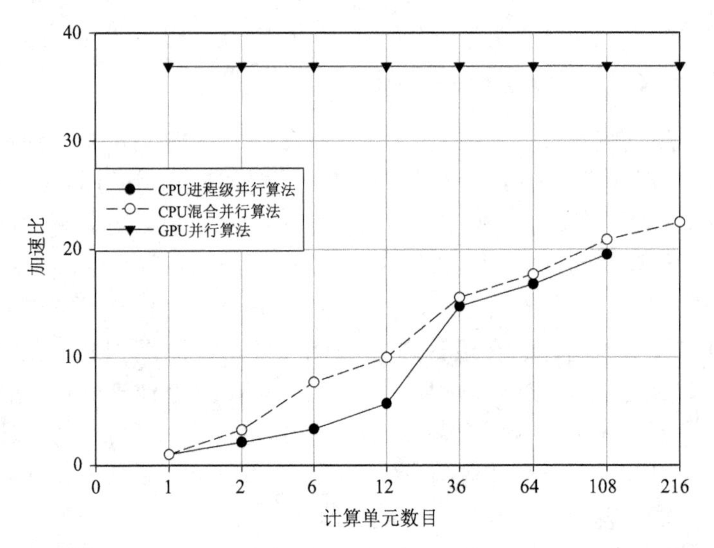

图 4.16　GPU 并行算法与 CPU 进程级并行算法、CPU 混合并行算法的加速比对比

4.3　本 章 小 结

本章主要在总结不同算法、不同数据和不同并行计算环境的结构特征基础上，面向 CPU/GPU 混合架构的计算环境建立了一种自适应负载均衡并行计算模型，主要由数据、算子、并行方法、粒度和并行计算环境五个要素组成。为了使该模型能够适应 CPU/GPU 混合异构的并行计算环境，本书研究了多核 CPU 下进程级/线程级混合并行方法、CPU/GPU 协同并行方法和基于计算能力的节点数据分配方法，以充分利用多核 CPU 和众核 GPU 的并行计算资源、有效处理地理空间大数据。本书设计了串行算法快速并行化方法，通过提供统一化和标准化的接口，可实现不同地理空间分析串行计算规则的快速并行化。此外，本书设计并实现了一种自适应负载均衡方法，使得模型可根据用户设定的待处理数据类型、算法类型和并行计算环境自适应地选择相应的并行方法和粒度，并实现并行计算过程中的有效动态负载均衡。最后，实验探讨了多核 CPU 下混合并行方法和 CPU/GPU 协同并行方法中不同计算资源的利用对并行效率的影响。

第5章 CPU/GPU 协同负载均衡并行计算平台设计与实现

5.1 设计思想

在融合自适应负载均衡并行计算模型包含的数据、算子、并行化方法、粒度和并行计算环境五个要素的基础上，按照前文论述的模型总体架构设计、适应CPU/GPU混合异构环境的并行方法、算法快速并行化方法和自适应负载均衡方法，本书进一步开发了面向CPU/GPU的自适应负载均衡并行计算平台。该平台采用面向对象的设计思想，建立了包括基础算子封装库的并行平台架构；此外，基于统一接口规范和任务描述语言，设计地理空间分析并行算法测试与集成方案，具体包括以下方面的内容。①并行计算平台基础算子库设计。采用面向对象的思想，明确算法封装、运行参数输入和计算结果输出方式，将常用的矢量多边形空间分析算法和栅格数据空间分析算法进行实现与封装。②并行计算平台接口设计。在完成并行计算平台基础算子库的基础上，按照通用平台接口设计规范和插件式开发接口标准，针对不同类型算子定义面向计算集群环境的并行接口，从而实现对不同格式地理数据的统一访问以及对不同算法的统一调用，从任务并行处理和插件无缝集成角度解决基础算子库的封装和调用问题。③并行计算平台的用户界面设计。设计地理空间分析算子的数据特征、算子特征、并行计算环境特征、基本参数信息等关键参数配置界面，并为用户提供交互式、自定义的算法组合界面。

根据平台的特点，在设计中主要遵循以下原则。①规范化原则：遵循系统设计的基本思想和一般过程，符合国家工信部的规范，使系统功能适当、模块划分合理、代码编写规范、系统运行稳定，并根据实际需要适度扩展，以满足平台建设的需要。②扩充性原则：平台实现采用插件式开发方法，插件与宿主程序之间通过统一接口联系，各插件可以被随时删除、插入和修改，而不影响其他插件和宿主，使得平台结构松散灵活，便于软件的升级与维护。③可靠性原则：对平台在运行中可能出现的故障和错误具有一定的避免发生故障和排错能力，保证软件具有相当的可靠性。④实用性原则：平台结构、功能和界面必须做到可视化，操作方便，利于推广应用。

5.2 平台配置

为了验证在不同并行计算环境中的有效性，本书设计的面向 CPU/GPU 的自适应负载均衡并行计算平台配置了不同类型的并行计算节点。具体的硬件环境和软件环境配置如下。

并行平台搭载了不同计算能力的 CPU 计算节点和 GPU 计算节点，各计算节点的配置如下。①高配 CPU 计算节点。IBM 并行集群，包含 9 个计算节点，每个节点的硬件配置为：CPU 2 颗，规格为 Intel®Xeon®CPU E5-2620（主频 2.00 GHz，六核十二线程）；内存为 16 GB（4 根 4 GB 内存条，规格为 DDR3 RDIMM 1600 MHz）；硬盘为 2 TB（2 个 1 TB 硬盘，规格为 6 Gbps 2.5” 7.2 krpm NL SAS）。②低配 CPU 计算节点。10 台联想 ThinkCentre M8500t 型号计算节点，每个节点的配置为：CPU 1 颗，规格为 Intel®Core™ i7-4770（主频 3.4 GHz，四核八线程）；内存为 4 GB（规格为 DDR3 1600 MHz），硬盘为 1 TB。③高配 GPU 计算节点。2 个 GPU 节点，分别搭载在 HP Z620 工作站上。各 GPU 型号为 NVIDIA Corporation Tesla K20m，包括 13 个流处理器，每个流处理器包含 192 个 CUDA 核，GPU 时钟频率为 0.71 GHz；GPU 全局内存为 5 GB，共享内存为 48 KB；各线程块内允许开辟的最大线程数为 1024；各流处理器允许开辟的最大线程数为 2048。④低配 GPU 计算节点。2 个 GPU 节点，分别搭载在联想 Thinkpad W520 笔记本上。各 GPU 型号为 NVIDIA Quadro 1000M，包括 2 个流处理器，每个流处理器包含 48 个 CUDA 核，GPU 时钟频率为 1.40 GHz；GPU 全局内存为 2 GB，共享内存为 36 KB；各线程块内允许开辟的最大线程数为 1024；各流处理器允许开辟的最大线程数为 1536。

并行平台的软件配置如下。客户端操作系统为 Microsoft Windows 7；服务器端的各计算节点操作系统为 Centos Linux 6.3，各计算节点通过 MPI 实现并行连接与管理。MPI 的实现产品选择 OpenMPI 1.10.2，GDAL 的实现产品选择 GDAL 2.0.2，GEOS 的产品选择 GEOS 3.5.0，CUDA 的产品选择 CUDA 6.5。网络环境为集成双口千兆以太网、1000 MB 交换机，局域网传输速度不低于 10 MB/s。

5.3 功能结构

本书实现的面向 CPU/GPU 的自适应负载均衡并行计算平台采用客户端/服务器（C/S）架构进行设计。其中，将并行计算用户参数分析与计算结果接收、展示与分析部署在客户端，将并行计算任务部署在服务器端。平台的总体架构如图 5.1 所示。

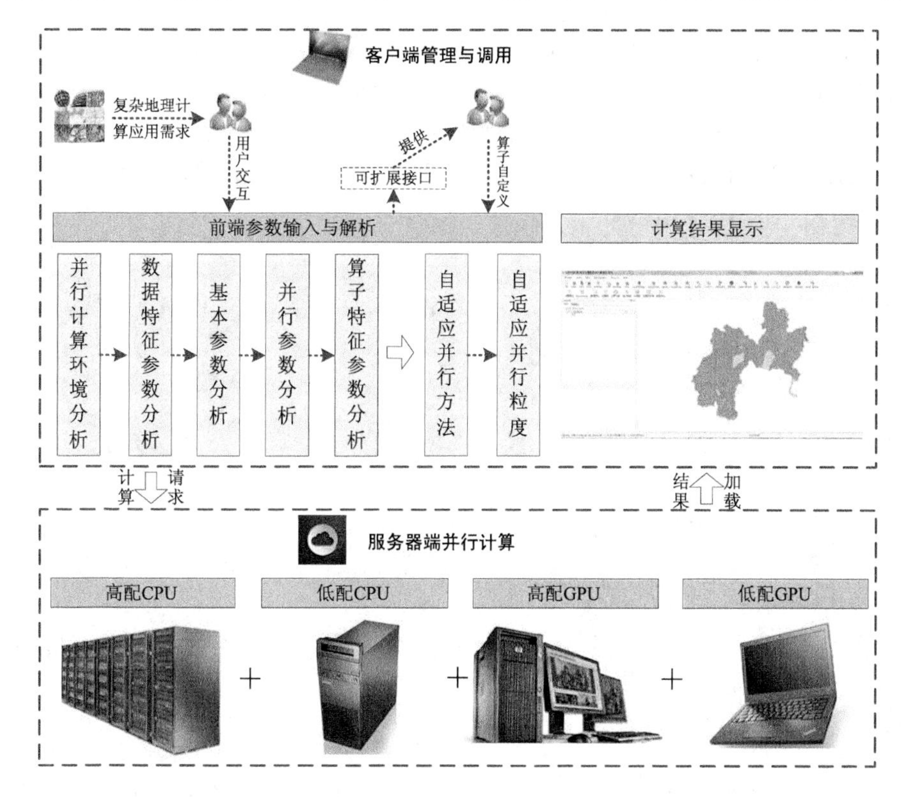

图 5.1　面向 CPU/GPU 的自适应负载均衡并行计算平台架构示意图

平台客户端基于开源 GIS 系统 MapWindow 进行二次开发，可实现地理空间数据的加载、显示、漫游、缩放等基础地理信息分析功能，其功能界面如图 5.2 所示。

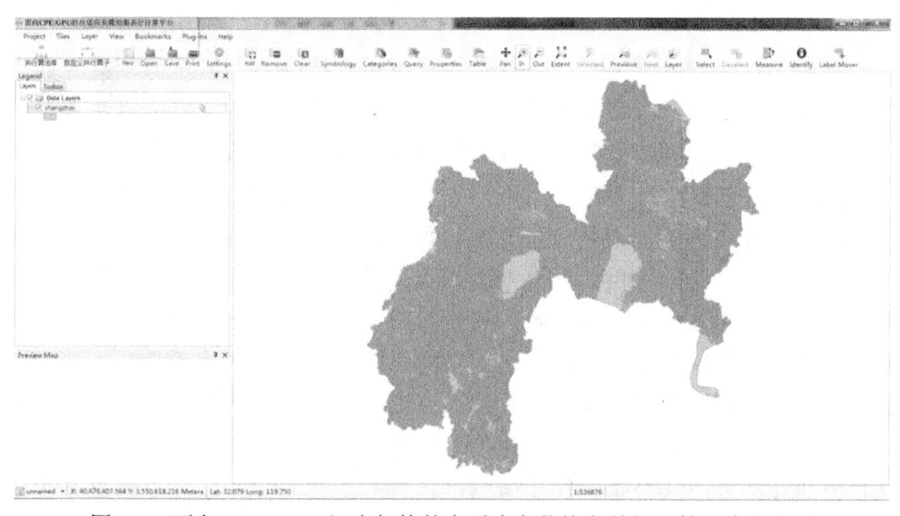

图 5.2　面向 CPU/GPU 混合架构的自适应负载均衡并行计算平台主界面

本书实现的面向 CPU/GPU 混合架构的自适应负载均衡并行计算平台的功能界面采用 C#编程语言，在 Microsoft Visual Studio 编程环境中进行二次开发，主要包含面向 CPU/GPU 混合架构的地理空间分析负载均衡并行算法库和面向 CPU/GPU 混合架构的地理空间分析自定义算子负载均衡并行算法两个功能界面，分别如图 5.3 和图 5.4 所示。

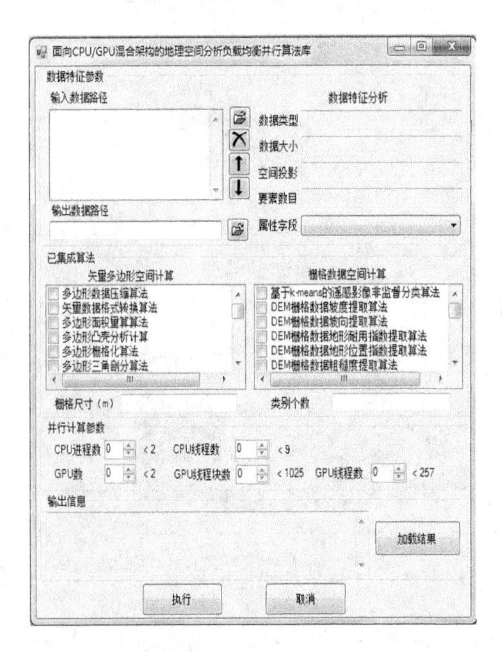

图 5.3　面向 CPU/GPU 混合架构的地理空间分析负载均衡并行算法库界面

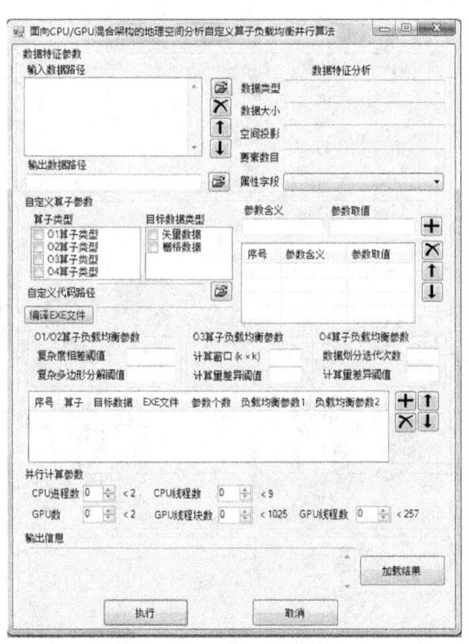

图 5.4　面向 CPU/GPU 混合架构的自定义算子负载均衡并行算法界面

在实现的面向 CPU/GPU 的地理空间分析负载均衡并行算法库功能界面中，主要包含 3 个参数选择与输入部分，分别是数据特征参数、已集成算法和并行计算环境参数。①在数据特征参数部分，用户需分别选择源数据和输出数据的文件路径。若包含多个源数据，则分别添加数据路径，并可调整输入数据的计算顺序。当数据路径输入完毕后，则客户端通过对数据路径进行分析，将数据类型、数据大小、空间投影、要素数目、属性字段等信息显示在功能界面上，供用户参考。②在已集成算法部分，平台将常用的矢量多边形空间分析算法及栅格数据空间分析算法实现并行化并集成进平台；已集成的算法名称如表 5.1 所示。用户通过单击某个算法并输入算法所需的相应参数即可直接执行并行计算。此外，用户可按照并行平台的接口规范和算法编写规范将其他待处理算法集成进平台。③在并行计算参数部分，客户端分别读取服务器端包含的 CPU 和 GPU 计算节点个数，并给出供用户设置的计算节点的最大值，以供用户参考。用户需输入指定的 CPU 进程数、CPU 线程数、GPU 数、GPU 线程块数和 GPU 线程数。当用户输入完毕后，平台可根据输入的参数分析并选取合适的并行方法：若仅输入 CPU 参数，则采用多核 CPU 下进程级/线程级混合并行方法；否则，采用 CPU/GPU 协同并行方法。在上述并行方法选取过程中，优先选取高配的 CPU、GPU 计算节点参与并行计算，当高配计算节点被分配完毕后再选择低配计算节点参与计算。当输入上述参数后，即可点击“执行”按钮执行并行计算，并可在计算完成后点击“加载结果”进行结果的展示。

表 5.1 中的部分算法的伪代码如算法 5.1~算法 5.5 所示。

表 5.1　已集成进并行平台的算法名称

算法类型	算法名称
矢量多边形空间分析	多边形数据压缩并行算法
	矢量数据格式转换并行算法
	多边形面积量算并行算法
	多边形凸壳分析并行算法
	多边形栅格化并行算法
	多边形三角剖分并行算法
	多边形缓冲区生成并行算法
	多边形拓扑验证并行算法
	多边形相交计算并行算法
	多边形联合计算并行算法
	多边形求差并行算法
	多边形交集取反计算并行算法
	多边形求并计算并行算法
	多边形更新并行算法
	多边形标识并行算法
栅格数据空间分析	基于 *k*-means 的遥感影像非监督分类并行算法
	DEM 栅格数据坡度地形因子提取并行算法
	DEM 栅格数据坡向地形因子提取并行算法
	DEM 栅格数据地形耐用指数地形因子提取并行算法
	DEM 栅格数据地形位置指数地形因子提取并行算法
	DEM 栅格数据粗糙度地形因子提取并行算法
	基于 Roberts 算子的遥感影像边缘检测并行算法
	基于 Prewitt 算子的遥感影像边缘检测并行算法
	基于 Laplace 算子的遥感影像边缘检测并行算法
	基于 Canny 算子的遥感影像边缘检测并行算法
	基于 Sobel 算子的遥感影像边缘检测并行算法

续表

算法类型	算法名称
栅格数据空间分析	栅格数据投影变换与坐标转换并行算法
	栅格数据格式转换并行算法
	栅格数据多边形矢量化并行算法
	DEM 栅格数据等高线提取并行算法
	栅格数据边界追踪并行算法

算法 5.1　多边形栅格化并行算法——边界代数法实现伪代码

void BAF_algorithm(double *NodeX, double *NodeY, int *pNodeNum, int pRingNum, int pValue, int *hDstDS)

1: **for** iRing = 0 to pRingNum - 1 **do**

/* It represents an outer ring when iRing = 0; and it represents an inner ring when iRing > 0. */

2: Obtain the number of boundaries of the current ring ncount = pNodeNum[iRing]

3: Calculate the starting number of nodes in pNodeNum, iStartNum. When iRing = 0, iStartNum = 0; and when iRing > 0, iStartNum = $\sum_{i=0}^{iRing-1}$pNodeNum[i]

4: Obtain the nodes array of iRing-th ring, inPoly, from NodeX[iStartNum] and NodeY[iStartNum] to NodeX[iStartNum+ncount] and NodeY[iStartNum+ncount]

5: Calculate the MBR coordinates of the current ring: minX, maxX, minY, and maxY

6: **for** in = 0 to ncount - 1 **do**

7: Obtain the coordinates of the current boundary(($inPoly_{in}$.x, $inPoly_{in}$.y),($inPoly_{in+1}$.x, $inPoly_{in+1}$.y))

8: Calculate the number of raster pixels crossed by the boundary within the MBR crosscount

/* The moving direction of the current boundary is downward. */

9: **if**($inPoly_{in}.y < inPoly_{in+1}.y$) **then**

10: **for** ipixel = 0 to crosscount -1 **do**

11: hDstDS[ipixel] = hDstDS[ipixel] - pValue

12: **end for**

13: **end if**

/* The moving direction of the current boundary is upward. */

14: **if**($inPoly_{in}.y > inPoly_{in+1}.y$) **then**

15: **for** ipixel = 0 to crosscount -1 **do**

16: hDstDS[ipixel] = hDstDS[ipixel] + pValue

17: **end for**

18: **end if**

/* The moving direction of the current boundary is horizontal. */

19: **if**($inPoly_{in}.y == inPoly_{in+1}.y$) **then**

```
20:             skip this boundary
21:         end if
22:     end for
23: end for
```

注：NodeX、NodeY 分别为待处理多边形的横坐标与纵坐标集合；pRingNum 为该多边形包含内外环的个数；pValue 为赋予栅格单元的属性值；hDstDS 为栅格结果数据集

算法 5.2　多边形栅格化并行算法——基于游程编码的多边形 ID 提取流程伪代码

```
void RLE(int *hDstDS, int nXSize, int nYSize, int *pIDArray, int minX, int maxX, int minY, int maxY, int pCurrentID, vector <struct RLE> RLEGroup)
1: for iRow = minY to maxY do
2:    for iColumn = minX to maxX do
3:        Calculate the location of the current raster pixel: locate = iRow × nXSize + iColumn
4:        if(the pixel is within the current polygon) then
/* When the pixel is within two intersected polygons, create a RLE that holds the IDs of these two polygons. */
5:            if(hDstDS[locate] = = 2) then
6:                for iPixel = iColumn to maxX do
7:                    Calculate the location of iPixel: ilocate   = iRow × nXSize + iPixel
8:                    if(iPixel is not within pCurrentID || hDstDS[ilocate] != 2 || pIDArray[ilocate] != pIDArray[locate]) then
9:                        break
10:                   end if
11:               end for
12:               Create a RLE {iColumn, iPixel - 1, iRow,(pIDArray[locate], pCurrentID), 2} and put into RLEGroup
13:               iColumn = iPixel - 1
14:           end if
/* When the pixel is within more than two polygons, there are RLEs that holds the previous intersected polygons. */
15:           if(hDstDS[locate] > 2) then
16:               for iPixel = iColumn to maxX do
17:                   Calculate the location of iPixel: ilocate   = iRow × nXSize + iPixel
18:                    if(iPixel is not within pCurrentID || hDstDS[ilocate] != hDstDS[locate]) then
19:                       break
20:                    end if
21:               end for
/* Search for the existing RLEs that overlaps with the consecutive sequence. */
22:               for iG = 0 to sizeof(RLEGroup) do
```

```
23:                    if(RLEGroup[iG].LocateY == iRow && RLEGroup[iG].pNum ==
hDstDS[locate] - 1) then
24:                      if(RLEGroup[iG].StartX < iPixel - 1 && RLEGroup[iG].EndX >
iColumn) then
25:                     int olMinX = max(RLEGroup[iG].StartX, iColumn)
26:                     int olMaxX = min(RLEGroup[iG].EndX, iPixel - 1)
/* Split each RLE into two new sub-RLEs, and remove the old RLE. */
27:                      if(RLEGroup[iG].StartX  < olMinX) then
28:                              Create a RLE{RLEGroup[iG].StartX, olMinX - 1, iRow,
RLEGroup[iG].pGroup, hDstDS[ilocate] - 1}
29:                     end if
30:                     if(RLEGroup[iG].EndX > olMaxX) then
31:                              Create a RLE{olMaxX + 1, RLEGroup[iG].EndX, iRow,
RLEGroup[iG].pGroup, hDstDS[ilocate] -1}
32:                     end if
33:                         Put the new RLEs into RLEGroup and remove the old RLE
RLEGroup[iG]
34:                        Create a RLE {olMinX, olMaxX, iRow,(RLEGroup[iG].pGroup,
pCurrentID), hDstDS[ilocate]}
35:                     Put the new RLE into RLEGroup
36:                     iG = iG - 1
37:                   end if
38:                 end if
39:             end for
40:             iColumn = iPixel - 1
41:           end if
42:       end if
43:   end for
44: end for
45: Update pIDArray and assign pCurrentID to the raster pixels within the current polygon.
```

注：hDstDS 为栅格结果数据集；nXSize、nYSize 为栅格列数与栅格行数。pIDArray 用来存放多边形 ID。minX、maxX、minY 和 maxY 分别为当前处理多边形的 MBR 角点坐标。pCurrentID 为当前多边形 ID；RLEGroup 用来存放创建的游程

算法 5.3 栅格数据多边形矢量化并行算法实现伪代码

```
void Parallel raster-to-vector(poSrcRaster, poDstVector, p, G)
1: MPI_Initialize
2: GDAL/OGR_Initialize
```

3: **If** rank == 0 **then**
4: CreateOutputDataset (poDstImg)
5: Decompose the raster data into p-1 subsets according to the number of processes p
6: **for** isubset = 0 to p-1 **do**
7: Decompose each subset into sub-grids with granularity G
8: **end for**
9: **end if**
10: MPI_Bcast (DecompositionResult)
11: **If** rank == 0 **then**
12: DynamicTaskSchedule (p, G)
13: FusionSchedule (p, DecompositionResult)
14: **end if**
15: **If** rank != 0 **then**
16: **for each** sub-grid in every process (sub-grid[isub-grid], isub-grid =1,2, …, G) **do**
17: ReadData (sub-grid[isub-grid])
18: Extract nodes and vertexes (sub-grid[isub-grid])
19: Extract boundaries (sub-grid[isub-grid])
20: Construct topologies (sub-grid[isub-grid])
21: Smooth polygons (sub-grid[isub-grid])
22: Feedback to process with rank 0
23: DynamicTaskSchedule (p, Granularity)
24: **end for**
25: Fuse incomplete arcs among sub-grids in each process
26: **If** process rank receives FushionMessage **then**
27: Fuse incomplete arcs among two adjacent sub-images
28: **end if**
29:**end if**
30:MPI_Finalize

注：poSrcRaster、poDstVector 分别为输入栅格数据和输出矢量数据的文件路径。p 为设定的并行进程数；G 为数据划分过程中的数据粒度

算法 5.4　多边形栅格化 GPU 并行算法中的 CPU 端实现伪代码

void GPUPolyRasterization (poSrcVector, poDstImg, p, CellSize, pszAttribute, GPUNum, BlockNum, ThreadNum)
/* Initialize the MPI and GDAL */
1: MPI_Initialize
2: GDAL_Initialize
/* The master node (with rank 0) creates a resultant raster dataset */

3: **If** rank == 0 **then**

4: hDstDS=CreateOutputDataset (poSrcVector, poDstImg, CellSize, NumberOfNodes)

5: **end if**

/* The master node calculates the complexity of each polygon, sorts polygons according to their complexities and decomposes into subsets for multiple GPUs */

6: **If** rank == 0 **then**

7: CalculateFeatures (ahPolygons, NumberOfNodes, MBRArea, shape, ahPolygonMem)

8: CalculatePolygonComplexity (ahPolygons,NumberOfNodes, MBRArea, shape, PolygonComplexity)

9: SortPolygon (ahPolygons, PolygonComplexity)

10: SubsetDecompose (poSrcVector, PolygonComplexity, GPUNum, DecomposeResult)

11: **end if**

/* The master node sends the decomposition results to the other parallel nodes */

12: MPI_Bcast (DecomposeResult)

/* Each node receives the decomposition result, and reads corresponding polygons */

13: MPI_Recv (DecomposeResult)

14: ReadPolygons (poSrcVector, ahPolygons)

/* Each node decomposes the polygons into chunks for each GPU according to the memory limitation */

15: ChunkDecimpose (ahPolygons, ahPolygonMem, MemLimit, ChunkNum, ChunkPolygon)

/* Decompose polygons for different blocks according to the number of blocks */

16: BlockDecompose (ChunkPolygon, BlockNum, ThreadNum, BlockPolygon)

/* Initialize GPU device */

17: cudaSetDevice (0);

/* Rasterize different chunks of polygons circularly with the CPU/GPU scheduling */

18 **for** iChunk=0 to ChunkNum-1 **do**

/* Read the first chunk of polygons */

19: **If** iChunk==0 **then**

20: ReadPolygons (poSrcVector, ChunkPolygon[iChunk])

21: **end if**

22: cudaMalloc (PointX, PointY, AttributeValue, hDstDS)

/* Transfer coordinates, attribute values and result raster from CPU to GPU */

23: cudaMemcpy (PointX, PointY, AttributeValue, hDstDS)

/* Invoke the kernel function */

24: Kernel_PolygonRasterization<<<BlockNum, ThreadNum>>> (PointX, PointY, AttributeValue,
hDstDS, BlockPolygon, BlockNum, ThreadNum)

/* Read the next chunk of polygons */

25: **If** iChunk==0 **then**

```
26:         ReadPolygons(poSrcVector, ChunkPolygon[iChunk+1])
27:     Else if iChunk==ChunkNum-1 then
28:         WriteResult(ResultRaster[iChunk-1])
29:     Else
/* OpenMP parallel computation */
30:         #pragma omp parallel sections
31:         #pragma omp section
32:             ReadPolygons(poSrcVector, ChunkPolygon[iChunk+1])
33:         #pragma omp section
34:             WriteResult(ResultRaster[iChunk-1])
35:     end if
/* Transfer rasterization result from GPU to CPU */
36:     cudaMemcpy(hDstDS,ResultRaster[iChunk])
37: end for
/* Exit the CUDA environment */
38: cudaFree(PointX,PointY,AttributeValue,hDstDS)
39: cudaThreadExit()
/* Write the last result raster into the dataset */
40: WriteResult(ResultRaster[iChunk-1])
/* Exit the parallel program */
41: GDAL_Finalize
42: MPI_Finalize
```

注：poSrcVector 和 poDstImg 分别为输入矢量数据文件和输出结果文件。*p* 为指定的 CPU 节点数，CellSize 为栅格尺寸，pszAttribute 为多边形栅格化属性值，GPUNum 为指定的 GPU 节点数。BlockNum 为各 GPU 中开辟的线程块数，ThreadNum 为各线程块中开辟的线程数

算法 5.5　多边形栅格化 GPU 并行算法中的 GPU 端实现伪代码

```
__global__ static void Kernel(PointX, PointY, AttributeValue, hDstDS, BlockPolygon, BlockNum,
ThreadNum)
1: const size_t threadID = size_t(threadIdx.x)
2: const size_t blockID = size_t(blockIdx.x)
3: __shared__ outValue[ThreadNum]
/* Invoke the BAF algorithm to rasterize each polygon */
4: for iShape= BlockPolygon[blockID]+threadID to BlockPolygon[blockID+1] do
5:     Get the number of polygon boundaries ncount for iShape-th polygon
6:     Get the polygon nodes array of iShape-th polygon inPoly from PointX and PointY
7:     Get the attribute value outValue[threadID] for iShape-th polygon
8:     Calculate the coordinates of the MBR minX, maxX, minY, maxY
9:     for in = 0 to ncount-1 do
```

```
10:        Get the coordinates of the current boundary((inPolyin.x, inPolyin.y),(inPolyin+1.x,
inPolyin+1.y))
11:        Calculate the number of raster pixels crossed by the boundary crosscount
/* The moving direction of the current boundary is downward */
12:        if(inPolyin.y < inPolyin+1.y )then
13:            for pixel = 0 to crosscount do
14:                hDstDS[pixel]= hDstDS[pixel]-outValue[threadID]
15:            end for
16:        end if
/* The moving direction of the current boundary is upward */
17:        if(inPolyin.y > inPolyin+1.y )then
18:            for pixel = 0 to crosscount do
19:                hDstDS[pixel]= hDstDS[pixel]+outValue[threadID]
20:            end for
21:        end if
/* The moving direction of the current boundary is parallel */
22:        if(inPolyin.y == inPolyin+1.y )then
23:            skip this boundary
24:        end if
25:      end for
26: iShape=iShape+ThreadNum
27: end for
```

注：PointX 和 PointY 为多边形的横坐标和纵坐标数组，AttributeValue 为多边形属性值数组。hDstDS 用来存储 GPU 栅格化结果，BlockPolygon 为 GPU 各线程块处理的多边形数量，BlockNum 为各 GPU 中开辟的线程块数，ThreadNum 为各线程块中开辟的线程数

在实现的面向 CPU/GPU 的地理空间分析自定义算子负载均衡并行算法功能界面中，主要包含数据特征参数、自定义算子特征参数和并行计算环境参数 3 个部分。其中，数据特征参数和并行计算参数的功能与前一功能界面中实现的功能相同。特别地，在自定义算子参数中，首先选择需要定义的算子类型及其对应的目标数据类型；其次，需要输入按照平台规定的接口规范编写的自定义串行算子代码的路径。点击“编译 EXE 文件”按钮生成包含自定义串行算子代码的并行算法执行文件。分别输入参数含义、参数取值、算子负载均衡参数后将该算子的所有参数添加至预览窗口。用户可添加多个自定义算子并按上述步骤添加至预览窗口。此外，用户可在预览窗口中调整实际参与计算的算子个数及其计算顺序。当完成上述参数的输入后，即可点击“执行”按钮进行并行计算，并可在计算完成后点击“加载结果”进行上述并行计算结果的加载。

5.4　平台功能验证

本书所提出 CPU/GPU 协同负载均衡并行计算平台的适应性包括三个方面：对不同算法的适应性，对不同数据量的适应性以及对不同并行计算环境的适应性。实验分别构建上述三个方面的测试环境，以验证该平台对不同算法、不同数据量及不同并行计算环境的有效性，具体实验设计如下。

首先，为了验证平台对不同算法的适应性，在本书研究的四种地理空间分析类型中各选取两个典型算法进行并行效率的测试，如表 5.2 中列出的 A_1 至 A_8 这 8 种算法类型。在选取的典型算法中，既包含单个算子的算法，也包含两个及三个算子的算法。这样，使得选取的算法能够广泛地代表仅包含单个计算步骤的算法类型，也能够代表包含多个计算步骤的算法类型，具有良好的典型性和代表性。

表 5.2　典型测试算法列表

算法类型	编号	算法名称	算子个数	算子类型
数据密集型多边形空间分析算法	A_1	多边形栅格化算法	1	O_1
	A_2	多边形三角剖分算法	1	O_1
计算密集型多边形空间分析算法	A_3	多边形相交计算算法	2	O_1、O_2
	A_4	多边形缓冲区生成算法	3	O_1、O_1、O_2
局部型栅格数据空间分析算法	A_5	基于 Sobel 算子的遥感边缘检测算法	1	O_3
	A_6	基于 *k*-means 的遥感影像分类算法	1	O_3
全局型栅格数据空间分析算法	A_7	栅格数据多边形矢量化算法	2	O_3、O_4
	A_8	DEM 栅格数据等高线提取算法	2	O_3、O_4

其次，为了验证平台对不同数据量的适应性，在已收集数据的基础上采用图 4.15 所示的生成方式对各算法测试数据分别生成小规模、中等规模及大规模的测试数据集，使得生成后的新数据量是原数据量的整数倍。不同类型数据的基本参数如表 5.3 所示。

最后，为了验证平台对不同并行环境的适应性，在平台中选择不同配置的计算节点，以分别构建 5 种不同类型的并行测试环境，包括 2 种同构并行计算环境及 3 种异构并行计算环境，如表 5.4 所示。在不同并行算法中，CPU 进程、CPU 线程及 GPU 线程均被视为同等的独立计算单元。在各实验中，均采用运行时间和加速比作为评价各算法并行效率的指标。运行时间定义为并行算法启动直到最后一个计算单元执行完所花费的时间。加速比定义为串行环境下和并行环境下运行时间的比值；针对包含 GPU 环境下的并行算法，串行时间为在单个高配 CPU 计算节点上的运行时间。实验将计算各并行算法的最少运行时间和最高加速比，实验结果如表 5.5 所示。

表 5.3　测试数据基本参数

算法	小规模数据集			中等规模数据集			大规模数据集		
A_1、A_2	数据量	多边形数		数据量	多边形数		数据量	多边形数	
	5.5 GB	12 126 100		27.5 GB	60 630 500		55 GB	121 261 000	
	数据描述：中国江苏省土地利用现状数据								
A_3、A_4	数据量	多边形数	多边形组数	数据量	多边形数	多边形组数	数据量	多边形数	多边形组数
	1.04 GB	1 371 765	163 934	10.42 GB	13 717 650	1 639 340	52.1 GB	137 176 500	16 393 400
	数据描述：中国上海市 2009 年土地利用现状数据								
A_5、A_6	数据量	分辨率	行列数	数据量	分辨率	行列数	数据量	分辨率	行列数
	6.9 GB	0.5 m	45 001×50 401	26.7 GB	0.5 m	94 001×94 001	53.1 GB	0.5 m	115 209×122 425
	数据描述：中国江苏省南京市江宁区遥感影像								
A_7	数据量	分辨率	行列数	数据量	分辨率	行列数	数据量	分辨率	行列数
	3.8 GB	5 m	36 271×56 305	19 GB	5 m	163 355×281 525	38 GB	5 m	362 710×563 050
	数据描述：中国江苏省苏南地区土地利用现状数据								
A_8	数据量	分辨率	行列数	数据量	分辨率	行列数	数据量	分辨率	行列数
	3.1 GB	30 m	10 400×5 355	26.8 GB	30 m	88 200×44 711	48.3 GB	30 m	162 001×104 001
	数据描述：中国各省份 DEM 数据，最低高程为–553 m，最高高程为 8 736 m，高程差为 9 289 m								

表 5.4　不同并行计算环境类型

并行环境类型	包含的计算资源
同构 CPU 并行计算环境(E_1)	高配 CPU 计算节点
同构 GPU 并行计算环境(E_2)	高配 GPU 计算节点
异构 CPU 并行计算环境(E_3)	高配 CPU 计算节点、低配 CPU 计算节点
异构 GPU 并行计算环境(E_4)	高配 GPU 计算节点、低配 GPU 计算节点
CPU/GPU 混合并行计算环境(E_5)	高配 CPU 计算节点、低配 CPU 计算节点、高配 GPU 计算节点、低配 GPU 计算节点

表 5.5　CPU/GPU 协同负载均衡并行计算平台对不同并行计算环境、不同算法类型及不同数据量的适用性实验结果

算法	计算环境	小规模数据集			中等规模数据集			大规模数据集		
		最少运行时间/s	最高加速比	最优负载均衡指数	最少运行时间/s	最高加速比	最优负载均衡指数	最少运行时间/s	最高加速比	最优负载均衡指数
A_1	E_1	82.16	19.67	0.12	1070.31	20.16	0.09	4068.24	22.46	0.08
	E_2	50.10	32.26	0.14	610.57	35.34	0.12	2475.55	36.91	0.10
	E_3	81.83	19.75	0.15	1043.90	20.67	0.13	3948.69	23.14	0.11
	E_4	49.63	32.56	0.11	604.58	35.69	0.10	2467.53	37.03	0.09
	E_5	48.27	33.48	0.09	599.71	35.98	0.08	2414.07	37.85	0.07
A_2	E_1	162.79	17.67	0.19	1786.27	17.77	0.17	5463.54	18.83	0.15
	E_2	100.72	28.56	0.22	1095.31	28.98	0.21	3285.80	31.31	0.18
	E_3	161.06	17.86	0.25	1761.49	18.02	0.23	5646.46	18.22	0.20
	E_4	100.44	28.64	0.21	1066.60	29.76	0.19	3114.70	33.03	0.17
	E_5	97.38	29.54	0.17	1005.13	31.58	0.15	2951.19	34.86	0.13
A_3	E_1	16.11	18.44	0.39	238.54	18.69	0.36	857.27	19.43	0.33
	E_2	13.23	22.45	0.44	194.94	22.87	0.41	706.99	23.56	0.38
	E_3	15.65	18.98	0.52	232.93	19.14	0.48	833.25	19.99	0.44
	E_4	12.09	24.57	0.45	178.48	24.98	0.40	665.47	25.03	0.35
	E_5	11.62	25.57	0.36	174.36	25.57	0.31	622.45	26.76	0.28
A_4	E_1	32.42	18.04	0.42	328.07	18.25	0.39	3416.44	18.69	0.35
	E_2	26.16	22.36	0.41	254.13	23.56	0.37	2652.81	24.07	0.33
	E_3	31.33	18.67	0.46	317.13	18.88	0.41	3336.12	19.14	0.38
	E_4	25.58	22.87	0.42	249.06	24.04	0.37	2599.89	24.56	0.33
	E_5	25.26	23.16	0.38	243.68	24.57	0.34	2539.91	25.14	0.30
A_5	E_1	115.46	32.56	0.26	383.11	32.98	0.23	587.59	33.25	0.18
	E_2	78.55	47.86	0.31	263.34	47.98	0.26	405.17	48.22	0.21
	E_3	113.06	33.25	0.28	377.61	33.46	0.24	578.71	33.76	0.20

续表

算法	计算环境	小规模数据集			中等规模数据集			大规模数据集		
		最少运行时间/s	最高加速比	最优负载均衡指数	最少运行时间/s	最高加速比	最优负载均衡指数	最少运行时间/s	最高加速比	最优负载均衡指数
A_5	E_4	78.34	47.99	0.25	261.97	48.23	0.21	403.25	48.45	0.18
	E_5	78.03	48.18	0.23	261.43	48.33	0.19	402.25	48.57	0.16
A_6	E_1	63.24	38.02	0.29	251.07	38.45	0.24	437.30	38.77	0.19
	E_2	48.53	49.54	0.31	193.54	49.88	0.26	337.53	50.23	0.19
	E_3	62.50	38.47	0.33	247.65	38.98	0.28	434.39	39.03	0.21
	E_4	48.21	49.87	0.27	193.19	49.97	0.22	334.01	50.76	0.18
	E_5	47.68	50.43	0.23	189.36	50.98	0.18	329.53	51.45	0.15
A_7	E_1	141.87	9.76	0.29	769.50	9.87	0.26	1538.52	10.23	0.22
	E_2	61.43	22.54	0.28	330.50	22.98	0.24	677.24	23.24	0.21
	E_3	138.74	9.98	0.30	746.80	10.17	0.24	1522.15	10.34	0.18
	E_4	60.84	22.76	0.26	329.50	23.05	0.22	673.47	23.37	0.17
	E_5	60.25	22.98	0.22	323.88	23.45	0.17	662.70	23.75	0.14
A_8	E_1	55.90	8.65	0.25	389.73	8.79	0.21	775.29	8.97	0.18
	E_2	22.22	21.76	0.26	155.86	21.98	0.20	315.53	22.04	0.16
	E_3	54.03	8.95	0.27	366.78	9.34	0.21	720.66	9.65	0.15
	E_4	22.00	21.98	0.23	152.73	22.43	0.19	304.08	22.87	0.13
	E_5	21.54	22.45	0.20	149.79	22.87	0.16	296.81	23.43	0.11

对实验结果的分析如下。①从实验结果可以看出，A_1至A_8的8种并行算法在不同的CPU、GPU组合并行环境中均能顺利执行；此外，不同并行算法可成功执行不同数据量的数据集。这表明，采用本书提出的CPU/GPU协同负载均衡并行计算平台对CPU/GPU混合异构环境下的不同算法类型及不同数据量均能满足基本的适用性。②针对不同类型的并行算法，尽管其原理不同，但在执行不同数据量的过程中，较小规模数据和中等规模数据类型而言，执行大规模数据并行算法的最高并行加速比更大、最优负载均衡指数更小，这表明该平台对大规模地理空间数据集具有更好的适应性。③在不同的CPU、GPU组合并行计算环境中，异构并行环境的最高加速比、最优负载均衡指数均优于同构环境下的计算加速比及最优负载均衡指数；且对于包含不同计算节点的异构并行环境，当包含的节点计算能力越强，则取得的最高加速比越高、负载均衡指数越低。上述结果也表明了该平台对于CPU/GPU异构并行计算环境可取得较同构环境更好的适用性。④对于数据密集型的算法类型(即A_1、A_2的矢量多边形空间分析算法和A_5、A_6的栅格数据空间分析算法)，其取得的最少运行时间、最高并行加速比和最优负载均衡指数

往往优于计算密集型的算法类型(即 A_3、A_4 的矢量多边形空间分析算法和 A_7、A_8 的栅格数据空间分析算法)。特别地，在采用 GPU 计算节点进行并行加速时，执行数据密集型的并行算法取得的最高加速比远高于执行计算密集型的并行算法。综上所述，本书提出的 CPU/GPU 协同负载均衡并行计算平台具有较高的适用性，能够很好地实现 CPU/GPU 混合异构计算环境中不同算法类型及不同规模地理空间数据的并行加速。

5.5　本章小结

本章在融合自适应负载均衡并行计算模型包含的数据、算子、并行化方法、粒度和并行计算环境五个要素的基础上，按照前文论述的模型总体架构设计、适应 CPU/GPU 混合异构环境的并行方法、算法快速并行化方法和自适应负载均衡方法，进一步开发了面向 CPU/GPU 的自适应负载均衡并行计算平台。该平台采用面向对象的设计思想，建立了包括基础算法封装库的并行平台架构；此外，基于统一接口规范和任务描述语言，设计地理空间分析并行算法测试与集成方案，具体包括并行计算平台基础算子库设计、并行计算平台接口设计和并行计算平台的用户界面设计。平台遵循国家工信部的规范，实用可靠，利于推广。此外，实验结果证明本书提出的CPU/GPU 协同负载均衡并行计算平台对CPU/GPU 混合异构计算环境中不同算法类型和不同数据量均具有良好的适应性。

参 考 文 献

鲍文东, 邵周岳, 邹杰. 2007. 土地利用矢量数据交换文件VCT和Mapinfo数据格式的转换研究与实现. 山东农业大学学报(自然科学版), 38(1): 103-110.

陈国良. 2011. 并行计算: 结构·算法·编程. 3版. 北京: 高等教育出版社.

程春玲, 张登银, 徐玉, 等. 2012. 一种面向云计算的分态式自适应负载均衡策略. 南京邮电大学学报(自然科学版), 32(4): 53-58.

程果, 景宁, 陈荦, 等. 2012. 栅格数据处理中邻域型算法的并行优化方法. 国防科技大学学报, 34(4): 114-119.

范俊甫, 马廷, 季民, 等. 2013. GIS中8种图层级多核并行多边形叠置分析工具的实现及优化方法. 地理科学进展, 32(12): 1835-1844.

谷宇航, 赵伟, 李力, 等. 2015. 基于OpenMP的矢量空间数据并行拓扑算法设计与实现. 测绘工程, 24(11): 22-27, 32.

洪亮, 周松涛, 罗伊, 等. 2014. 海量遥感数据的GPU通用加速计算技术. 地理空间信息, 12(3): 23-26.

胡树坚, 关庆锋, 龚君芳, 等. 2015. pGTIOL: GeoTIFF数据并行I/O库. 地球信息科学学报, 17(5): 575-582.

胡晓东, 骆剑承, 沈占锋, 等. 2010. 高分辨率遥感影像并行分割结果缝合算法. 遥感学报, 14(5): 917-919.

江岭. 2014. 基于DEM的流域地形分析并行算法关键技术研究. 南京: 南京师范大学.

李青元, 王涛, 朱菊芳, 等. 2010. 基于绘制-检出的矢量数据栅格化方法研究. 武汉大学学报(信息科学版), 35(8): 917-920.

李拥, 李朝奎, 吴柏燕, 等. 2013. 一种采用OpenMP技术的3DGIS并行绘制模型. 武汉大学学报(信息科学版), 38(12): 1495-1498.

林伟伟, 刘波. 2012. 基于动态带宽分配的Hadoop数据负载均衡方法. 华南理工大学学报(自然科学版), 40(9): 42-47.

刘军志, 朱阿兴, 刘永波, 等. 2013. 基于栅格分层的逐栅格汇流算法并行化研究. 国防科技大学学报, 35(1): 123-129.

欧阳柳, 熊伟, 程果, 等. 2012. 地理栅格数据的并行访问方法研究. 计算机科学, 39(11): 116-121.

沈婕, 郭立帅, 朱伟, 等. 2013. 消息传递接口环境下等高线简化并行计算适宜性研究. 测绘学报, 42(4): 621-628.

沈占锋, 骆剑承, 陈秋晓, 等. 2007. 基于MPI的遥感影像高效能并行处理方法研究. 中国图象图形学报, 12(12): 2132-2136.

陶伟东, 黄昊, 苑振宇, 等. 2013. 基于 GPU 并行的遥感影像边缘检测算法. 地理与地理信息科学, 29(1): 8-11, 16.

滕骏华, 孙美仙, 黄韦艮. 2004. 地图投影反解变换的一种新方法. 测绘学报, 33(2): 179-185.

屠龙海. 2010. VCT 空间数据交换格式数据的检测方法研究. 国土资源信息化, (3): 3-7.

王结臣, 王豹, 胡玮, 等. 2011. 并行空间分析算法研究进展及评述. 地理与地理信息科学, 27(6): 1-5.

王维一, 裴韬, 秦承志. 2013. 栅格地理数据模糊 C 均值聚类算法的并行化研究. 地理与地理信息科学, 29(4): 77-80, 90.

王晓理, 孙庆辉, 江成顺. 2006. 面积误差最小约束下矢量数据向栅格数据转换的优化算法. 测绘学报, 35(3): 273-277, 290.

王艳东, 龚健雅, 黄俊韬, 等. 2000. 基于中国地球空间数据交换格式的数据转换方法. 测绘学报, 29(2): 142-148.

魏金标. 2014. 自适应栅格数据矢量化并行方法研究. 南京: 南京大学.

吴和生. 2013. 云计算环境中多核多进程负载均衡技术的研究与应用. 南京: 南京大学.

吴华意, 龚健雅, 李德仁. 1998. 无边界游程编码及其矢栅直接相互转换算法. 测绘学报, 27(1): 63-68.

吴立新, 史文中. 2003 地理信息系统原理与算法. 北京: 科学出版社.

吴正升, 成毅, 郭婧. 2006. 基于约束点的无拓扑多边形数据压缩算法. 测绘科学技术学报, 23(3): 202-204, 207.

熊顺, 刘平芝, 周岩. 2013. 国标矢量数据格式转换几何精度评估模型比较. 测绘与空间地理信息, 36(8): 19-22.

徐艳萍, 周鲁艳, 刘彬辉, 等. 2008. AutoCAD 矢量信息到 MAPGIS 格式的转换. 内蒙古石油化工, 34(12): 43-44.

杨典华, 潘欣. 2013. 一种面向大型地理栅格数据的并行处理框架. 国防科技大学学报, 35(6): 152-156.

杨宜舟, 吴立新, 郭甲腾, 等. 2013. 一种实现拓扑关系高效并行计算的矢量数据划分方法. 地理与地理信息科学, 29(4): 25-29.

杨云丽. 2015. CPU/GPU 协同的 DEM 转等高线并行化方法研究. 南京: 南京大学.

张思乾, 程果, 陈荦, 等. 2012. 多核环境下边缘提取并行算法研究. 计算机科学, 39(1): 295-298.

章孝灿, 周祖煜, 黄智才, 等. 2005. 面状矢量拓扑数据快速栅格化算法. 计算机辅助设计与图形学学报, 17(6): 1220-1225.

赵坤. 2011. 基于多核 SMP 集群环境的光线追踪模拟卫星成像并行研究与实现. 北京: 北京理工大学.

周建鑫, 陈荦, 熊伟, 等. 2013. 地理栅格数据并行 I/O 的研究与实现. 地理信息世界, 20(6): 62-65.

周松涛. 2013. 海量遥感数据的高性能处理及可视化应用研究. 武汉: 武汉大学.

朱志文, 沈占锋, 骆剑承. 2011. 改进 SIFT 点特征的并行遥感影像配准. 遥感学报, 15(5):

1024-1039.

Agarwal D, Puri S , He X, et al. 2012. A system for GIS polygonal overlay computation on linux cluster—an experience and performance report//26th International Parallel and Distributed Processing Symposium Workshops & PhD Forum (IPDPSW). Shanghai: IEEE, 1433-1439.

Armstrong M P, Pavlik C E, Marciano R. 1994. Experiments in the measurement of spatial association using a parallel supercomputer. Geographical Systems, 1 (4): 267-288.

Beckmann N, Kriegel H, Schneider R, et al. 1990. The R*-tree: an efficient and robust access method for points and rectangles//Proceedings of the ACM SIGMOD International Conference on Management of Data. Atlantic City, 322-331.

Bak S, Bertoni C, Boehm S, et al. 2022. OpenMP application experiences: porting to accelerated nodes. Parallel Computing, 109:102856.

Belcastro L, Cantini R, Marozzo F, et al. 2022. Programming big data analysis: principles and solutions. Journal of Big Data, 9 (1): 4.

Bender E. 2015. Big data in biomedicine. Nature, 527 (S1):75-76.

Bentley J L. 1975. Multidimensional binary search trees used for associative searching. Communications of the ACM, 18 (9): 509-517.

Bildirici I O. 2003. Numerical inverse transformation for map projections. Computers & Geosciences, 29 (8):1003-1011.

Bouattane O, Cherradi B, Youssfi M, et al. 2011. Parallel c-means algorithm for image segmentation on a reconfigurable mesh computer. Parallel Computing, 37 (4):230-243.

Bowring B R. 1976. Transformation from spatial to geographical coordinates. Survey Review, 23 (181):323-327.

Brinkhoff T, Kriegel H P, Schneider R, et al. 1995. Measuring the complexity of polygonal objects//ACM-GIS. Baltimore, 109-117.

Brinkhoff T, Kriegel H P, Seeger B. 1996. Parallel processing of spatial joins using R-trees//Proceedings of the Twelfth International Conference on Data Engineering. New Orleans: IEEE, 258-265.

Bunting P, Clewley D, Lucas R M, et al. 2014. The remote sensing and GIS software library (RSGISLib). Computers & Geosciences, 62: 216-226.

Carabaño J, Westerholm J, Sarjakoski T. 2018. A compiler approach to map algebra: automatic parallelization, locality optimization, and GPU acceleration of raster spatial analysis. Geoinformatica, 22: 211-235.

Chen C, Chen Z J, Li M C, et al. 2014. Parallel relative radiometric normalisation for remote sensing image mosaics. Computers & Geosciences, 73: 28-36.

Chen Z, Shen L, Zhao Y Q, et al. 2010. Parallel algorithm for real-time contouring from grid DEM on modern GPUs. Science China Technological Sciences, 53 (1): 33-37.

Congalton R G. 1997. Exploring and evaluating the consequences of vector-to-raster and raster-to-vector conversion. Photogrammetric Engineering and Remote Sensing, 63 (4):

425-434.

Cramer B E, Armstrong M P. 1999. An evaluation of domain decomposition strategies for parallel spatial interpolation of surfaces. Geographical Analysis, 31(1): 148-168.

Cui C, Wang J C, Ma J S. 2010. A new method of applying polygon boolean operations based on trapezoidal decomposition. GIScience & Remote Sensing, 47(4): 566-578.

Daga M, Scogland T, Feng W C . 2011. Architecture-aware mapping and optimization on a 1600-core GPU. Tainan: IEEE 17th International Conference on Parallel and Distributed Systems(ICPADS), 316-323 .

Dagum L, Menon R. 1998. OpenMP: an industry standard API for shared-memory programming. Computational Science & Engineering, 5(1): 46-55.

de Berg M, van Kreveld M, Overmars M, et al. 2000. Computational Geometry. New York: Springer, 1-17.

Dong H, Cheng Z L, Fang J Y. 2009. One rasterization approach algorithm for high performance map overlay//17th International Conference on Geoinformatics. Fairfax: IEEE, 1-6.

Douglas D H, Peucker T K. 1973. Algorithms for the reduction of the number of points required to represent a digitized line or its caricature. Cartographica: The International Journal for Geographic Information and Geovisualization, 10(2): 112-122.

Ebisch K. 2002. A correction to the Douglas–Peucker line generalization algorithm. Computers & Geosciences, 28(8): 995-997.

Fan J F, Ji M, Gu G M, et al. 2014a. Optimization approaches to MPI and area merging-based parallel buffer algorithm. Boletim de Ciências Geodésicas, 20(2): 237-256.

Fan J F, Zhou C H, Ma T, et al. 2014b. DWSI: an approach to solving the polygon intersection-spreading problem with a parallel union algorithm at the feature layer level. Boletim de Ciências Geodésicas, 20(1): 159-182.

Finkel R A, Bentley J L. 1974. Quad trees a data structure for retrieval on composite keys. Acta informatica, 4(1):1-9.

Franklin W R, Narayanaswami C, Kankanhalli M, et al. 1989. Uniform grids: a technique for intersection detection on serial and parallel machines//Proceedings of Auto Carto 9: Ninth International Symposium on Computer-Assisted Cartography. Baltimore: American Society for Photogrammetry and Remote Sensing, 100-109.

Fu Z L, Liu S Y. 2012. MR-tree with Voronoi Diagrams for parallel spatial queries. Geomatics and Information Science of Wuhan University, 37(12): 1490-1494.

Fuchs H, Kedem Z M, Naylor B F. 1980. On visible surface generation by a priori tree structures. ACM Siggraph Computer Graphics, 14(3): 124-133.

Greiner G, Hormann K. 1998. Efficient clipping of arbitrary polygons. ACM Transactions on Graphics(TOG),17(2): 71-83.

Guan Q F, Clarke K C. 2010. A general-purpose parallel raster processing programming library test application using a geographic cellular automata model. International Journal of Geographical

Information Science, 24(5): 695-722.

Guan Q F, Shi X, Huang M Q, et al. 2016. A hybrid parallel cellular automata model for urban growth simulation over GPU/CPU heterogeneous architectures. International Journal of Geographical Information Science, 30(3): 494-514.

Guan Q F, Zeng W, Gong J F, et al. 2014. pRPL 2.0: improving the parallel raster processing library. Transactions in GIS, 18(S1): 25-52.

Guan X F, Wu H Y, Li L. 2012. A parallel framework for processing massive spatial data with a split–and–merge paradigm. Transactions in GIS, 16(6): 829-843.

Guo M Q, Guan Q F, Xie Z, et al. 2015. A spatially adaptive decomposition approach for parallel vector data visualization of polylines and polygons. International Journal of Geographical Information Science (ahead-of-print): 1-22.

Guttman A. 1984. R-trees: a dynamic index structure for spatial searching. ACM SIGMOD Record, 14(2): 47-57.

Hawick K A, Coddington P D, James H A. 2003. Distributed frameworks and parallel algorithms for processing large-scale geographic data. Parallel Computing, 29(10): 1297-1333.

He K J, Zheng L, Dong S B, et al. 2007. PGO: a parallel computing platform for global optimization based on genetic algorithm. Computers & Geosciences, 33(3): 357-366.

He X F, Wang K, Feng Y W, et al. 2022. An implementation of MPI and hybrid OpenMP/MPI parallelization strategies for an implicit 3D DDG solver. Computers & Fluids, 241: 105455.

Healey R, Dowers S, Gittings B, et al. 1997. Parallel Processing Algorithms for GIS. Philadelphia: CRC Press.

Holländer M, Ritschel T, Eisemann E, et al. 2011. ManyLoDs: parallel many-view level-of-detail selection for real-time global illumination//Computer Graphics Forum.Wiley Online Library, 1233-1240.

Hummel S F, Schonberg E, Flynn L E. 1992. Factoring: a method for scheduling parallel loops. Communications of the ACM, 35(8): 90-101.

Hopkins S, Healey R G. 1990. A parallel implementation of Franklin's uniform grid technique for line intersection detection on a large transputer array. Brassel and Kishimoto, 95-104.

Hou Q M, Sun X, Zhou K, et al. 2011. Memory-scalable GPU spatial hierarchy construction. IEEE Transactions on Visualization and Computer Graphics, 17(4): 466-474.

Jiang L, Tang G A, Liu X J, et al. 2013. Parallel contributing area calculation with granularity control on massive grid terrain datasets. Computers & Geosciences, 60: 70-80.

Kamel I, Faloutsos C. 1994. Hilbert R-tree: an improved R-tree using fractals//Proceedings of the 20th VLDB. Santiago, 500-509.

Khan S U, Bouvry P, Engel T. 2012. Energy-efficient high-performance parallel and distributed computing. Journal of Supercomputing, 60(2): 163-164.

Kim D H, Kim M J. 2006. An extension of polygon clipping to resolve degenerate cases. Computer-Aided Design and Applications, 3(1-4): 447-456.

Kim J, Hong S, Nam B. 2012. A performance study of traversing spatial indexing structures in parallel on GPU//IEEE 14th International Conference on High Performance Computing and Communication & IEEE 9th International Conference on Embedded Software and Systems (HPCC-ICESS). Liverpool: IEEE, 855-860.

Korotkov A. 2012. A new double sorting-based node splitting algorithm for R-tree. Programming and Computer Software, 38 (3): 109-118.

Kumar P, Kumar R. 2019. Issues and challenges of load balancing techniques in cloud computing: a survey. ACM Computing Surveys, 51 (6): 1-35.

Laskowski P. 1991. Is Newton's iteration faster than simple iteration for transformation between geocentric and geodetic coordinates?. Bulletin Géodésique, 65 (1): 14-17.

Le Moigne J, Campbell W J, Cromp R F. 2002. An automated parallel image registration technique based on the correlation of wavelet features. IEEE Transactions on Geoscience and Remote Sensing, 40 (8): 1849-1864.

Lee C K, Hamdi M. 1995. Parallel image processing applications on a network of workstations. Parallel Computing, 21 (1): 137-160.

Li H, Tandri S, Stumm M, et al. 1993. Locality and loop scheduling on NUMA multiprocessors// International Conference on Parallel Processing. Syracuse: IEEE, 140-147.

Li J, Jiang Y F, Yang C W, et al. 2013. Visualizing 3D/4D environmental data using many-core graphics processing units (GPUs) and multi-core central processing units (CPUs). Computers & Geosciences, 59: 78-89.

Li X, Zhang X H, Yeh A, et al. 2010. Parallel cellular automata for large-scale urban simulation using load-balancing techniques. International Journal of Geographical Information Science, 24 (6): 803-820.

Li X, Zheng W F. 2013. Parallel spatial index algorithm based on Hilbert partition//Proceedings of the 2013 International Conference on Computational and Information Sciences. Shiyang: IEEE, 876-879.

Liao S B, Bai Y. 2010. A new grid-cell-based method for error evaluation of vector-to-raster conversion. Computational Geosciences, 14 (4): 539-549.

Lin L F, Gao D J, Yu Z B. 2019. SLFAG: scan line fill algorithm for PCB image rasterization based on GPGPU//Proceedings of the 4th International Conference on Big Data and Computing. Guangzhou: ACM, 308-312.

Lin W H, Tan X J, Liu F J, et al. 2015. A new directional query method for polygon dataset in spatial database. Earth Science Informatics, 8: 775-786.

Liu J Z, Zhu A X, Liu Y B, et al. 2014. A layered approach to parallel computing for spatially distributed hydrological modeling. Environmental Modelling & Software, 51: 221-227.

Liu K, Tang G A, Jiang L, et al. 2015. Regional-scale calculation of the LS factor using parallel processing. Computers & Geosciences, 78: 110-122.

Liu Y K, Wang X Q, Bao S Z, et al. 2007. An algorithm for polygon clipping, and for determining polygon intersections and unions. Computers & Geosciences, 33(5): 589-598.

Longley P A, Goodchild M F, Maguire D J, et al. 2015. Geographic Information Science and Systems. New York: John Wiley & Sons.

López-Fandiño J, Heras D B, Argüello F, et al. 2019. GPU framework for change detection in multitemporal hyperspectral images. International Journal of Parallel Programming Aims and Scope, 47(2): 272-292.

Martínez F, Rueda A J, Feito F R. 2009. A new algorithm for computing Boolean operations on polygons. Computers & Geosciences, 35(6): 1177-1185.

Maulik U, Sarkar A. 2012. Efficient parallel algorithm for pixel classification in remote sensing imagery. Geoinformatica, 16(2): 391-407.

McManus D, Beckmann C. 1997. Optimal static 2-dimensional screen subdivision for parallel rasterization architectures. Computers & Graphics, 21(2): 159-169.

Meftah S, Tan B H M, Aung K M M, et al. 2022. Towards high performance homomorphic encryption for inference tasks on CPU: an MPI approach. Future Generation Computer Systems, 134: 13-21.

Miao J L, Guan Q F, Hu S J. 2017. pRPL + pGTIOL: The marriage of a parallel processing library and a parallel I/O library for big raster data. Environmental Modelling & Software, 96: 347-360.

Mineter M J. 2003. A software framework to create vector-topology in parallel GIS operations. International Journal of Geographical Information Science, 17(3): 203-222.

Mineter M J, Dowers S. 1999. Parallel processing for geographical applications: a layered approach. Journal of Geographical Systems, 1(1): 61-74.

Mininni P D, Rosenberg D, Reddy R, et al. 2011. A hybrid MPI–OpenMP scheme for scalable parallel pseudospectral computations for fluid turbulence. Parallel Computing, 37(6): 316-326.

Mu S, Deng Y D, Chen Y B, et al. 2014. Orchestrating cache management and memory scheduling for GPGPU applications. IEEE Transactions on Very Large Scale Integration(VLSI) Systems, 22(8): 1803-1814.

Nakorn T N, Chongstitvatana J. 2006. The RD-tree allowing data in interior nodes of the R-tree//IEEE Conference on Cybernetics and Intelligent Systems. Bangkok: IEEE, 1-6.

Nievergelt J, Hinterberger H, Sevcik K C. 1984. The grid file: an adaptable, symmetric multikey file structure. ACM Transactions on Database Systems(TODS), 9(1): 38-71.

NVIDIA. 2013. Compute unified device architecture programming guide. Santa Clara: NVIDIA Corp.

Phillips R D, Watson L T, Wynne R H. 2007. Hybrid image classification and parameter selection using a shared memory parallel algorithm. Computers & Geosciences, 33(7): 875-897.

Pineda J. 1988. A parallel algorithm for polygon rasterization. ACM SIGGRAPH Computer Graphics, 22(4): 17-20.

Pollard J. 2002. Iterative vector methods for computing geodetic latitude and height from rectangular coordinates. Journal of Geodesy, 76(1): 36-40.

Popescu V, Rosen P. 2006. Forward rasterization. ACM Transactions on Graphics (TOG), 25 (2): 375-411.

Pržulj N, Malod-Dognin N. 2016. Network analytics in the age of big data. Science, 353 (6295): 123-124.

Puri S, Agarwal D, He X, et al. 2013. MapReduce algorithms for GIS polygonal overlay processing// IEEE 27th International Parallel and Distributed Processing Symposium Workshops & PhD Forum (IPDPSW). Cambridge: IEEE, 1009-1016.

Qin C Z, Zhan L J, Zhou C H. 2014. A strategy for raster-based geocomputation under different parallel computing platforms. International Journal of Geographical Information Science, 28 (11): 2127-2144.

Qin C Z, Zhan L J, Zhu A X, et al. 2014. How to apply the Geospatial Data Abstraction Library (GDAL) properly to parallel geospatial raster I/O?. Transactions in GIS, 18 (6): 950-957.

Roca J, Moya V, Gonzalez C, et al. 2010. A SIMD-efficient 14 instruction shader program for high-throughput microtriangle rasterization. The Visual Computer, 26 (6-8): 707-719.

Saalfeld A. 1999. Topologically consistent line simplification with the Douglas-Peucker algorithm. Cartography and Geographic Information Science, 26 (1): 7-18.

Schulz C. 2013. Efficient local search on the GPU—investigations on the vehicle routing problem. Journal of Parallel and Distributed Computing, 73 (1): 14-31.

Sellis T K, Roussopoulos N, Faloutsos C. 1987. The R+-tree: a dynamic index for multi-dimensional objects//Proceedings of the 13th International VLDB. San Francisco: ACM, 507-518.

Shekhar S, Ravada S, Chubb D, et al. 1998. Declustering and load-balancing methods for parallelizing geographic information systems. IEEE Transactions on Knowledge and Data Engineering, 10 (4): 632-655.

Simion B, Ray S, Brown A D. 2012. Speeding up spatial database query execution using GPUs. Procedia Computer Science, 9: 1870-1879.

Sleit A, Al Nsour E. 2014. Corner-based splitting: an improved node splitting algorithm for R-tree. Journal of Information Science, 40 (2): 222-236.

Sloan T M, Mineter M J, Dowers S, et al. 1999. Partitioning of vector-topological data for parallel GIS operations: assessment and performance analysis//Euro-Par'99 Parallel Processing. Toulouse: Spinger, 691-694.

Smith J W, Campbell I A. 1989. Error in polygon overlay processing of geomorphic data. Earth Surface Processes and Landforms, 14 (8): 703-717.

Smith L, Bull M. 2001. Development of mixed mode MPI/OpenMP applications. Scientific Programming, 9 (2-3): 83-98.

Song X D, Tang G A, Liu X J, et al. 2016. Parallel viewshed analysis on a PC cluster system using triple-based irregular partition scheme. Earth Science Informatics, 9 (4): 511-523.

Steinbach M, Hemmerling R. 2012. Accelerating batch processing of spatial raster analysis using GPU. Computers & Geosciences, 45: 212-220.

Sugimoto Y, Ino F, Hagihara K. 2014. Improving cache locality for GPU-based volume rendering. Parallel Computing, 40(5): 59-69.

Tan L H, Wan G, Li F, et al. 2017. GPU based contouring method on grid DEM data. Computers & Geosciences, 105: 129-138.

Tang G P, D'Azevedo E F, Zhang F, et al. 2010. Application of a hybrid MPI/OpenMP approach for parallel groundwater model calibration using multi-core computers. Computers & Geosciences, 36(11): 1451-1460.

Tang M, Zhao J Y, Tong R F, et al. 2012. GPU accelerated convex hull computation. Computers & Graphics, 36(5): 498-506.

Tang W, Feng W. 2017. Parallel map projection of vector-based big spatial data: coupling cloud computing with graphics processing units. Computers Environment & Urban Systems, 61(11): 187-197.

Tang W W, Wang S W, Bennett D A, et al. 2011. Agent-based modeling within a cyberinfrastructure environment: a service-oriented computing approach. International Journal of Geographical Information Science, 25(9): 1323-1346.

Tehranian S, Zhao Y S, Harvey T, et al. 2006. A robust framework for real-time distributed processing of satellite data. Journal of Parallel and Distributed Computing, 66(3): 403-418.

Tesfa T K, Tarboton D G, Watson D W, et al. 2011. Extraction of hydrological proximity measures from DEMs using parallel processing. Environmental Modelling & Software, 26(12): 1696-1709.

Tomlin D C. 1990. Geographic information systems and cartographic modeling. Englewood Cliffs: Prentice-Hall.

Tristram D, Hughes D, Bradshaw K. 2014. Accelerating a hydrological uncertainty ensemble model using graphics processing units(GPUs). Computers & Geosciences, 62: 178-186.

Tunguturi M. 2019. Comparative Analysis of Balancing Techniques in Cloud Computing. International Journal of Managment Education for Sustainable Development, 2(2): 41-50.

Tzen T H, Ni L M. 1993. Trapezoid self-scheduling: a practical scheduling scheme for parallel compilers. IEEE Transactions on Parallel and Distributed Systems, 4(1): 87-98.

Vatti B R. 1992. A generic solution to polygon clipping. Communications of the ACM, 35(7): 56-63.

Vermeille H. 2002. Direct transformation from geocentric coordinates to geodetic coordinates. Journal of Geodesy, 76(8): 451-454.

Viñas M, Bozkus Z, Fraguela B B. 2013. Exploiting heterogeneous parallelism with the Heterogeneous Programming Library. Journal of Parallel and Distributed Computing, 73(12): 1627-1638.

Wamba S F, Akter S, Edwards A, et al. 2015. How 'big data' can make big impact: findings from a systematic review and a longitudinal case study. International Journal of Production Economics, 165: 234-246.

Wang F J. 1993. A parallel intersection algorithm for vector polygon overlay. IEEE Computer

Graphics and Applications, 13(2): 74-81.

Wang H, Fu X D, Wang G Q, et al. 2011. A common parallel computing framework for modeling hydrological processes of river basins. Parallel Computing, 37(6): 302-315.

Wang J C, Cui C, Chen G, et al. 2012. A new trapezoidal-mesh based data model for spatial operations. International Journal of Digital Earth, 5(2): 165-183.

Wang J C, Cui C, Pu Y X, et al. 2010. A novel algorithm of buffer construction based on run-length encoding. The Cartographic Journal, 47(3): 198-210.

Wang S W, Armstrong M P. 2003. A quadtree approach to domain decomposition for spatial interpolation in grid computing environments. Parallel Computing, 29(10): 1481-1504.

Wang S W, Cowles M K, Armstrong M P. 2008. Grid computing of spatial statistics: using the TeraGrid for G i*(d) analysis. Concurrency and Computation: Practice and Experience, 20(14):1697-1720.

Wang Y F, Chen Z J, Cheng L, et al. 2013. Parallel scanline algorithm for rapid rasterization of vector geographic data. Computers & Geosciences, 59: 31-40.

Wang Y J. 2011. Pixel-level remote sensing image fusion parallel algorithms research and implementation. International Journal of Advancements in Computing Technology, 3(11): 307-316.

Waugh T C, Hopkins S. 1992. An algorithm for polygon overlay using cooperative parallel processing. International Journal of Geographical Information System, 6(6): 457-467.

Weiler K, Atherton P. 1977. Hidden surface removal using polygon area sorting//Proceedings of the 4th Annual Conference on Computer Graphics and Interactive Techniques. New York: AMC, 214-222.

Wu Z B, Sun J, Zhang Y, et al. 2021. Recent developments in parallel and distributed computing for remotely sensed big data processing. Proceedings of the IEEE, 109(8): 1282-1305.

Xie J B,Yang C W, Zhou B, et al. 2010. High-performance computing for the simulation of dust storms. Computers, Environment and Urban Systems, 34(4): 278-290.

Yagoubi B, Slimani Y. 2007. Task load balancing strategy for grid computing. Journal of Computer Science, 3(3): 186-194.

Yang Z Y, Zhu Y T, Pu Y. 2008. Parallel image processing based on CUDA//2008 International Conference on Computer Science and Software Engineering. Wuhan: IEEE, 198-201.

You S M, Zhang J T. 2012. Constructing natural neighbor interpolation based grid DEM using CUDA//Proceedings of the 3rd International Conference on Computing for Geospatial Research and Applications. New York: ACM, 1-6.

Yu H F, Ma K L. 2005. A study of I/O methods for parallel visualization of large-scale data. Parallel Computing, 31(2): 167-183.

Yzelman A N, Bisseling R H, Roose D, et al. 2014. MulticoreBSP for C: a high-performance library for shared-memory parallel programming. International Journal of Parallel Programming, 42(4): 619-642.

Zhang T, Shu W, Wu M Y. 2014. CUIRRE: an open-source library for load balancing and characterizing irregular applications on GPUs. Journal of Parallel and Distributed Computing, 74(10): 2951-2966.

Zheng X W, Li Y D, Ma M W. 2014. Parallelization design of image semantic classification algorithm under MPI cluster environment. Journal of Chinese Computer Systems, 35(6): 1348-1352.

Zhong Y Q, Han J Z, Zhang T Y, et al. 2012. Towards parallel spatial query processing for big spatial data//IEEE 26th International Parallel and Distributed Processing Symposium Workshops & PhD Forum (IPDPSW). Shanghai: IEEE, 2085-2094.

Zhou C, Chen Z J, Liu Y X, et al. 2015. Data decomposition method for parallel polygon rasterization considering load balancing. Computers & Geosciences, 85: 196-209.

Zhou C H, Ou Y, Yang L, et al. 2007. An equal area conversion model for rasterization of vector polygons. Science in China Series D: Earth Sciences, 50(1): 169-175.

Zhou X F, Abel D J, Truffet D. 1998. Data partitioning for parallel spatial join processing. Geoinformatica, 2(2): 175-204.